U0241297

中国工程院重大咨询项目

中国农业资源环境若干战略问题研究

耕地卷

中国耕地质量提升战略研究

张红旗　主　编

谈明洪　孔祥斌　许咏梅　许尔琪　副主编

中国农业出版社

北　京

图书在版编目（CIP）数据

中国工程院重大咨询项目·中国农业资源环境若干战略问题研究. 耕地卷：中国耕地质量提升战略研究/张红旗主编. —北京：中国农业出版社，2019.8
ISBN 978-7-109-25171-7

Ⅰ. ①中… Ⅱ. ①张… Ⅲ. ①农业资源-研究报告-中国 ②农业环境-研究报告-中国 ③耕作土壤-土地质量-质量管理-研究报告-中国 Ⅳ. ①F323.2 ②X322.2 ③S155.4

中国版本图书馆CIP数据核字（2019）第004565号

耕地卷：中国耕地质量提升战略研究
GENGDI JUAN：ZHONGGUO GENGDI ZHILIANG TISHENG ZHANLÜE YANJIU

审图号：GS（2018）6808号

中国农业出版社
地址：北京市朝阳区麦子店街18号楼
邮编：100125
责任编辑：孙鸣凤　边疆
版式设计：北京八度出版服务机构
责任校对：刘丽香
印刷：北京通州皇家印刷厂
版次：2019年8月第1版
印次：2019年8月北京第1次印刷
发行：新华书店北京发行所
开本：889mm×1194mm　1/16
印张：16.25
字数：280千字
定价：180.00元

本书编委会

课题组成员名单

组　　　长：张红旗　中国科学院地理科学与资源研究所研究员

副 组 长：谈明洪　中国科学院地理科学与资源研究所研究员
　　　　　孔祥斌　中国农业大学资源与环境学院教授
　　　　　许咏梅　新疆农业科学院土壤肥料与农业节水研究所研究员

顾　　　问：刘兴土　中国工程院院士，中国科学院东北地理与农业生态研究所研究员
学术秘书：尚二萍　中国科学院地理科学与资源研究所

专 题 一：谈明洪　中国科学院地理科学与资源研究所研究员
　　　　　李圆圆　中国科学院地理科学与资源研究所
　　　　　段倩雯　中国科学院地理科学与资源研究所
　　　　　李　薇　中国科学院地理科学与资源研究所
　　　　　向文丽　中国科学院地理科学与资源研究所
专 题 二：孔祥斌　中国农业大学资源与环境学院教授
　　　　　胡莹洁　中国农业大学资源与环境学院
　　　　　张玉臻　中国农业大学资源与环境学院
专 题 三：张红旗　中国科学院地理科学与资源研究所研究员
　　　　　尚二萍　中国科学院地理科学与资源研究所
　　　　　于竹筱　中国科学院地理科学与资源研究所
　　　　　李宏薇　中国科学院地理科学与资源研究所
专 题 四：许咏梅　新疆农业科学院土壤肥料与农业节水研究所研究员
　　　　　马晓鹏　新疆农业科学院土壤肥料与农业节水研究所
　　　　　房世杰　新疆农业科学院土壤肥料与农业节水研究所
　　　　　朱倩倩　新疆农业科学院土壤肥料与农业节水研究所
专 题 五：许尔琪　中国科学院地理科学与资源研究所副研究员

前言

P R E F A C E

耕地是保障国家粮食安全和社会经济可持续发展的重要资源。随着工业化、城市化进程加快，耕地数量呈持续减少趋势，加之耕地利用上的“占优补劣”“重用轻养”和土壤遭受污染更使得耕地质量不断下降，如何保持耕地总量平衡并提升耕地质量是我国目前面临的巨大挑战。本课题是中国工程院重大咨询项目“中国农业资源环境若干战略问题研究”的第二课题，旨在从宏观角度研究并阐明我国保护耕地数量和提升耕地质量的战略思路与途径，为国家相关决策部门提出咨询建议。

课题下设5个专题：

- 耕地生产能力保障与提升战略研究
- 耕地土壤肥力提升战略研究
- 粮食主产区耕地土壤重金属污染防治战略研究
- 农用地膜污染防治战略研究
- 耕地利用和农业生产分区

组织了中国科学院、中国农业大学、新疆农业科学院3个单位近20位专家学者共同参加研究。

课题跟随项目从2016年春启动，历经两年，于2017年底按计划完成。完成了1份课题综合报告，5份专题报告。

本书分综合报告和分论两部分。其中，综合报告是课题下属所有专题研究成果的综合集成，也是中国工程院重大咨询项目“中国农业资源环境若干战略问题研究”《综合卷 中国农业资源环境若干战略问题研究》的一部分。

课题综合报告在分析我国耕地数量与质量变化态势、存在问题的基础上，提出从单纯保耕地数量向保耕地数量、质量、生态三位并举的战略转变、从“重用轻养”的耕地利用方式向“用养结合”的战略转变、从一般层面上的耕地质量管理向依据法律法规的管理转变三大战略转变，以及九项战略性措施和六项重大工程，并指出了国家农产品八大主产区耕地质量提升与农业可持续发展的方向。分论则包括5份专题报告，研究了中国耕地生产能力保障和提升战略、耕地土壤肥力提升战略、粮食主产区耕地土壤重金属污染防治战略、农用地膜污染防治战略以及耕地利用和农业生产分区等方面的问题，是本课题的研究基础。

由于专业不同、讨论的范围不同、引用的基础数据来源不同，因此本卷中各专题报告之间存在不同观点在所难免。本着“百家争鸣”的方针，我们都给予保留并注明资料来源，以实事求是的态度对待科学研究成果。

本书对各级政府决策具有重要的参考价值，亦可供相关科研人员和高等院校等有关专业师生参考使用。由于研究时间和水平有限，所提出的观点和建议可能有失偏颇，错误和不足之处也在所难免，恳请读者批评指正。

对给予本课题研究支持和帮助的同志表示衷心的感谢！

本书编委会

2018年4月

C O N T E N T S

分论

专题报告一 耕地生产能力保障与提升战略研究

综合报告

中国耕地质量提升战略研究

一、耕地质量态势分析

（一）耕地质量的概念

目前耕地质量概念及内涵没有统一提法。综合前人的研究成果，我们认为，耕地质量是多层次的综合概念，包括耕地的土壤质量、立地环境质量、管理质量和经济质量。其中，耕地土壤质量是指耕作土壤本身的优劣状态，是耕地质量的基础，包括土壤肥力质量和土壤健康质量（陈印军等，2002）。土壤肥力质量是指土壤的肥沃与瘠薄状况，是土壤保障农作物有效吸取养分和生产农产品的根基；土壤健康质量则反映耕地土壤的污染状态，衡量耕地是否具有生产对人身健康无害的农产品的能力。耕地的立地环境质量是指耕地所处位置的地形地貌、地质、气候、水文、空间区位等环境状况。耕地的管理质量是指人类对耕地的影响程度，如耕地的平整化、水利化和机械化水平等（陈印军等，2011）。耕地经济质量则是指耕地的综合产出能力和产出效率，是反映耕地质量的一个综合性指标。

（二）人均耕地少，耕地质量总体偏低，后备耕地资源接近枯竭

据国土资源部第二次全国土地详查及随后的土地利用变更数据，2009年我国耕地面积20.31亿亩[①]，至2015年下降到20.25亿亩，人均1.47亩，仅为世界人均耕地面积的40%。全国有600多个市县的人均耕地面积低于联合国确定的人均0.8亩的警戒线。

我国耕地质量受到多种因素限制。据中国1∶100万土地资源图数据，我国无限制的优质耕地面积仅占耕地总面积的28.92%，其他土地资源不同程度地受到坡度、侵蚀、水分、盐碱等因素的限制。根据《2016中国国土资源公报》，我国优等地、高等地仅占全国耕地总面积的29.4%，而中等地、低等地合计占70.6%。农业部调查资料也表明，我国中低产田面积占耕地总面积的70%以上。可见，我国高产稳产、旱涝保收耕地比重

① 亩为非法定计量单位，1亩＝1/15hm^2。下同。——编者注

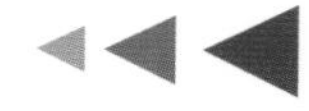

小，质量总体偏低。

据国土资源部2016年底公布的后备耕地资源调查评价数据，全国耕地后备资源总面积8 029万亩，其中，集中连片的耕地后备资源面积仅为2 832万亩，主要集中在东北、西北生态脆弱地区。这些区域大多受水资源制约，近年来因耕地过度开垦已引发较严重的生态问题。可以说，国家能够开发的后备耕地资源基本接近枯竭，靠继续开垦新的耕地来补充城镇化、工业化消耗的耕地，以维持耕地总量不变已不现实。

（三）耕地“占优补劣”，重心向西北、东北偏移，生产能力降低

我国在快速城市化、工业化过程中，占用了大量耕地。由于优质耕地大多分布在城镇周边或交通沿线，区位优势明显，因此城镇扩展占用的大多为优质耕地。据国土资源部数据，仅1996—2009年，我国约有300万hm^2优质农田被建设用地占用。同时，农村居民点在农村人口减少过程中却快速增长，农村周边的良田不断被占用，城镇和农村建设用地的双增长导致优质耕地进一步流失。

据课题组对145个大中城市的调查研究发现，城市扩展多是占用耕地（特别是优质耕地），这些耕地的粮食单产相当于全国耕地平均粮食单产的1.47倍。另外，大城市新增城市用地约60%来自耕地，地级以上城市新增城市用地约70%来自耕地，而县级城镇新增城市用地约80%来自耕地。这表明城市规模越小，城市新增建设用地占用耕地的比例越高。

在国家“占补平衡”政策有力影响下，耕地总量基本保持平衡，但新开垦的耕地多在西北、东北地区以及一些自然条件较差的区域，耕地重心在空间上由南方、中部地区向复种指数较低的西北和东北方向转移。例如，长江三角洲、珠江三角洲、京津唐地区、山东半岛和成都平原等复种指数较高的地区，恰是中国城市建设用地扩张快、占用耕地比例高的区域，1990—2010年上述区域的耕地减少变化率都在10%～25%，高的甚至达到25%以上。上述耕地新增区大多一年一熟，复种指数较低，耕地生产能力相对较低。

另据课题组研究发现，不少区域内部也普遍存在耕地“占优补劣”现象。如20世纪80年代末至2010年，淮河流域的耕地净减少区主要分布在平地及浅丘地区，而耕地增加区则集中分布在大于5°的坡地上。其中，缓中坡地的耕地净增加面积位居榜首，陡坡地和极陡坡地耕地也有所增加（表0-1）。这表明耕地占用大多发生在平原地区，

而新增耕地则相对多出现在自然条件较差、生产能力较弱的坡地上。

表0–1　20世纪80年代末至2010年淮河流域不同坡度级别的耕地面积变化统计

单位：km^2

地区	平地及浅丘地（<5°）	缓中坡地（5°~15°）	陡坡地（15°~25°）	极陡坡地（>25°）
山东	−462.14	−2.29	−0.39	−0.07
河南	−266.59	93.72	5.58	0.96
江苏	−621.75	−2.27	−0.11	0
安徽	−367.73	−2.87	−0.16	−0.06
湖北	0.64	−0.89	−0.30	0
淮河流域	−1 717.04	84.91	4.59	0.81

上述耕地“占优补劣”现象在全国各地城市化过程中已成常态。

据课题组测算，1990—2010年，全国建设用地占用的耕地平均单产为8.82t/hm^2，而新增耕地平均单产为6.49t/hm^2，其中新增耕地聚集区新疆、东北平原、内蒙古东部地区的平均单产更低，分别为5.75t/hm^2、4.41t/hm^2和2.49t/hm^2，也就是说，弥补全国范围内1亩被建设用地占用的耕地，就需要在新疆、东北平原、内蒙古东部地区分别新增1.54亩、2亩和3.54亩耕地。以上这种“占优补劣”状况，以及耕地由复种指数高的南方地区向复种指数较低的北方地区的空间转移，20年间已使得我国耕地生产能力下降了约2%。

（四）耕地新增区局部呈现土地荒漠化加剧态势，生态压力增大

当前，我国耕地大量增加的新疆、内蒙古东部地区、松嫩平原的局部地区已出现土地荒漠化加剧的趋势。据国家林业局第五次《中国荒漠化和沙化状况公报》，2009—2014年，我国沙区耕地面积增加114.42万hm^2，沙化耕地面积增加39.05万hm^2，上升了8.76%，主要发生在新疆、内蒙古地区。

新疆目前耕地面积已超过1.0亿亩，水土资源严重失衡，新疆的三级分区流域除伊犁河、额尔齐斯河，均属水资源过度开发利用区。吐哈盆地、天山北坡经济带、额敏盆地、艾比湖流域为地下水严重超采区，初步预计，全疆已累计超采地下水超过200亿m^3。在这种情况下，耕地的继续增加使得农业用水量居高不下乃至上升，大量

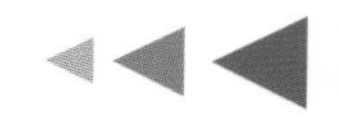

挤占了生态用水，结果导致天然绿洲面积减少、河流断流、湖泊干涸、自然植被减少、沙漠化加剧。

松嫩平原的耕地新增区主要在西部。据课题组研究数据，2000—2010年，松嫩平原西部地区耕地增加了430.9万亩，盐碱地也相应地增加了425.9万亩，虽然不能说盐碱地的增加完全是由耕地扩展引起的，但因灌溉在耕地边缘区产生大量盐碱地已是不争的事实。内蒙古东部地区也因耕地大量增加、挤占生态用水，而导致草原退化、局部地区土地荒漠化加剧。呼伦贝尔草原退化面积占25%，西辽河流域草地退化、土地沙化达40%，锡林郭勒草地退化超过50%。

总之，大量的新增耕地区已出现土地荒漠化加剧趋势，耕地重心的迁移既导致我国耕地生产能力总体下降，也引发耕地迁移目的地的生态环境问题，国家应对这种不可持续的迁移过程给予足够的重视。

（五）耕地土壤肥力基础薄弱，土地退化严重

1．耕地土壤肥力整体基础弱，不同区域有机质含量有升有降

根据联合国粮食及农业组织（FAO）数据，我国耕层土壤有机质含量平均值为1.86%，除了略高于中亚、西亚和非洲部分地区，低于世界土壤有机质含量的平均值，更低于美洲、欧洲和东南亚地区，总体上耕地土壤肥力基础薄弱（图0-1）。

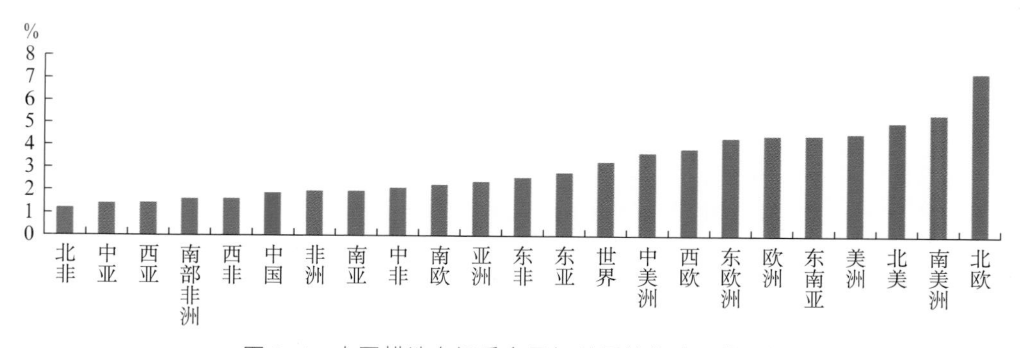

图0-1　中国耕地有机质含量与世界其他地区的比较

根据课题组收集到的1980年1 184个、2010年574个全国范围内耕地土壤剖面点耕层养分数据，将全国划分为东北区、黄淮海区、长江中下游区、华南区、内蒙古高原及长城沿线区、黄土高原区、西南区、西北区以及青藏高原区九大区，针对近30年我国不同区域耕层土壤有机质含量变化情况进行对比分析。

1980—2010年，东北区有机质含量整体呈现下降趋势，其中旱地有机质含量平均

值由38.0g/kg降至25.3g/kg，依据第二次土壤普查时期的养分分级标准，降低了1个养分等级；水田有机质含量平均值由26.5g/kg降至21.6g/kg，养分等级未发生变化。黄淮海区旱地有机质含量平均值由16.9g/kg增至17.7g/kg，增加了0.8g/kg；水田有机质含量由21.0g/kg降至12.9g/kg，降低了1个养分等级。长江中下游区旱地有机质含量较1980年增加1.3g/kg，水田有机质含量较1980年略有下降，二者养分等级均未发生显著变化。西南区旱地与水田的有机质含量水平较1980年均呈现下降趋势，其中水田有机质含量下降了1个养分等级。华南区旱地有机质含量由27.7g/kg降至26.3g/kg，减少了1.4g/kg，水田有机质含量较1980年下降了0.4g/kg。黄土高原区旱地有机质含量由18.5g/kg增至20.4g/kg，提高了1个养分等级。内蒙古高原及长城沿线区旱地有机质含量略呈增加趋势，而水田有机质含量降低了1个养分等级。西北区有机质含量基本保持稳定。青藏高原区旱地有机质含量呈现较大幅度的下降趋势，较1980年有机质含量减少18.1g/kg，下降了2个养分等级（表0-2）。

表0-2　1980—2010年全国九大区不同土地利用方式耕层有机质含量变化

单位：g/kg

区域	土地利用类型	平均有机质含量			养分标准级别		
		1980年	2010年	变化量	1980年	2010年	变化量
东北区	旱地	38.0	25.3	−12.7	2	3	−1
	水田	26.5	21.6	−4.9	3	3	0
黄淮海区	旱地	16.9	17.7	0.8	4	4	0
	水田	21.0	12.9	−8.1	3	4	−1
长江中下游区	旱地	24.2	25.5	1.3	3	3	0
	水田	25.5	24.9	−0.6	3	3	0
西南区	旱地	27.4	26.5	−0.9	3	3	0
	水田	34.2	29.5	−4.7	2	3	−1
华南区	旱地	27.7	26.3	−1.4	3	3	0
	水田	26.8	26.4	−0.4	3	3	−1
黄土高原区	旱地	18.5	20.4	1.9	4	3	1
	水田	—	—	—	—	—	—
内蒙古高原及长城沿线区	旱地	20.4	22.2	1.8	3	3	0
	水田	23.1	17.7	−5.4	3	4	−1
西北区	旱地	23.6	23.5	−0.1	3	3	0
	水田	—	—	—	—	—	—
青藏高原区	旱地	35.3	17.2	−18.1	2	4	−2
	水田	—	—	—	—	—	—

将2010年各区域农田主要土壤类型的耕层有机质含量与相应区域内大量定位试验中最优施肥方式下的耕层有机质含量进行对比分析，结果表明：东北区黑土农田有机质含量在最优施肥方式下可达56.27g/kg，提升潜力约为14.56g/kg；棕壤农田有机质含量提升空间相对较小，约为4.99g/kg。黄淮海区农田主要土壤类型为潮土，在最优施肥条件下有机质含量可达43.20g/kg，提升潜力较大，约为27.52g/kg。长江中下游区水稻土有机质含量提升空间相对较大，约为18.32g/kg；红壤有机质含量提升空间较小。西南区紫色水稻土有机质含量具有较大提升空间，约为17.21g/kg；红壤有机质含量提升空间为4.26g/kg。华南区水稻土有机质含量在最优施肥条件下可达39.74g/kg，提升空间约为12.58g/kg。黄土高原区农田有机质含量提升空间相对较小，褐土约为5.96g/kg，黄绵土约为2.05g/kg。西北区灰漠土农田有机质含量具有一定的提升空间，约为11.62g/kg（表0-3）。

表0-3　各分区农田主要土壤类型的耕层有机质含量提升潜力

单位：g/kg

区域	土壤类型	2010年有机质含量	最优施肥方式下有机质含量	提升潜力	最优施肥方式	资料来源
东北区	黑土	41.71	56.27	14.56	氮磷钾肥配施“循环有机肥”（NPK+C）	徐明岗等，2015
	棕壤	25.40	30.39	4.99	氮磷钾肥配施有机肥（NPKM）	Luo P 等，2015
黄淮海区	潮土	15.68	43.20	27.52	氮肥配施有机肥（NM）	徐明岗等，2015
长江中下游区	水稻土	24.88	43.20	18.32	磷钾肥配施有机肥（PKM）	黄晶等，2013
	红壤	27.29	27.80	0.51	氮磷钾肥配施有机肥（NPKM）	徐明岗等，2015
西南区	紫色水稻土	24.99	42.20	17.21	施有机肥（M）	王绍明，2000
	红壤	31.17	35.43	4.26	氮磷肥配施有机肥（NPM）	徐明岗等，2015
华南区	水稻土	27.16	39.74	12.58	氮磷钾肥配施有机肥（NPKM）	徐明岗等，2015；林诚等，2009
黄土高原区	褐土	23.44	29.40	5.96	氮磷钾肥配施有机肥（NPKM）	徐明岗等，2015
	黄绵土	17.73	19.78	2.05	氮磷钾肥配施有机肥（NPKM）	徐明岗等，2015
西北区	灰漠土	23.60	35.22	11.62	氮磷钾肥配施有机肥（NPKM）	徐明岗等，2015

综上所述，我国耕地土壤肥力基础薄弱，近几十年来全国耕地土壤有机质含量总体呈稳中微升态势，每年35%～40%的秸秆直接还田，以及作物根茬、根系留在耕层是主要原因，但部分区域如东北、西南和华南的土壤有机质含量仍呈下降趋势，特别是东北、青藏高原等区有机质含量显著下降。不同区域的耕层土壤有机质较之最优施肥方式下的耕层有机质都有一定的提升空间，其中黄淮海区的潮土、长江中下游区和西南区的水稻土有机质含量提升潜力空间相对较大。

2．土壤酸化呈加剧态势

据张福锁等的研究，从20世纪80年代初至今，我国耕作土壤类型的pH下降了0.13～0.80，其中以南方地区耕地土壤酸化最为显著。如近30年来湖南省土壤平均pH由6.4下降到5.9，耕地土壤强酸化面积（pH4.5～5.5）由20世纪80年代的49万hm^2增加到目前的146万hm^2；江西省鄱阳湖地区耕地强酸性土壤的面积比例由第二次土壤普查时的58.2%增加到2010年的78.4%，土壤酸化趋势加剧。

3．土壤物理性状退化

长期机械化浅层化耕作、单一耕作、过量施用化肥的种植方式，导致我国部分粮食主产区农田出现土壤物理障碍，主要表现为耕层变薄，犁底层上升、加厚，土壤紧实度增加，孔隙度、渗透性降低等。如华北平原耕层已普遍由原来的20～30cm减少至10～15cm，犁底层上升，土壤容重增加；关中平原农田仅表层0～10cm范围的土壤物理状态良好，维系着作物生长发育，其下亚表层土壤物理状态有着明显的退化趋势，土壤紧实化问题普遍。这一切都使得作物根系发育受阻，对养分的吸收速率降低，土壤环境破坏，作物产量降低。

（六）耕地土壤污染严重，土壤健康质量堪忧

据环境保护部、国土资源部公布的土壤污染调查数据，全国土壤总的污染超标率为16.1%，其中耕地污染点位超标率达19.4%。耕地土壤污染以镉、汞、铅和砷等无机污染物为主，但近年来污染种类也在不断增多，污染呈现扩张化、复杂化与不断加剧的趋势。

针对我国长江中游及江淮地区、黄淮海平原、四川盆地、松嫩平原和三江平原五大粮食主产区，课题组依据由大量已发表文献中收集到的和部分自采集的3 006个实测点数据，对上述五个区域的耕地土壤重金属污染现状、变化趋势进行了分析。结果表明：

1．粮食主产区土壤重金属污染呈加重趋势

五大粮食主产区耕地土壤污染点位超标率平均为21.49%，高于全国19.40%的平均

水平。土壤重金属污染程度总体上以轻度为主，其中轻度、中度、重度污染点位比例分别为13.97%、2.50%和5.02%，污染物以镉、镍、铜、锌和汞为主，污染比重分别为17.39%、8.41%、4.04%、2.84%和2.56%，其他污染物比重仅为0.14%～0.89%（表0–4、图0–2）。

表0–4 五大粮食主产区耕地土壤重金属污染点位超标情况

单位：个，%

区域	点位数	超标点位数	超标率	轻度	中度	重度
三江平原	60	1	1.67	0	1.67	0
松嫩平原	353	33	9.35	1.98	3.97	3.40
长江中游及江淮地区	731	224	30.64	21.61	1.92	7.11
黄淮海平原	1 350	165	12.22	5.78	1.33	5.11
四川盆地	512	223	43.55	34.57	5.47	3.52
总体	3 006	646	21.49	13.97	2.50	5.02

资料来源：依据大量已发表的耕地土壤重金属污染的文献数据和野外调查采样数据整理。

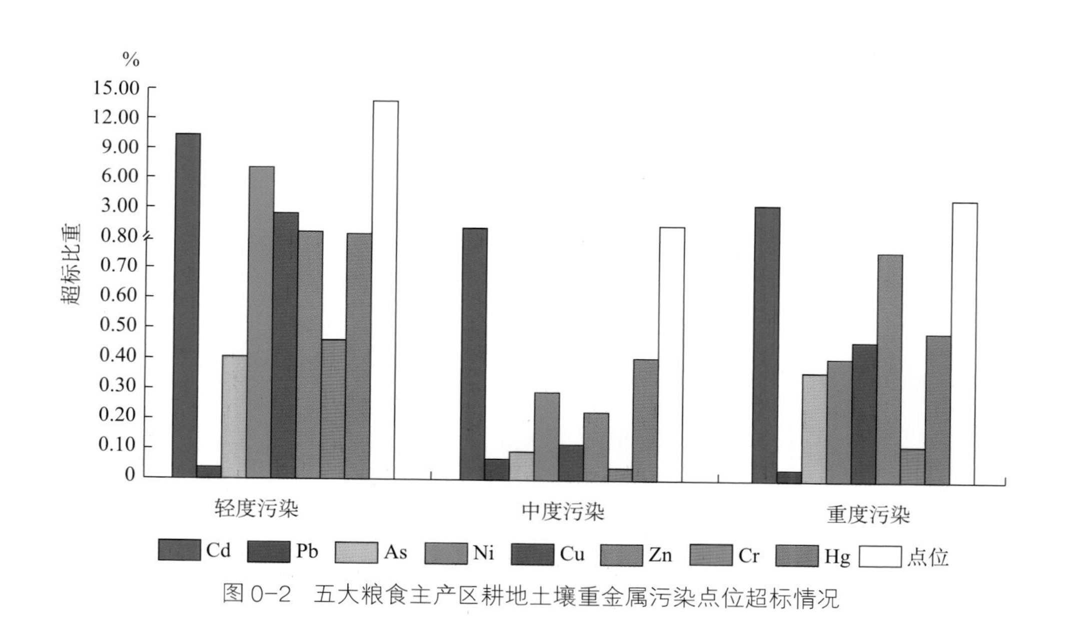

图0–2 五大粮食主产区耕地土壤重金属污染点位超标情况

南方粮食主产区的耕地土壤重金属污染重于北方（图0–3、图0–4）。从点位超标率看，四川盆地和长江中游及江淮地区的耕地点位超标率分别为43.55%和30.64%，高于黄淮海平原、松嫩平原和三江平原的12.22%、9.35%和1.67%。

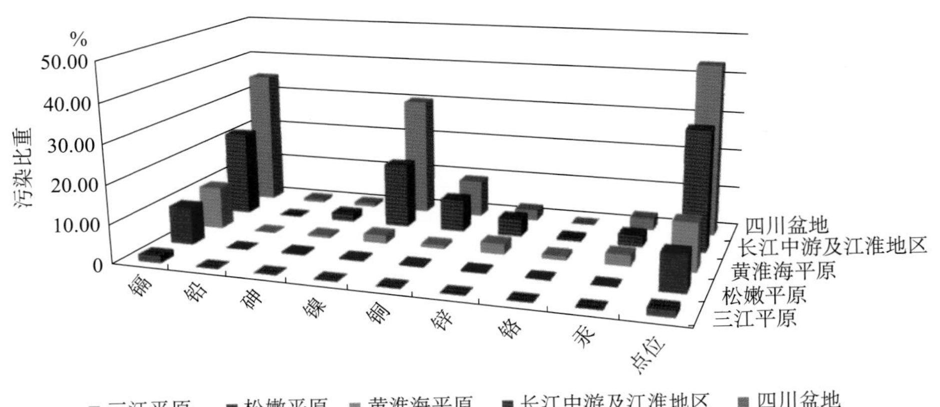

图 0-3　五大粮食主产区 8 种重金属污染比重对比

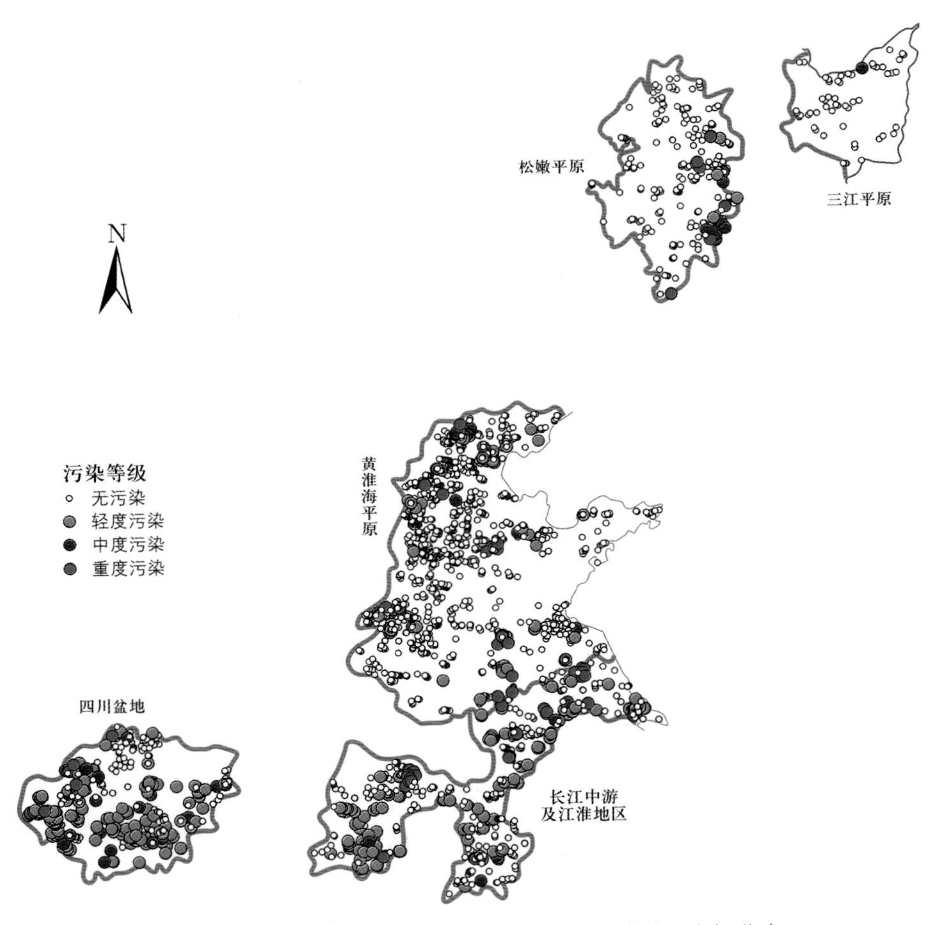

图 0-4　五大粮食主产区耕地土壤重金属污染等级空间分布

从污染等级看，四川盆地和长江中游及江淮地区轻度污染比重较高，分别为34.57%和21.61%，占其总超标比重的70%～80%，其他主产区不足16%。除三江平原，各主产区均存在重度污染点位。其中，长江中游及江淮地区比重最大，为7.11%，主要分布在北部的扬州、滁州、合肥和淮安地区，西部的益阳、常德和孝感等地，以及西南的南昌周边地区；黄淮海平原重度污染次之，比重为5.11%，主要分布在中部、北部和东南部的部分地区；四川盆地和松嫩平原重度污染点位比重分别为3.52%和3.40%，其中四川盆地污染区域主要分布在成都、德阳、绵阳和重庆等地，松嫩平原污染区域则重点分布在望奎、肇东、玉树、哈尔滨、昌图等地。另外，四川盆地和松嫩平原的中度污染比重高于其他地区，分别为5.47%和3.97%。

从土壤重金属污染物种类看（图0–4），镉是五大粮食主产区共有的主要污染物，超标比重为1.72%～34.90%，其中以四川盆地镉污染最重，其点位超标率、轻度污染和中度污染比重均高于其他地区，而镉的重度污染主要分布在长江中游及江淮地区。次一级的污染物是镍和铜，长江中游及江淮地区的镍和铜的污染比重区间分别为16.46%～30.32%和8.28%～9.34%，均高于北方地区，而且都以轻度污染为主。锌和汞在黄淮海平原、长江中游及江淮地区污染比重较大，污染比重区间分别为2.86%～4.62%和0.71%～1.00%，均以轻度污染为主。

从污染程度的空间分布看，耕地土壤重金属污染集中在矿区、工业区、复垦区、污水灌溉区和大中城市等周边区域（表0–5）。复垦区和矿区的耕地土壤污染程度居前，超标比重分别为93.75%和77.78%，且重度污染比重均较高，分别为87.50%和33.33%；其次是工业区和污水灌溉区，超标比重分别为46.88%和47.62%，其中工业区以重度污染为主（31.25%），污水灌溉区以轻度和重度污染为主（21.09%和19.05%）；城郊与农区污染相对较轻，超标比重分别为19.93%和11.44%，但城郊耕地的重度污染比重（5.05%）高于农区（0.73%）。

表0–5　粮食主产区不同区位耕地土壤重金属污染比重

单位：%

	矿区	工业区	污水灌溉区	城郊	农区	复垦区
超标比重	77.78	46.88	47.62	19.93	11.44	93.75
轻度	33.33	12.50	21.09	12.44	9.51	6.25
中度	11.11	3.13	7.48	2.43	1.20	0
重度	33.33	31.25	19.05	5.05	0.73	87.50

上述污染较重的区域，除以共同的污染物镉为主，南方以镍、铜、砷等污染物比重较高，北方以铜、锌、铬和汞比重较高；污染较轻的城郊和农区耕地，北方以镍、锌和

汞比重较高，南方则以砷、镍、铜和汞比重较高。

从污染变化趋势看，20世纪80年代至今，粮食主产区耕地土壤重金属点位超标率从7.16%增至21.49%，20多年间快速增长了14个百分点。除三江平原，耕地土壤重金属点位超标率增加趋势显著（图0-5）。

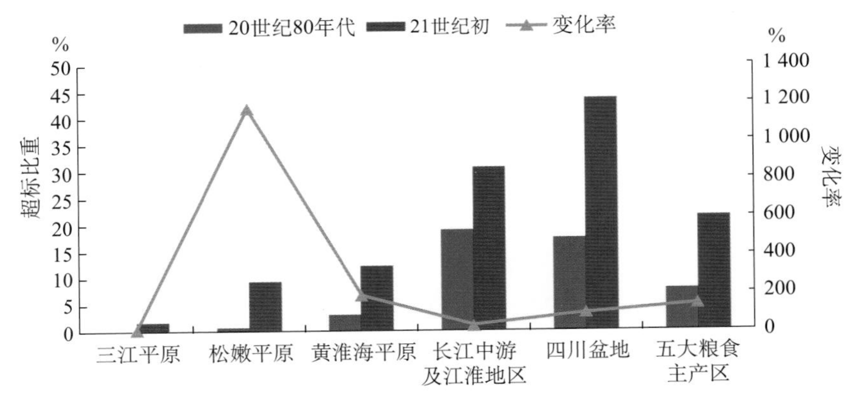

图0-5　20世纪80年代至21世纪初五大粮食主产区耕地土壤重金属点位超标比重变化量和变化率

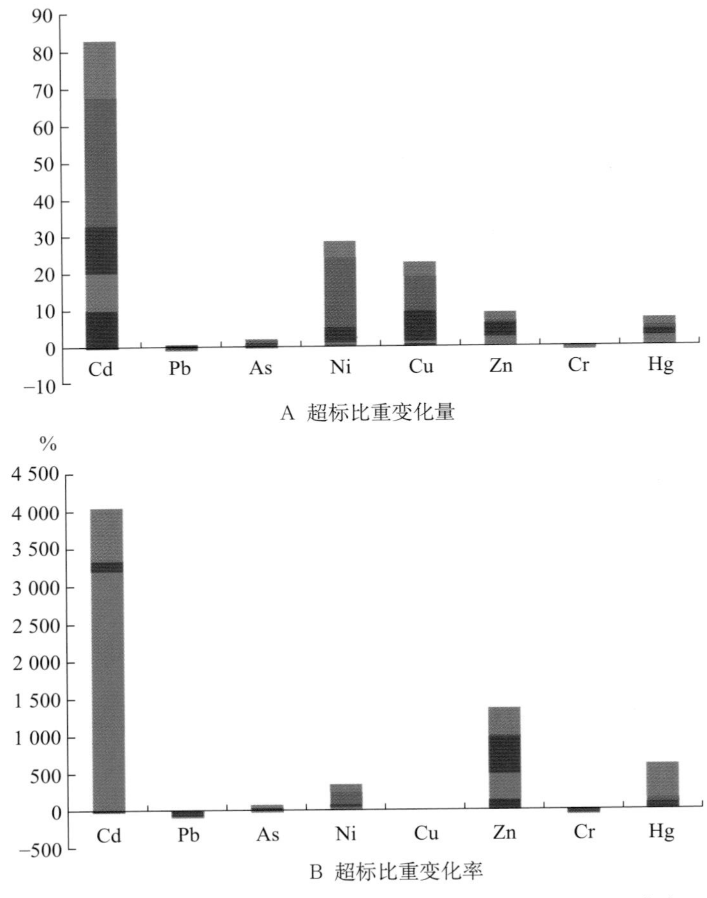

图0-6　20世纪80年代至21世纪初五大粮食主产区8种耕地土壤重金属超标比重变化量和变化率

Cd、Ni、Cu、Zn和Hg污染比重呈增加趋势，其中Cd增加最为明显，上升了16.07%；Ni、Cu、Zn和Hg污染比重分别增加了4.56%、3.68%、2.24%和1.96%；而Pb和Cr的污染比重稍有下降，分别降低了0.01%和0.03%（图0–6）。南方Cd、Ni、Cu的变化量均高于北方，但Hg变化量低于北方。但从变化率看，除四川盆地和松嫩平原的Cd超标比重均从0开始增加，黄淮海平原的Cd超标比重（增加了25.8倍）远高于长江中游及江淮地区（增加了3倍）；Ni超标比重变化率在四川盆地（172.17%）和黄淮海平原（110.00%）较大；Zn超标比重变化率在长江中游及江淮地区最大（621.88%），其次是黄淮海平原（393.10%）和松嫩平原（161.54%）。总体上，除三江平原重金属污染变化趋势不明显，北方污染增速高于南方，松嫩平原的Cd、Zn增幅较大，黄淮海的Cd、Ni、Zn和Hg上升趋势显著，长江中游及江淮地区的Cu和Zn增幅较大；四川盆地的Cd、Ni和Cu增幅较大。

2. 耕地土壤有机物污染

据环境保护部和国土资源部2005—2013年全国土壤污染普查数据，我国耕地土壤中六六六、滴滴涕、多环芳烃（PAHs）3类有机污染物点位超标率分别为0.5%、1.9%、1.4%（表0–6），其中六六六、滴滴涕已禁止使用30年，属于历史遗留问题，当前发生污染的有机物大多为多环芳烃，主要集中在工业废弃地、化工类园区及周边、采矿区、污水灌溉区、干线公路两侧，以点源污染为主（图0–7）。污染范围主要分布在东南沿海一带，污染水平以中度和轻度为主，北京、天津、福建、辽宁等地污染严重。

表0–6　2005—2013年中国耕地土壤有机污染物超标点位情况

单位：%

污染物类型	点位超标率	不同程度污染点位比例			
		轻微	轻度	中度	重度
六六六	0.50	0.30	0.10	0.06	0.04
滴滴涕	1.90	1.10	0.30	0.25	0.25
多环芳烃	1.40	0.80	0.20	0.20	0.20

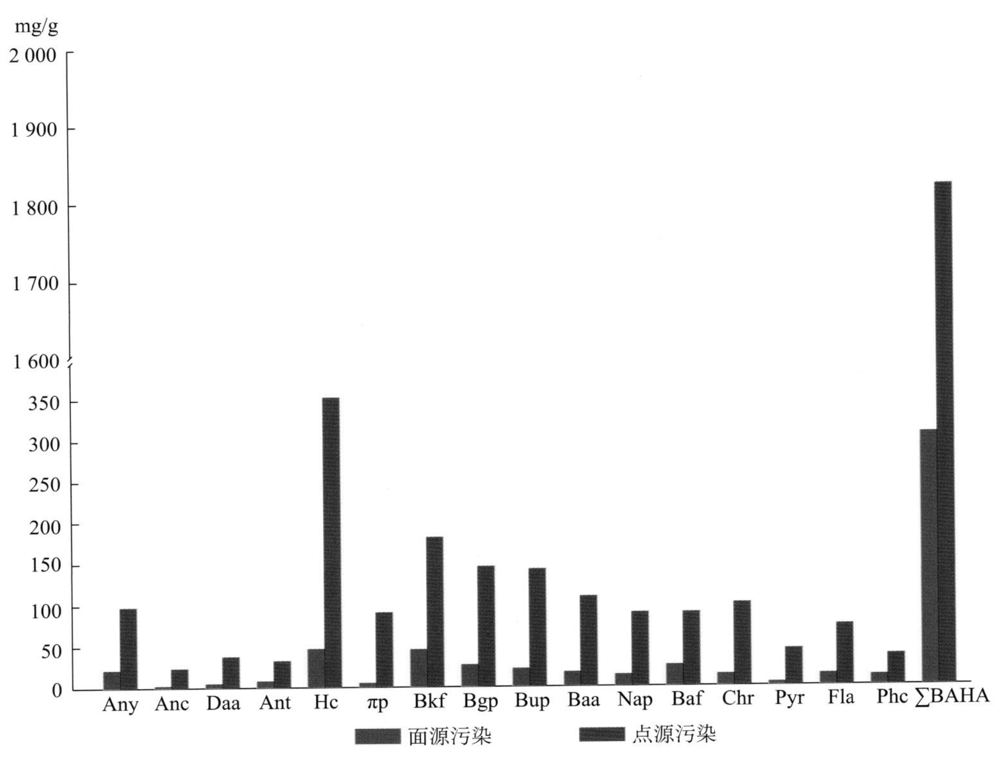

图 0-7　我国面源与点源污染土壤 PAHs 含量

资料来源：曹云者，等，2012．我国主要地区表层土壤中多环芳烃组成及含量特征分析［J］．环境科学学报，32（1）：197—203．

3．耕地土壤地膜污染日趋严重

农用地膜自1979年从日本引进，现已成为我国继化肥、农药的第三大农资。全国地膜年使用量从1992年的38.0万t增加到2016年的147.0万t，增加了约2.9倍；地膜覆盖面积从1992年的593.0万hm^2增长到2016年的1 840.1万hm^2，增加了约2.1倍。随着农用地膜使用的快速增长，残膜对农业生态环境造成的“白色污染”日趋严重。

残膜对农业生产及环境都具有极大的副作用，不仅影响土壤特性，降低土壤肥力，严重地还可造成土壤中水分、养分运移不畅。对农作物生长的危害主要表现在农作物根系发育可能受阻，降低作物获得水分、养分的能力，导致产量降低。研究表明，土壤中残膜含量为58.5kg/hm^2时，玉米减产11%～23%，小麦减产9%～16%，大豆减产5.5%～9.0%，蔬菜减产14.6%～59.2%（刘敏等，2008）。

目前全国农田平均地膜残留量一般在60～90kg/hm^2（刘敏等，2008），在一些地膜使用量大的区域（如新疆等），农用残膜污染严重。新疆地膜覆盖总面积已超过5 000万亩，占新疆耕地面积的一半，约占全国的四分之一以上。据新疆农业厅2012年

对20个县的调查数据，农田地膜残留量平均达到255kg/hm^2，是全国平均水平的近5倍，地膜残留量在225kg/hm^{2}以上的农田占到近八成，南疆最高的地膜残留量甚至超过600kg/hm^2。另一项跟踪调查表明：地膜覆盖10年、15年和20年每公顷平均残留量分别为262kg、350kg、430kg，污染最重的一个样点为597kg。可见，新疆农田地膜残留污染已非常严重，且呈逐年加重态势。

（七）局部区域耕地沙化、盐渍化、土壤侵蚀问题依然严重

据国家林业局第五次《中国荒漠化和沙化状况公报》结果，2014年我国具有明显沙化趋势的土地30.03万km^2，如果保护利用不当，极易成为新的沙化土地。受我国后备耕地资源匮乏的影响，2009—2014年沙区耕地开垦呈增长趋势，沙区耕地面积增加114.42万hm^2，增加了3.60%；沙化耕地面积增加了39.05万hm^2，较之2009年上升了8.76%，表明沙区新增耕地的质量堪忧。

据中国科学院新疆生态与地理所2014年调查，新疆灌区盐渍化耕地占灌区耕地的37.72%，比2006年提高了6个百分点（田长彦等，2016）。南疆盐渍化耕地面积占总耕地面积的一半，河西走廊、河套平原、松嫩平原西部的耕地中盐渍化面积也占有较高比例。

目前我国耕地中尚有超过20%的坡耕地，其中黄土高原区、西南石漠化区、红壤丘陵区的坡耕地，尤其是长江上游的大量陡坡耕地，仍然受到水土流失的严重威胁。

（八）对我国耕地质量变化趋势的总体看法

上述分析研究表明，近几十年我国耕地质量发展既存在趋势向好的一面，也存在趋势恶化的一面。

趋势向好的一面表现为：近几十年来耕地土壤质量中的有机质含量呈基本稳定状态，除东北区和青藏高原区有相对明显的下降，其他区域基本保持稳中有升态势。此外，近年来耕地管理质量有较大提高，与30年前相比，无论是耕地的平整化水平，还是水利化和机械化水平均得到明显提高。全国耕地有效灌溉面积从1978年的6亿亩扩大到目前的9.6亿亩。全国农田机械化水平更是迅速提升，耕地机耕率从1980年的41.3%上升至2014年的77.48%；农田机播率从1980年的10.3%上升至2014年的50.75%；农田作物机收率从1980年的3.0%上升至2014年的51.29%。耕地的经济质量（即耕地生产农产品的能力）也有了一定的提升。

趋势恶化的一面主要表现在：第一，我国耕地的立地环境质量相对较差，受到坡度、土壤侵蚀、水土资源匹配错位、沙化、盐碱、水旱灾害频发等自然条件限制，中低产田比例大，近几十年虽然国家投入大量资金进行改造，却一直在70%左右徘徊。第二，耕地土壤的健康质量呈不断下降趋势，耕地土壤的点位污染率已接近20%，五大粮食主产区的土壤重金属污染甚至高于上述点位污染率，而且这种污染趋势还在蔓延，未能得到有效遏制。要想遏制、治理和修复土壤污染，任务长期、复杂且艰巨。另外，全国性的耕作层变浅、土壤板结压实现象以及南方土壤酸化问题日趋严重，土壤理化性质处于较严重的隐形退化状态。第三，在耕地占补平衡中，多数地区重耕地数量平衡、轻质量平衡，“占优补劣”现象普遍，复种指数高的我国南方、中部区域的优质农田被大量占用，而生态脆弱、复种指数较低的东北和西北地区耕地增加，这些耕地新增区域已经出现生态失衡现象，农区耕地沙化、土壤盐渍化加剧。而与此同时，部分城镇化高速发展区域耕地由集中、连片、优质逐步向破碎、零星、劣质转变。实际上，耕地“占优补劣”也是我国几十年来中低产田比例居高不下的一个重要原因。第四，耕地长期以来过度利用、重用轻养、培肥不力，近年来全国有机质总体上虽略有上升，但很多地区都处在国家土壤养分标准的3～4级，肥力相对较低，仍有很大提升空间。一些地区施肥结构不合理，耕地养分失衡，土壤缺素现象严重。另外，耕地质量管理方面也存在重视程度不够、管理意识淡薄、法规建设滞后，经营耕地没有长期的、良好的盈利预期，导致掠夺式利用或随意撂荒等。

综合上述分析，课题组认为，我国耕地质量总体上呈下降趋势。近年来耕地农产品产出总量不断增加的状况则是依靠巨量的投入、牺牲耕地土壤健康质量、牺牲生态脆弱区生态环境换来的表象，从长远上看是不可持续的短视行为。

二、耕地质量提升的战略思路与转变

（一）耕地质量提升的战略思路

以耕地永续利用为切入点，统筹耕地数量、质量、生态三位一体为重点，以耕地保护和质量提升的法律法规为依据，进一步完善耕地“占补平衡”机制，确保国家耕地数量与质量的基本平衡；尽快划定、落实永久基本农田，以土地整治为平台，大力建设高标准农田，提升耕地的综合生产能力；同时严控城乡建设用地无序增长，努力提高城乡土地的利用率、生产率和效率；以防控为主，循序渐进，因地制宜地治理和修复耕地土壤污染；创新体制机制，健全以国家粮食安全、绿色生态为导向的耕地保护与质量提升的补偿机制和约束机制；强化法治保障，建立耕地保护与质量建设的法律法规体系。构建和谐的人地系统，在守护耕地数量与质量红线、维护国家粮食安全的前提下，确保耕地健康、安全、可持续，以达到保障国家社会经济的可持续发展和耕地资源永续利用的终极目标。

（二）实现耕地管理的战略性转变

1．实现从单纯保耕地数量向保耕地数量、质量、生态三位并举的战略转变

我国虽然实行的是最严格的耕地保护制度，但长期以来，由于我国在耕地质量保护监管方面缺乏可操作的制度安排和技术保障，实质上耕地保护工作沿用的是一种重数量、轻质量的失衡机制。在快速工业化、城市化的过程中，这种重数量、轻质量的保护机制，使部分地区在补充耕地中出现了“占优补劣”“占整补零”“占近补远”等现象，导致优质高等耕地所占比例不断下降。全国非农建设占用耕地面积中，有灌溉设施的占71%，但补充耕地中有灌溉设施的仅占51%。[①]同时，补划的基本农田也普遍存在“占优补劣”现象，新补划的基本农田大部分位置偏远、基础设施条件较差、质量不高，粮食生产能力减弱，高产稳产的标准粮田比例仅为28%。[②]工业化污染以及农业上多年来重利用、轻保护的理念也使得耕地本身健康遭到破坏，突出表现为土壤污染，目前处在继续恶化趋势之中，如果得不到有效遏制，将会引发耕地土壤危机，威胁国家食物安全与人体健康。另外，由于一味注重对耕地数量减少的控制，忽视了对耕地赖以生存的载体——生态环境的保护。例如，为弥补城镇化、工业化对耕地的大量占用，而在生态较脆弱的西北地区、东北西部地区大量开垦土地，已引发新增耕地区的土地沙化、盐碱化和地下水严重超采，导致当地的生态失衡乃至发生生态危机。

因此，在我国不断转变经济增长方式，实现科学、规范管理的要求下，也必须改变耕地保护重数量、轻质量、轻生态的管理机制，实现由重数量保护向数量、质量、生态三位一体的保护转变。社会经济可持续发展不仅要求耕地资源在数量上得到保证，同时

---

① http://news.sina.com.cn/c/2004-02-24/20091886520s.shtml.

② http://news.sina.com.cn/c/2005-10-24/15457251626s.shtml.

要求在质量上有所保证，只有具备一定质量的数量才是可靠的保障。耕地数量、质量、生态并重管理的实质是要保护耕地的综合生产能力以及能够维持耕地永续利用的生态环境。只有统筹耕地数量、质量、生态的一体化管理，才能确保国家粮食安全战略的实现，耕地保护的国策才能全面、正确地落到实处。

2．实现从“重用轻养”的耕地利用方式向“用养结合”的战略转变

近几十年来，我国农业生产中普遍存在重化肥轻农肥、重用地轻养地的现象。据农业部全国农业技术推广中心统计数据，近年来我国有机肥在肥料总投入量中的比例不到10%（刘晓燕等，2010；金继运，2005），大田投入比例更低，较之美国及欧洲等国家40%～60%的有机肥投入比例相差甚远（朱兆良、金继运，2012；张维理等，2004）。化肥高投入、有机肥投入不足以及长期高强度利用土地，造成很多地区耕地土壤理化结构遭到破坏，出现板结和酸化，有机质含量偏低，肥料吸收利用效率和粮食生产效率难以提高，农产品产量不稳且质量下降，以及严重的面源污染问题（李忠芳等，2009；张维理等，2004）。为此，将当前耕地利用的“重用轻养”“重无机、轻有机”转变为“充分用地，积极养地，用养结合”，这是提升耕地质量、保障农业可持续发展的重要战略措施。

用地和养地两个方面是相辅相成的，不能截然分开，养地是为了更好地用地，而合理用地有利于保持和恢复土壤肥力。应从战略上彻底端正对耕地资源开发利用的态度，既要充分利用耕地资源，发掘潜力，也要做好耕地资源的长久性地力养育。鉴于我国人多地少的国情，养地必须在利用中养，而不宜轻言休耕，以保障国家的粮食安全。

用养结合的重要措施之一是调整优化种植结构，通过轮作因地制宜地实现在充分用地的基础上养地补肥的目标。如在东北黑土区推广玉米—大豆轮作、青贮玉米＋饲料大豆混种，在北方农牧交错带和西北干旱区推广粮—草轮作，在中部和南方地区实施粮—经、粮—饲、粮—肥轮作／间作，提高土壤肥力。而在地力严重退化区和严重的地下水漏斗区，实行季节性休耕，降低土壤水肥消耗，以达到提升地力的目的。

另一重要措施是大力发展有机肥，实行有机肥与无机肥相结合。即通过提高畜禽粪便和农作物秸秆直接还田率，恢复绿肥种植面积，合理利用有机养分资源，用有机肥替代部分化肥，实现有机无机相结合，力争有机养分占到施肥总量的40%以上。由于有机肥等提高地力的措施一般不能立即显示其经济效益，必须加强政策支持，采取经济等手段鼓励农民施用有机肥，特别是要对绿肥生产中的种子、肥料等进行补贴。应将发展有

机肥作为一项农业基本建设来抓。

3. 实现由一般层面上的管理耕地质量向依据法律法规的管理转变

我国现有的耕地质量保护方面的法律、法规等存在一定的缺失。如《中华人民共和国农业法》《中华人民共和国土地管理法》《基本农田管理条例》等法律法规对耕地质量管理作了一些原则性的规定，但不具体、操作性不强。因此，耕地质量保护不能只停留在一般性层面上，必须上升到法律法规层面来加以解决。应在综合、细化上述相关法规的基础上，制订新的针对耕地质量管理的法律法规（如制定耕地质量管理法），以完善耕地质量保护的政策和法律体系，使得耕地质量管理由一般层面管理向依据法律法规管理转变。

三、耕地质量提升的战略措施与途径

（一）调整新一轮退耕还林规模，提高国家耕地保有量

据全国农业区划委员会、中国科学院、农业部、国土资源部等多家机构对全国耕地面积的调查，以及全国第一次、第二次土地调查结果，自20世纪80年代至今，全国耕地面积总量一直未低于20亿亩，平均值为20.35亿亩（表0-7）。也就是说，近30年来国家粮食和其他农产品的大量产出一直都是源于20多亿亩耕地的支撑。

表0-7　20世纪80年代至今国家多个机构对全国耕地面积的调查结果

单位：亿亩

时间	全国农业区划委员会	中国科学院原综合考察委员会	中国科学院遥感与数字地球科学所	原国家土地管理局	农业部土肥总站	中国科学院、农业部	全国第一次土地调查	全国第二次土地调查
20世纪80年代	20.95	20.86	20.59	19.87	19.88			
1993年						20.60		
1996年							19.51	
2009年								20.31
2015年								20.25

注：2006年取消农业税前的部分数据在调查和汇总中存在地方瞒报现象。

当前，我国城镇化进程不断加速，2000—2010年全国城乡建设用地每年占用耕地约300万亩，是1990—2000年的1.5倍，这种城市和农村建设用地“双增长”的趋势还将持续。

近年来我国粮食在连续增产背景下，进口数量却不减反增，2015年已占到粮食总产的20%以上。可以预见，随着城乡居民生活水平的提高，2030年我国人口高峰期粮食需求将进一步增加。但与此同时，耕地“占优补劣”却将全国耕地生产能力降低了约2%。因此，在耕地数量持续下降、粮食需求不断增加、耕地生产能力有所降低以及部分超强度耕种、污染严重的土地需要休耕的背景下，国土资源部门计划将现有约1.5亿亩的陡坡耕地、东北林区或草原耕地、最高洪水控制线范围内的不稳定耕地几乎全部进行退耕还林、还草、还湿，并把国家2030年耕地保有量定位为18.25亿亩，这将会导致耕地数量大幅下降，危及未来我国农产品生产和食物安全。

截至2006年底，国家第一期退耕还林工程已退耕1.39亿亩质量较差的耕地。[①]2014年启动第二期退耕还林工程拟退耕8 000万亩，截至2016年已退耕3 000万亩，加上2006年之前退耕的1.39亿亩，已累计退耕1.7亿亩，亟待退耕的土地基本退耕完毕。据国土资源部第二次全国土地调查主要数据成果的公报，国土资源部门今后拟退耕的1.5亿亩耕地中坡耕地约6 500万亩，这其中大于25°的陡坡地大部分前期已退耕，真正急需退耕的比例不高，且在西南山区不少陡坡地已建成梯田，已不需要退耕。在剩余的一些山区中，有条件的坡耕地也可进行坡改梯工程，以保证当地农民的基本粮食供应。全国位于林区和部分洪水控制线范围内的耕地约有8 500万亩，其中大多数林区的耕地坡度不大、质量较好，可择优保留相当一部分继续保持耕作；由于近年来我国河道、湖泊等来水量大幅减少，位于洪水控制线范围内的耕地安全系数提高，受洪灾的影响降低，耕地质量较好，大部分早已被划作基本农田且利用多年，也不宜被全部退耕。经粗略计算，拟退耕的1.5亿亩耕地中有50%以上可保留继续耕作。

此外，近十几年间因农村青壮年劳动力大规模外出务工，山区坡耕地弃耕现象随处可见。据课题组调查，西南山区的坡耕地弃耕面积已占耕地总面积的15%～30%，传统上农民毁林开荒、扩大耕地面积的趋势已经发生根本性转变，国家投入资金继续大规模实施退耕还林工程已没有必要。建议国家应及时缩减退耕还林规模，将拟退耕地总量

① http://www.chinanews.com/gn/2014/09-27/6636591.shtml.

控制在1.8亿亩左右。

初步测算，2030年我国粮食消费总需求量将达7.5亿t以上，若满足上述需求，且保证我国粮食总体自给率不低于80%，则全国耕地面积至少应维持在19亿亩以上。综合考虑近年来全国各种占用和补充耕地的数量与趋势，以及后备耕地资源的极其稀缺性，今后我国耕地面积将进入持续下降的阶段，初步计算未来每年国家耕地将净减少100万～200万亩。因此，最大限度地保持耕地数量和质量是今后维持国家食品安全的重中之重，建议国家缩减第二期退耕还林规模，提高耕地保有量。2030年耕地保有量红线应定在19亿亩以上，争取达到20亿亩。

（二）完善耕地“占补平衡”机制，确保新增耕地的质量及区域生态安全

近年来耕地“占补平衡”制度在保护耕地数量平衡上取得了显著成效。但在实际操作中对于新增耕地质量重视程度不够，“占优补劣”已成常态。同时，因补充的耕地多分布于立地条件差、丘陵山地或者生态相对脆弱的干旱半干旱地区，既缺乏对新增耕地质量的后续提升与管理，也容易引发区域生态安全问题。针对上述问题亟须改进与完善“占补平衡”制度。具体措施包括：

建立耕地占补平衡与生态协调发展机制。目前我国后备土地资源大多为生态脆弱、立地条件较差的边际土地，开垦此类土地极易对周边生态环境产生影响，甚至造成生态破坏。因此，后备资源开发必须进行严格论证，并预留一部分资金，用于消除生态环境压力。

建立补充耕地质量建设与后续管理机制。完善补偿耕地质量验收程序，确定耕地等级，确保能够持续耕种；将补充耕地后续的质量提升、基础设施建设等费用纳入耕地占用成本，持续提高耕地产能。

建立补充耕地经济补偿机制。补充耕地区的耕地保有量增加，但可能因耕作距离远、地块零散等造成生产不便。因此，可对新开垦耕地的区域发放“新增耕地耕种和管护补助费”，形成补充耕地经济补偿机制，增强地方政府和农民对占补平衡补充耕地的责任心。

另须特别指出的是，中央全面深化改革领导小组日前提出，“对跨地区补充耕地等重大举措，要严格程序、规范运作。”这意味着关于禁止耕地跨省占补平衡的政策出

现松动，而从近20年来我国耕地空间迁移的趋势可以看出，未来耕地很有可能会集中“补”在西北、东北等生态环境较为脆弱、复种指数较低的地区。全国城镇化过程中占用1亩耕地的平均粮食产量，需要在新疆新增1.90亩或在东北平原补充2.50亩才能达到产能平衡。况且西北、东北地区生态相对脆弱，尤其是西北地区耕地已严重超载，继续开垦将导致区域生态危机。因此，未来如果不得不执行跨省占补平衡，必须要严格执行程序，充分论证，规范操作；同时要加入价格调控机制，考虑耕地补充区的“生态损失价格”。

（三）尽快划定、落实永久基本农田，提升耕地综合生产能力

基本农田保护制度实施以来在耕地保护方面取得了显著成效，但在制度最初设计上尚存在一些问题。比较突出的问题是基本农田划定时，中央和省级政府只下达了基本农田数量指标，而地方政府在划定基本农田时则“划劣不划优，划远不划近”。据统计，目前约有1.2亿亩优高等别的耕地尚未被划为基本农田。另据课题组实地调查，一些发达地区（如江苏、浙江等省）的部分市、县都存在几十万亩不等的林地、草地、水面、未利用地甚至建设用地等虚拟的基本农田。

基本农田是我国耕地的精华，是维护国家农产品安全的基石，当前应将基本农田保护制度作为核心制度，以切实保护优质耕地，提升基本农田的综合生产能力。

建议国家在划定永久基本农田过程中开展基本农田再认定工作，彻底摸清现有基本农田的数量、质量；将城镇周边、交通沿线附近的优质耕地（尚未被划入基本农田）纳入到基本农田体系中；消除现为林地、草地、水面、未利用地甚至建设用地等虚拟的基本农田数字；所有划定的基本农田特别是永久基本农田结果都要落实到空间上。

目前，全国省级永久基本农田划定方案全部通过论证审核。国家应结合远景土地利用总体规划，继续推动各地永久基本农田的划定工作。建议国家各种耕地保护补偿政策向这些永久基本农田倾斜，不能让保护和建设永久基本农田的地方或个人吃亏。中央政府应做好监督工作，确保地方政府切实将连片优质耕地划入永久基本农田保护区。永久基本农田之外的基本农田应进行分级保护，严格限制转用。

建议从国家层面上尽快划定国家确保口粮的永久基本农田。这些永久基本农田一旦划定，则其在任何时候、任何情况下都不能改变性质或挪作他用。据课题组初步测算，确保国家口粮安全的口粮田大致需要6.5亿亩（不包括城镇周边的菜地等，但包含了未

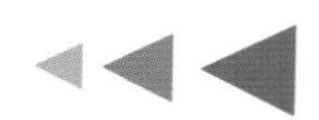

来国家重大基础建设项目可能的占地)。

全国现有16亿亩基本农田的耕地中，中产田占40%，低产田占32%[①]，相当数量的基本农田基础设施条件较差。因此，加强国家粮食主产区基本农田特别是新增耕地区的以防洪排涝、消除水旱灾害为重点的水利建设，同时加强改土增肥，改造中产田为高产稳产农田，培育低产田为中产田；加强包括基本农田区水、电、田、林、路的综合农业配套设施建设，促使基本农田向"优质、集中、连片"的集聚方向发展，提高其农业综合生产能力。

基本农田质量提升建设应由政府主导，加大项目和资金的整合力度，合理配置各部门的财力资源，形成建设合力；上级主管部门在管理基本农田建设中应以质量为主导，避免急功近利、操之过急的行为，只有在资金到位、稳步推进的基础上才能真正达到基本农田旱涝保收、坚固耐用的高标准；基本农田建设优先向产粮大县、种粮大户／农企经营、稻麦两熟种植制度、集中连片的已实现规模经营的耕地倾斜；以项目区农民为责任主体，建立建、管、用明晰的基本农田管护机制，解决工程建设管理难和建后管护难等问题，以保障项目工程的长期有效运转。

另外，我国南方双季稻种植比例已由过去的70%下降到40%，粗略估计南方冬闲田1亿亩以上。建议在南方地区开展稻—饲料油菜／豆科绿肥轮作，培肥地力，并为畜禽提供饲（草）料。要努力恢复双季稻面积，利用冬闲田发展绿肥和小麦作物生产，大力提高复种指数，通过内涵挖潜提升复种指数较高地区耕地的生产能力。

（四）严控建设用地无序增长占用优质耕地，提高城镇土地利用率和效率

生态退耕、建设用地占用耕地是以往我国耕地面积减少的两大原因。2006年以后，随着生态退耕量的大幅减少以及城镇化、工业化水平的推进，建设占用耕地所占比重越来越大。据国土资源部数据，2013年我国建设占用耕地占耕地减少面积的比重达到82.5%，城镇扩展占用耕地已成为耕地减少的主因。城镇化过程占用的耕地一般质量较好，且被占用后难以逆转，这对保护耕地特别是优质耕地提出了更高的要求。

2015年，我国城镇化率达到56.1%。根据联合国人口与发展委员会预测，到2030年还将有2.2亿农村人口进入城市。毫无疑问，我国城镇用地还将继续增长，占用耕地

① http://news.sina.com.cn/c/2006-03-03/08488349675s.shtml.

也不可避免。特别是2016年底，国家发展与改革委发布的《促进中部地区崛起“十三五”规划》中明确提出支持武汉、郑州建设国家中心城市，这必将进一步带动中部地区的城镇化进程，加速未来建设用地的扩张。然而，中部地区是我国重要的粮食生产区域，优质耕地广布，湖南、湖北和河南三省生产了我国23%的稻谷、29%的小麦和32%的油料。据课题组研究，2000—2010年，中部地区建设用地以1.00%的速度在增长，而东部地区平均增长速度高达2.23%；与此同时，中部地区在2005—2010年耕地减少了1.96%，东部地区减少了3.13%（图0-8）。假设未来中部地区以东部地区的发展模式作为参考，则中部地区的耕地尤其是优质耕地可能以更快的速度流失，这将给我国粮食安全带来巨大压力。

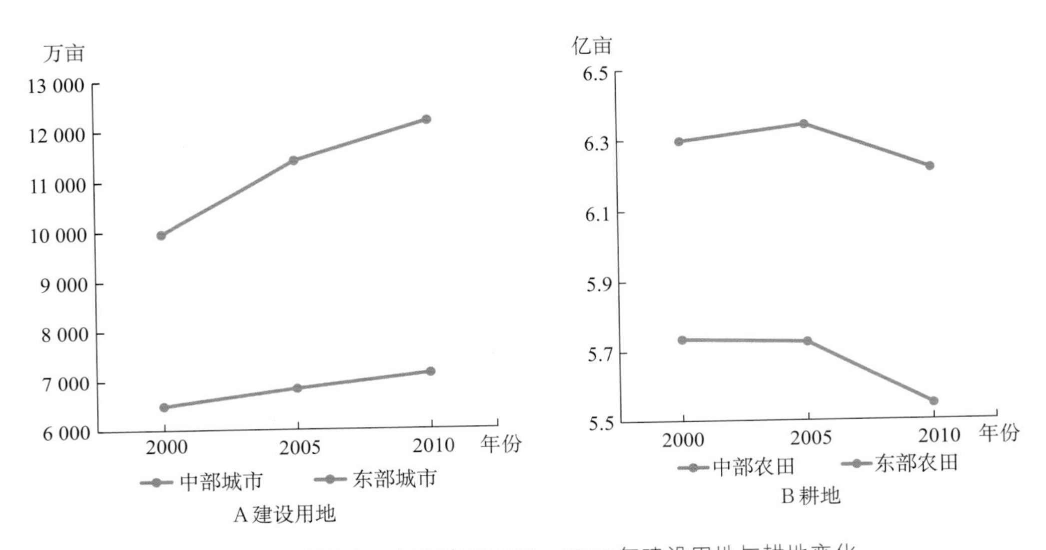

图 0-8　我国中、东部地区 2000—2010 年建设用地与耕地变化

因此，在建设占用和耕地保护矛盾不断加剧的新形势下，只有在严格保护耕地特别是优质耕地的前提下，集约利用建设用地，不断提高土地使用效率，才能实现耕地资源保护与经济快速发展的“双赢”目标。

目前我国人均城镇工矿建设用地面积为149m^2，远超国家110m^{2}标准上限，节约集约利用潜力大。2014年全国城镇建设面积为8.9万km^2，若按人均占有110m^{2}匡算，到2030年约10万km^{2}城镇建设面积即可满足全国城镇人口需求。但若按近10年城镇建设面积年均3.6%的增幅计算，则2030年全国城镇建设面积将达15.7万km^2，超过国家标准的57%。因此，限制城镇建设面积的无序扩展，将其总量调控在10万～11万km^2，致力于现有城市内部挖潜，是我国今后城镇化发展的关键。

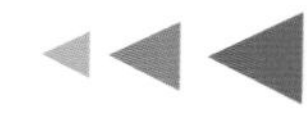

结合国家和省级土地利用总体规划，尽快将国家农产品主产区城镇周边或交通要道沿线的集中连片的优质耕地划为永久基本农田，优化城市发展空间，将城市周边的沃土良田留住，并以此形成城市扩展的边界，倒逼城市走内涵挖潜的道路。要继续严格控制非农占用耕地特别是优质耕地，尤其是复种指数较高的农产品主产区耕地，如长江中游与江淮地区、黄淮海平原和四川盆地，这其中包括了正在快速崛起的我国中部数个城市群。此外，由于中小城市占用耕地的比例高于大城市10%～15%，必须严格控制中小城市用地过度扩展，重点控制市、县、镇各类开发区圈地占地。县市级地方政府不得擅自调整土地利用规划、改变具有良好区位的基本农田位置。

在城镇化进程中，国家农产品主产区的新增建设用地应主要来源于城市存量土地、土地整理特别是“空心村”的土地整治；如确实需要占用基本农田，必须实现质量和数量上的占补平衡，确保基本农田数量、质量不变，严格控制农业核心地带跨区域实现耕地“占补平衡”，武汉、长株潭、中原、成渝等迅速发展的城市群与我国农产品主产区空间重叠，是未来耕地保护的关键区域。

提高城镇土地利用率和效率的主要措施包括以下三点。第一，盘活存量土地，注重内涵挖潜，进而减缓城镇拓展和耕地占用。存量土地主要包括空闲地、闲置地、批而未供土地和低效利用土地。应通过政策创新，引导地方政府盘活存量建设用地，出台政策促进城镇整合闲散用地，对现有低效利用建设用地进行深度开发；鼓励地方试验，加快城中村改造；对地方进行的各类节约集约用地创新模式加以总结和推广，并在此基础上出台促进存量用地节约集约利用的政策。对于利用存量盘活进行建设的地方予以奖励。第二，同产业规划相协调，促进行业用地集中。发挥集聚优势，便于土地的集约节约利用和污染治理。通过不断增加单位土地开发投入水平，提高土地的使用强度和使用效率。第三，优化建设用地结构，促进建设用地节约集约利用。出台地方政府行政用地标准，对划拨用于政府办公用地、学校等公益性用地、交通水利用地的土地，严格限制其土地供应规模和土地未来用途去向。降低工业用地比重，提高工业用地利用效率。在经济发达地区，鼓励地方政府进行政策创新，促进工业用地向城市用地转化。从严控制基础设施用地，提高基础设施用地利用效率。

（五）因地制宜，多方位努力提升耕地土壤肥力

我国大部分地区耕地土壤有机质含量没有达到肥土（田）水平，提高土壤有机质含量

是提升耕地质量的关键措施。增施有机肥和秸秆直接还田是提高农田土壤肥力的有效途径。

1．针对大田增施有机肥，有机与无机相结合

目前我国农户用于果园、蔬菜等高附加值农产品产地的有机肥占到施用有机肥总量的80%左右，而施用于大田的有机肥数量极少。其主要原因，一是传统有机肥料施用需要大量劳动力投入；二是有机肥的机械化制备和施用还存在一些短板，如当前我国厩肥、农作物秸秆等有机肥料的沤制与处理等生产工艺水平低，没有成熟配套的机械化生产工艺及设备，限制了后续的有机肥基肥撒施机械、种肥施播机械、追肥施布机械的使用和研制等。

国家应以补贴形式鼓励农户在大田配施有机肥。试验表明，有机肥合理增施数量为500～1 000kg/亩腐熟畜禽粪便或80～100kg/亩商品有机肥，可减施化肥20%～40%。大田有机肥增施区域应率先定位在黄淮海平原、长江中游及江淮地区、三江平原、松嫩平原和四川盆地等粮食主产区。

与此同时，应尽快制定施肥机械的通用标准，对布施的关键部件进行研究与试验，以及针对有机肥的物理形态（固态、液态、颗粒、粉状等）、不同作物、不同生产阶段的技术特点和农艺要求，研发功能性施肥机械、复式作业施肥机械、自动化施肥技术工程等，实现有机肥与化肥配施的生产、储存、装卸、运输及田间撒施作业的一体化，并将其产业化和实用化。

应对有机肥生产企业给予大力扶持，尤其应鼓励大中型有机肥生产企业和畜禽养殖场结合，利用畜禽粪便等废弃物生产有机肥，支持其扩大生产规模，并在运输、能源、税收等方面实行优惠政策。国家可针对在大田中进行有机肥和化肥配施的承包大户或企业给予政策倾斜。同时，鼓励、引导普通农户在大田增施有机肥，改良培肥土壤。

2．大力推广秸秆直接还田

目前，我国秸秆直接还田量约占秸秆总产量的40%，与发达国家相比，总体上秸秆直接还田比重低20%左右。应加快秸秆还田机械化、自动化等关键技术研发，重点研发适合北方的大马力翻耕机、打捆机、粉碎机等，以及适合南方相对小块农田应用的机械。

据课题组调查，每亩秸秆还田需20～30元机械粉碎和深埋费用，农民因不愿出这笔费用而多将秸秆焚烧或废弃，建议国家或地方政府给予全额补贴。对使用大马力机械进行秸秆还田深翻的粮食生产承包大户和新型农业经营体给予政策倾斜。

对不适宜于大马力机械的地区，或目前没有合适机械秸秆还田的区域，积极研发、

推广秸秆快速腐熟技术，国家给予政策倾斜。同时，恢复和发展绿肥生产，对于利用农作物闲季种植绿肥的农户应给予适当补贴（20元／亩左右）。

（六）以防控为主，循序渐进，因地制宜地治理和修复耕地土壤污染

1．建立健全耕地污染防治的法律及配套标准体系

依法治理耕地环境污染是发达国家过去几十年土壤污染防治工作取得显著成效的重要手段。目前我国尚没有土壤污染防治的专门法律法规，现有土壤污染防治的相关规定主要分散体现在环境污染防治、自然资源保护和农业类法律法规之中，如《中华人民共和国环境保护法》《中华人民共和国农业法》《中华人民共和国土地管理法》《中华人民共和国农产品质量安全法》等。由于这些规定缺乏系统性、针对性，且具有明显的滞后性，可操作性弱。目前国家已经出台了“土壤污染防治行动计划”（简称“土十条”），因为没有强有力的法律条款支持，以后在实际操作中，其威慑力和具体执行力也会受到制约，不能充分发挥作用。因此，国家亟须制定系统、具体、细致的土壤污染防治法，用法律手段推进土壤污染防控与治理的进程。

除了要积极推进“土壤污染防治法”的立法进程，还应该积极研究制定、完善相关配套技术标准及技术体系。很多国家和地区都是标准和立法同时公布，甚至是立法先于标准。在完善《农用地土壤环境质量标准》的基础上，要加快化肥、有机肥、农药、农膜等投入品环境限量标准研制，建立农业清洁生产技术规范和良好性农业耕作方式推荐标准体系，以限制不良耕作行为和农业投入品对农田环境造成污染。

2．以防为主，严控污染源，遏制耕地土壤污染恶化趋势

据环境保护部和国土资源部的调查数据，我国当前耕地土壤的点位污染超标率接近20%，而且很多地区呈污染蔓延趋势。农田土壤污染物主要集中分布在矿山、相关污染企业、污灌区和工业密集区等污染源周边区域，广大的农田区污染相对较轻。因此，当务之急是进行相关污染源的控制，树立“以防为主”的土壤治理与修复理念，这比匆忙进行土壤修复更为紧迫，避免出现“边小块治理，边大片污染”现象。耕地土壤污染管控措施主要包括：

严格控制在耕地集中区新建有色金属冶炼、石油加工、化工、焦化、电镀、制革等重金属污染行业企业；要求现有相关行业企业采用新技术、新工艺，加快提标升级改造

步伐；严控耕地附近矿产资源开发时的废水、废渣、废气排放，强制约束现有相关行业企业使用清洁生产工艺；定期对污灌水源进行水质监测，杜绝使用未达标的再生水灌溉。

要强调农民对耕地质量的保护，鼓励农民采用环境友好型耕作技术，采用护养相结合的耕作方式，实行化肥农药减量化，逐步杜绝不良耕作行为引起的农田污染。对于为耕地质量保护或改善做出贡献的农业生产者，政府应给予适当的补贴或奖励。

对受到不同程度污染的农田进行分类管理。对重度污染农田区进行治理与修复，资金投入大，时间周期长，并可能对土壤功能造成严重破坏。目前应立即停止重污染农田区的食用农产品生产活动，采用退耕还林草或休耕的方法提升其生态景观价值，等条件成熟时再予以治理恢复。对轻中度污染的农田土壤则应采取农艺调控、替代种植等措施，降低农产品污染超标风险。

3．进行农田污染详查，循序渐进地开展农田土壤污染防治工作

我国地域辽阔，土壤类型丰富，区域差异明显；同时，不同区域产业结构不同，污染类型和污染物也有明显区别。这些区域差异导致我国耕地土壤修复技术和修复决策的选择更为复杂，应当引起管理和决策层的关注。

目前我国已完成的全国土壤环境调查，只是初步掌握了全国土壤污染的基本特征与格局，但调查精度难以满足土壤污染风险管控和治理修复的需要，应尽快启动地块尺度的土壤污染数据调查工作，进一步摸清耕地土壤污染状况，准确掌握污染耕地地块尺度的空间分布及其对农产品质量和人群健康的影响，并探明土壤污染成因。

在充分掌握耕地土壤污染状况和成因的基础上，选择不同区域、不同耕地土壤污染类型开展治理与修复试点示范，探索土壤重金属污染、有机污染类型的污染源头控制、治理与修复、监管能力建设等方面的各种综合防治模式，然后因地制宜、循序渐进地在各区域开展耕地土壤污染的防控、治理和恢复工作。

需要特别指出的是，目前我国在治理耕地土壤污染的实践中出现急躁冒进的倾向，少数地区在土壤修复过程中造成二次污染的情况比较严重，还有一些地区存在风险隐患。实践中发现，一些土壤污染治理技术并不科学，比如土壤洗涤会破坏土壤结构，而且不进行水处理的话，会让重金属从土壤转移到水体；“15～20cm深耕翻土”只是常规耕作而不是其所谓的“深耕翻土”，由于镉等重金属吸附在黏粒上，在稻田犁底层没有被破坏的情况下，这部分重金属容易富集到土壤表面，如果翻耕土壤打破犁底层又会导

致重金属元素随着水体下渗到地下水中。

在土壤修复过程中，除强调技术本身，一定要注意避免产生二次污染。土壤淋洗产生的废水、抽提出的受污染的土壤气、地下水以及热解吸、焚烧等产生的烟气以及修复过程中添加到土壤中的修复材料等，都可能造成二次污染，这些在项目实施过程中都需要进行有效控制与处理。

在发达国家，土壤修复企业需要取得资格、相关从业者需要通过严格的考试取得资格证书才能从事土壤修复工作。而我国目前各种公司匆忙上马来分抢土壤污染治理这块"大蛋糕"，很多从业者缺乏土壤污染治理与修复的相关知识与技能，这样非但不能治理好污染的耕地土壤，还极易造成土壤的二次污染。

4. 降低土壤重金属的生物有效性，确保农产品安全

世界各国制定的耕地土壤环境质量标准存在较大差异。以镉为例，我国耕地土壤镉标准为0.3mg/kg（GB 15618—1995），英国和日本农田镉含量平均值分别是我国标准的2.3倍和1.5倍，远高于我国农田土壤镉仅超标7%的结果，但其农产品（如稻米）中镉含量的超标率却明显低于我国，而我国"镉大米"事件却在南方频频发生，可见南方区域土壤重金属生物有效性较高，未得到有效控制。究其根本原因是我国南方土壤酸性环境致使镉的植物有效性提高，而跟土壤中镉的总量高低并无直接关系。国内外大量试验表明，pH4.5～5.5的土壤酸性环境下最易产生镉大米（Bingham F等，1980；Lepp N W，1981），甚至即使土壤中镉含量不超标，其生产的稻米也会镉超标。由此可见，当前我国土壤重金属治理的关键问题不是如何快速降低土壤重金属总量，而是要解决土壤酸性较强导致重金属植物有效性很高的问题。

建议国家在"土壤污染防治法"草案中不仅要关注土壤重金属含量的减少或固定，更要强调通过对土壤酸性环境的治理而实现降低土壤重金属植物有效性的目标，阻断土壤中重金属被农作物过量吸收的通道。另外，近几十年我国土壤重金属含量有了快速上升，强力控制污染源，防止大量重金属迅速进入土壤也是当务之急。重要措施包括：阻断污染源，尤其是有色金属矿山废水、废渣污染以及灌溉水污染；针对酸性严重土壤，每隔3～4年施用一次石灰，每亩施用100～150kg为宜；引导农户科学管理稻田水分，在灌浆期淹水以降低稻米镉含量；建立严格的农产品抽查检验的质量监控制度，定期发布，倒逼生产者主动降低农产品污染；积极筛选重金属低累积品种，减少种植镉积累较多的籼稻。

（七）加大农用地膜机械化回收力度，推进可降解地膜研发与应用

当前解决农用地膜残留的途径主要有两条：一是对地膜进行回收，二是推广应用可降解地膜。

农用地膜大量使用地区应主推残膜回收技术，加紧开发能回收耕层20cm以内的耕层残膜回收机械，特别是一机多用的联合机械。重视播前残膜回收技术，努力改进清膜整地联合作业机的性能；鉴于残膜回收机械具有公益性机具的特点，政府应在其技术开发攻关以及应用过程中给予政策引导和扶持，如制定出谁利用、谁受益、谁治理的规章制度，用法律明确土地的污染治理主体，并加大对购买残膜回收机具及其作业费的补贴力度。同时，各级财政应加强对废旧地膜回收体系建设的支持力度，对回收利用废旧地膜企业制定相应的政策优惠条件。

当前国外采用的塑料薄膜厚度一般在0.02～0.05mm，现行农用地膜厚度国家标准为0.008±0.003mm（GB 13735—1992）。即便是符合标准的农用地膜也比较容易破碎，导致废弃农用地膜回收难度大、成本高。建议提高农用地膜厚度的强制性国家标准，即农用地膜厚度由现在的0.008mm提高至0.01mm，低于0.01mm标准的农用地膜不允许出厂销售。这样有利于残膜的回收，减少土壤中的残留量，而给农民增加的成本费用可以从回收的废膜中抵扣，以降低农民的生产成本。

研发、推广农业高效降解地膜是从源头解决农用地膜污染的重要措施之一，但在地膜降解过程中存在不均一、不稳定现象，同一配方在不同的地域和不同的作物之间也表现出较大的差异，从而使降解地膜的广泛应用存在问题。降解地膜目前最大的挑战仍然是准确确定地膜降解的时间和降解程度。政府应鼓励相关企业公司加快在不同区域开展降解地膜的试验示范工作，摸清不同区域不同农作物所用地膜降解的时间和降解程度，提升质量，降低成本，尽快走向市场推广应用。

（八）健全耕地保护与质量提升的补偿机制和约束机制

建立耕地保护的经济补偿机制。建立中央、省、地市三级耕地保护补偿基金。基金主要来自新增建设用地土地有偿使用费、耕地占用税、土地出让收益等。对承担耕地保护责任的农民进行直接补贴，对农地开发权与耕地外溢生态效应进行补偿，提高农民保护耕地的积极性和主动性。建立耕地保护的区域补偿机制。按照区域间耕地保护责任和

义务对等原则，由部分经济发达、人多地少地区通过财政转移支付等方式，对承担了较多耕地保护任务的地区进行经济补偿，以协调不同区域在耕地保护上的利益关系，对耕地保护任务重特别是永久基本农田比例较高的地区实施保护和奖励制度。

建立耕地保护的规划约束机制。科学编制土地利用总体规划，严格规划管理土地用途，严禁随意调整规划。把基本农田特别是永久基本农田落实到空间上，把保护责任落实到农户，实现耕地资源由粗放型管理向严格依法集约型管理的战略性转变。

建议对当前各种农业补贴进行改革，在维持农民种粮积极性稳定的前提下，建立补贴资金逐步向以绿色生态为导向的耕地质量提升倾斜的制度，即对减量施用化肥农药、增施有机肥、秸秆直接还田、草田轮作的农户进行额外补贴，以鼓励农户养成良好的“种养结合”的耕作习惯，实现耕地的永续利用。

改革现行干部政绩考核制度，将耕地保护与质量提升纳入考核指标体系，明确奖罚细则，如主要农区耕地保护实行一票否决制，对圆满完成耕地保护和质量提升的任务者优先给予奖励和晋升等。

（九）建立耕地质量建设与保护的法律法规体系

我国至今没有出台专门的耕地质量建设与保护的法律法规。近年来，党中央、国务院、农业部、国土资源部等下发了一系列关于耕地占补平衡、耕地保护等的文件，地方政府也制订了各省的《耕地质量管理条例》《耕地质量监测管理办法》等，但这些文件、条例等更加注重耕地数量的保护，对耕地质量关注不多，对破坏耕地质量行为的界定也并不严格，对违反规定的个人和集体也没有具体的罚则。这一切都导致对耕地质量提升和保护的约束和保障力度不够，即使发现破坏耕地质量的行为，各管理部门之间也会互相推诿，使得破坏行为愈演愈烈。

建议尽快制定出台耕地质量保护法，同时修订现有的与耕地质量建设与保护相关的法律法规以及技术规范、标准等，使其与耕地质量建设与管理条例相协调。具体而言：

在耕地质量保护方面，法律应分别规定地方政府、农业行政主管部门、农村集体组织（委员会）在耕地质量保护措施、农药施用量、种植绿肥、生产和施用有机肥方面的办法和责任；规定耕地使用符合国家标准的农药、肥料、地膜、灌溉用水等生产资料。

界定破坏耕地质量的行为，如向耕地排放有毒有害工业、生活废水和未经处理的养殖小区的畜禽粪便或者占用耕地倾倒、堆放城乡生活垃圾、建筑垃圾、医疗垃圾、工业废料及废渣等固体废弃物；对违反规定的个人和集体明确具体的罚则和刑事责任，明确专门的监管破坏耕地质量行为的执法机构，及时查处破坏耕地质量的违法行为；规定违反规定的处罚条款和量刑标准，尤其是耕地使用者、监管者和执法者等的刑事责任。

在耕地质量建设方面，规定耕地质量建设项目（高标准农田建设、中低产田改良、土地开发整理与复垦、退化和污染耕地修复、沃土工程等涉及耕地质量建设的项目）的法律程序及各环节的建设标准，明确耕地质量建设验收的管理办法及行政主管部门，以及违反规定的处罚条款。

四、实施提升耕地质量的若干重大工程

（一）中低产田改造工程

据国土资源部调查，全国现有16亿亩基本农田中，中产田占40%，低产田占32%，两者合计达到72%，相当数量的基本农田基础设施条件较差。据课题组测算，如能有二分之一的中低产田获得改造，可新增约400亿kg的粮食生产能力。如果按15%～20%的实现能力进行中低产田改造，相当于新增耕地面积300万～400万hm^2。当前，在我国城市化、工业化进程中，建设占用耕地不可避免，而后备耕地资源又极为稀缺，中低产田改造将成为维护我国耕地产能平衡、保障国家粮食安全的关键措施。

我国现有中低产田的低产原因是土壤原生障碍与次生障碍并存，如东北地区的白浆土、薄层黑土、苏打盐碱土，华北平原的薄层褐土、砂姜黑土、滨海盐碱土，西北地区的绿洲次生盐渍土、黄绵土，南方丘陵地区的红黄壤、紫色岩土、石灰岩土以及长江中下游的冷浸田、黄泥田和白土等。全国具有上述土壤类型的中、低产田面积分别约为50万km^2和20万km^2，占到全国耕地总面积的51%（图0-9）。兴修水利、抗旱除涝、改良盐碱、保持水土是改造中低产田的四项基本措施，但应根据不同区域和每种类型土壤障碍的特点有针对性地开展中低产田改造。

改造中低产田要与建设高标准农田相结合。要以农田水利建设为基础，进行改土培肥；建立合理的轮作制度，实行有机肥与无机肥结合的施肥制度，特别是增加牧草、绿肥种植面积，推动秸秆还田，提高土壤有机质含量，促进土壤养分良性循环，使之尽快成为高标准农田；加强农区水、电、田、林、路的综合农业配套设施建设，促使耕地向

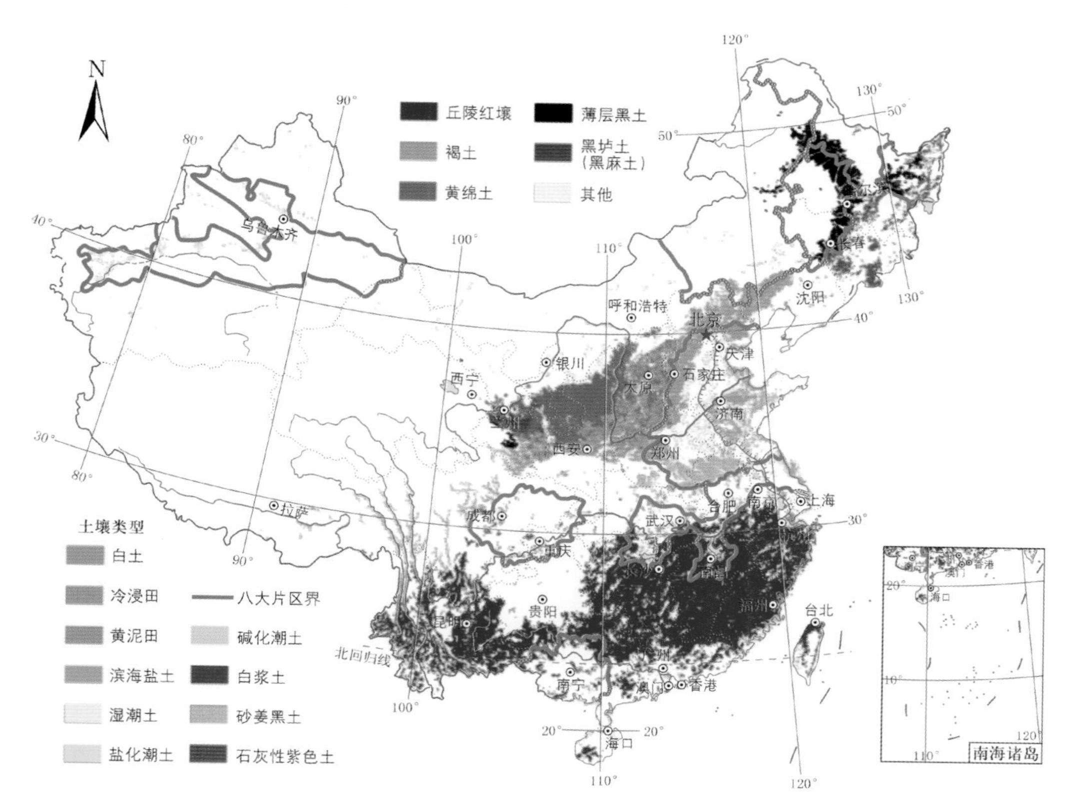

图 0-9 全国不同土壤类型中低产田分布

“优质、集中、连片”的方向发展。

到2020年，累计完成4亿亩的中低产田改造，其中中产田2.5亿亩、低产田1.5亿亩；建设高标准农田6亿亩。重点地区可选在三江平原、松辽平原、黄淮海平原、江汉平原、江淮地区、洞庭湖平原、鄱阳湖平原、四川盆地、河套与银川平原、汾渭平原以及河西走廊与天山南北绿洲等粮棉油主产区。

（二）农村土地综合整治工程

据国土资源部数据，2015年我国农村居民点人均建设用地高达300m²，是国家《村镇规划标准》（GB 50188—93）中人均建设用地指标上限（150m²）的2倍。据刘彦随等学者测算，全国农村土地综合整治可增加耕地潜力约1.14亿亩。

应在尊重农民意愿、确保农民土地权益的前提下，在促进耕地流转和实现耕地规模经营的基础上，大力推进农村建设用地的整理和分散布局的居民点缩并，解决农村普遍存在的建设用地分散、违法乱建、农村宅基地超占以及空心村和空闲房等沉淀多年的突出问题。

在经济发达地区，要率先开展农村居民点整治工程。应加快推进城镇化进程，推行城镇化引领型的农村居民地整治模式，统筹城乡发展和集约利用土地资源；在经济发展中等区域，农村土地整治工程要以迁村并点及空置、废弃居民点复垦为主，整理出的土地应以转化为耕地为主；在经济发展缓慢地区，在控制空心村发展的前提下，引导农民积聚居住，整理出土地应转为耕地，为农业规模化经营提供支撑。

工程实施区域应集中在黄淮海平原、长江中下游平原、东北平原、江汉平原、汉中盆地、四川盆地。到2030年，通过农村土地综合整治工程新增耕地2 000万亩。

（三）耕地土壤重金属污染综合修复试验示范工程

长江中游及江淮地区和黄淮海平原是我国南北两大具有代表性的农产品主产区。据课题组初步研究，长江中游及江淮地区和黄淮海平原耕地土壤点位污染超标率分别达到30.64%和12.22%，其中长江中游及江淮地区以镉、镍、铜、汞污染较重，黄淮海平原以镉、镍、锌、汞超标较多。长江中游及江淮地区耕地污染程度高于黄淮海平原，且两者近20～30年污染皆呈扩展趋势。

土壤污染修复具有长期性、艰巨性、成本高的特点，而且在修复过程中易产生二次污染。因此，建议国家在具有南方代表性的长江中游及江淮地区和北方代表性的黄淮海平原开展耕地土壤重金属污染的综合治理与恢复试验示范工程。

根据现有的调查结果，分别在长江中游及江淮地区和黄淮海平原选取不同立地条件、不同耕地土壤污染类型和程度的区域，开展土壤重金属污染修复的试验示范工程。工程措施的重点首先是加强土壤重金属污染的源头控制；其次根据土壤重金属污染的类型和程度，采取不同的综合措施开展治理。如在重度污染区开展休耕试点，以种植非食用植物修复为主，或纳入国家新一轮退耕还林、还草实施范围；在轻中度污染区则以农艺调整为主，如在南方定期施用石灰改良酸性土壤，降低土壤重金属的生物有效性；水稻灌浆期淹水以降低稻米中镉含量；选育推广重金属低积累作物品种等。力争到“十三五”时期末探索出各类较成熟、安全的污染综合治理模式，并于“十四五”期间在两大区域循序渐进地规模化示范推广，基本控制耕地土壤重金属污染风险。

“十四五”期间，长江中游及江淮地区和黄淮海平原耕地土壤重金属污染治理推广面积达到500万亩。

（四）南方丘陵山区农业机械化水平提升工程

我国正处于城镇化、工业化飞速发展阶段，随着中青年农业劳动力转移加速、劳动力成本提高以及土地流转面积比例的不断增加，在全国范围内实现农业机械化将是必然趋势。

据统计，当前我国南方的农业机械化总动力、农田机械深松面积、机械化深施化肥面积、水稻机械种植面积分别约低于北方28%、94%、87%、13%（图0-10），尤其是西南丘陵山区、南方低缓丘陵区与全国其他区域农业机械化的差距更大，也是目前我国耕地撂荒的集中区域。

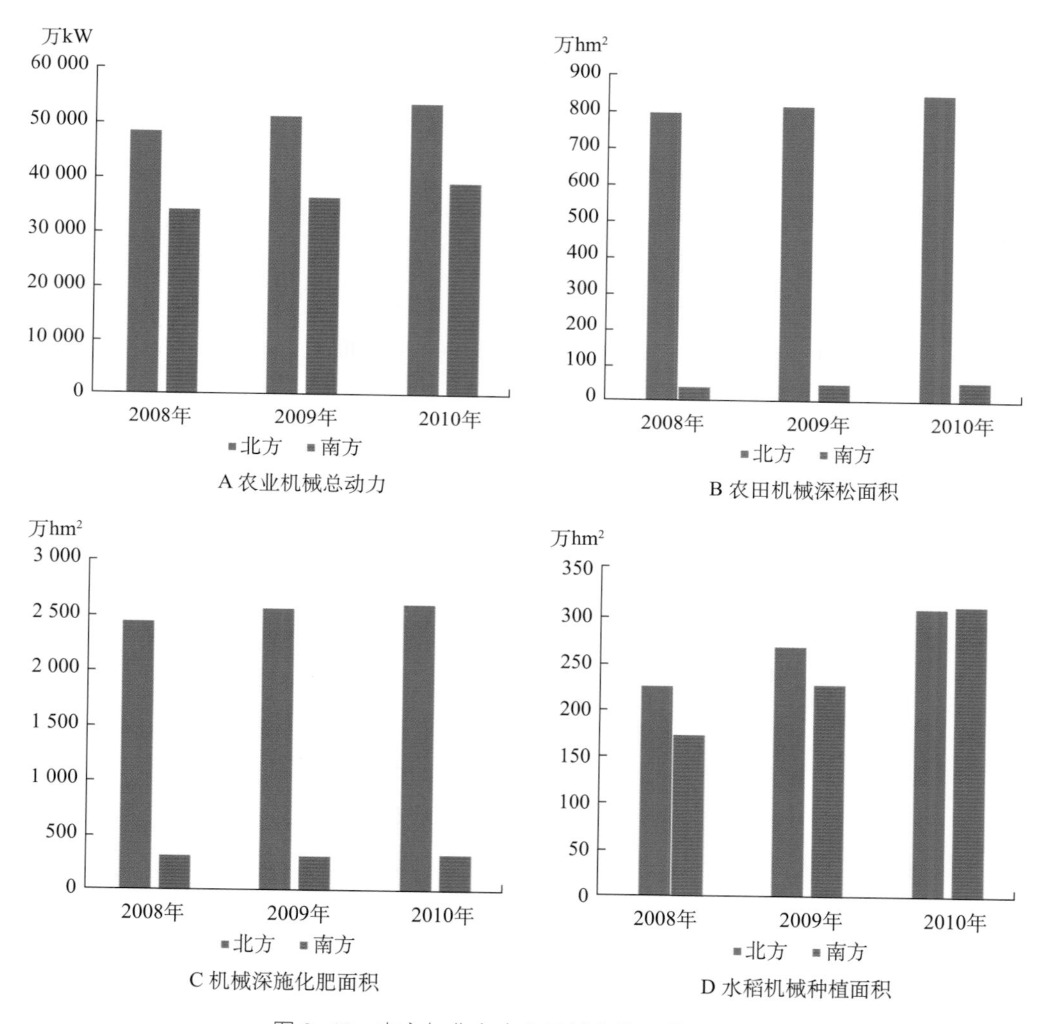

图0-10　南方与北方农业机械化使用情况对比

在耕翻地环节，西南丘陵山区、南方低缓丘陵区与全国其他区域农业机械化的差距分别在50%～60%和22%～30%；播种环节，差距分别在40%～70%和

40%～60%；收获环节，差距分别在25%～45%和20%～30%。以播种环节的差距最为明显，而且西南丘陵山区的差距扩大趋势更加显著。占全国水稻种植面积比例较高的南方低缓丘陵区水稻机械种植水平只有15.97%，西南丘陵山区仅有7.14%；西南丘陵山区水稻收获机械化水平也只有33.84%；小麦在南方低缓丘陵区和西南丘陵山区机播水平分别只有32.1%和11.1%，机收水平为20.6%；玉米在西南丘陵山区机播水平只有0.31%。

因此，为防止南方丘陵山区耕地大量撂荒，解决因农业劳动力大量流失造成的无人耕种土地的问题，建议国家在南方低缓丘陵区和西南丘陵山区实施农业机械化水平提升的重大工程。主要内容包括：

针对南方丘陵山区地形复杂、地块分散零碎的特征，重点研发适应于丘陵山地的耕地耕整，以及主要农作物特别是水稻的播种、施肥、施药、灌溉的精准轻便、耐用、低耗的中小型农业机械，同时还需要关注深松、深施肥、秸秆还田等机械化技术。

因地块分散零碎，急需进行土地平整、农田重划、机耕道修建等辅助工程，解决好农机下田最后一公里的问题。鼓励当地农户参加土地流转，尽可能扩展田块面积，使其更适宜机械化操作。

适合山地丘陵区的中小型农机基本都为我国自主研发，无现成的进口机械设备。亟须从国家层面对研发、推广此类设备的企业或公司加大资金、技术支持，助其解决山地丘陵区农业机械化发展的瓶颈。

2016年国家对所有农机产品补贴额度下调10%。建议国家对适宜丘陵山区耕作的中小型农机产品提高购机补贴，并对丘陵山区农机插秧、水稻机收、玉米机收等主要粮食作物关键作业环节进行补贴，以降低农业生产成本、缩小与全国的差距。

（五）草田轮作、提升耕地土壤质量工程

草田轮作制度特别是以豆科牧草为主的草田轮作，既能提升耕作土壤肥力，增加土壤团粒结构，改善土壤理化、生物性状，减少化肥污染，又能防止耕地土壤侵蚀、沙化、盐碱化等土地退化，同时又是大力发展草食畜牧业的重要支撑。

建议在我国推广实施草田轮作工程，实施重点区域在东北地区、华北地区、农牧交错带、西北干旱区以及南方广大冬闲田地区，种植牧草与绿肥，以提升耕地土壤质量并

 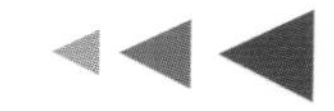

解决发展畜牧业的饲料（草）问题。目前我国优质牧草种植面积不足1 500万亩，2030年发展畜牧业需要优质牧草约4亿t（7 000万亩），缺口较大。

北方地区要以苜蓿和饲料油菜为主，同时辅以其他豆科牧草和绿肥。南方冬闲田地区则以种植饲料油菜和紫云英、黑麦草等绿肥为主。

推行草田轮作制要因地制宜、循序渐进，在典型示范的基础上，有计划、有步骤地推进。东北地区应推行粮—饲（青贮／牧草）为主的农作制，牧草种植比例为10%～20%；华北地区则实行粮—经—饲（青贮／牧草）三三农作制；农牧交错区应以牧为主，农牧结合，实行粮—饲（牧草／青贮）农作制，牧草面积可占20%～40%；西北干旱区应推行粮—经（棉、果）—饲（牧草／青贮）农作制，农区牧草种植比例可为10%～30%，草原牧区牧草种植比例可达50%左右；南方地区应以粮—经—饲（绿肥／饲料油菜）为主，充分利用冬闲田发展豆科绿肥与饲料油菜。

据此粗略估算，到2030年，北方可实现草田轮作面积7 000万亩，其中农牧交错带和西北干旱区4 500万亩，东北地区、华北地区2 500万亩；南方冬闲田实现以饲料油菜和豆科绿肥为主的草田轮作1亿亩。

要建立稳定的草田轮作制度，必须同步研发和推广牧草、饲料油菜、绿肥等的收割、粉碎、青贮、翻埋等自动化农机设备，同时大力发展畜牧业和草产业，延长其产业链，以此促进草田轮作制的持续发展。实行草田轮作的农田可节省20%～30%的化肥量。

各级政府应统一思想认识，把建立稳定的草田轮作制度作为一项重要的农田基本建设任务来抓。各地区应切实推广草田轮作技术规范并提出县级的草田轮作技术规程，使草田轮作制度化。与此同时，大力发展商品畜牧业和草的商品生产，以促进草田轮作制的建立和发展，草可兴牧，牧能促草，两者相辅相成。另外，延长草业产业链，发展草粉、草籽、维生素饲料、蛋白质饲料以及叶蛋白等系列草产品。

加强种草科学技术的研究。诸如引种、驯化育种、栽培、种子生产加工、饲草加工调制等。重点探索不同草种、不同轮作方式和不同利用方式的丰产技术，实现草籽生产和草粉生产的技术规范化，以提高种草的经济效益。

需指出的是，国家和地方政府应对草田轮作给予政策倾斜。即对种植优质牧草实行与种植粮食同样甚至更为优惠的政策，以促进草田轮作制度的形成以及畜牧业的发展。另外，在水资源分配上，要粮草一样对待，做出合理安排。

（六）水土保持、防沙与盐渍土改良工程

根据国家林业局数据，2009—2014年我国沙化耕地面积增加了39.05万hm^2；西北干旱绿洲区、东北平原西部和滨海地区的耕地中盐渍化面积也占有较高比例；我国耕地中尚有超过20%的坡耕地，仍然受到水土流失的严重威胁。因此，在重点区域继续实施水土保持、防沙和盐渍土改良工程仍是当前提升耕地质量的重要任务。

水土流失治理工程应重点在黄土高原、长江上游、西南岩溶山区坡耕地集中地区展开。工程实施内容在不同区域要各有侧重，因地制宜。黄土高原要以退耕还林还草发展林果业、特色产业为切入点，以小流域为单元，沟谷筑坝，山坡修梯田，陡坡、山顶林草覆盖，实施综合治理、集中治理、连续治理。黄河多沙粗沙区水土流失严重区是工程重点实施区。南方岩溶地区与长江上游地区工程实施的内容要以大于25°的陡坡耕地退耕还林还草为重点，保护山丘的森林草被；实施坡改梯工程，建设基本农田，发展林果等特种经济作物与草食畜牧业；岩溶地区还要因地制宜地开发利用地下河水资源，建设坝区的基本农田。

内蒙古风沙区的沙化严重耕地，应以退耕还草为切入点，充分利用降水资源，加强基本草牧场与基本农田建设；努力增加草田轮作的比例，提高土壤有机质含量与固土防沙的能力。西北干旱风沙区应压缩耕地规模，还灌、还草、还水、还生态；推广以膜下滴灌为重点的先进灌溉技术，大力节水，建设节水型社会，防治风沙，改良盐碱土。

五、重点农业区域耕地质量提升与农业可持续发展

依据关系到国家粮、棉、油、糖、肉主要农产品的保障供给、国家级商品生产基地、一业或几业为主综合发展的原则，选择三江平原、松嫩平原、东北西部和内蒙古东部牧区、黄淮海平原、长江中游及江淮地区、四川盆地、新疆棉花产区、广西蔗糖产区八个片区作为国家的重点农业区域（图0-11）。

上述八区耕地占全国耕地总面积50%以上，小麦、玉米、稻谷产量分别占全国总量的78.4%、63.8%和52.3%，棉花占90.4%，油料占60.4%，甘蔗占65%，薯类和水果各占35.8%和39.0%，大牲畜存栏数比重为30%～50%，是我国最主要的农产品商品生产基地。应集中力量确保耕地数量，提高耕地质量与农产品生产、供给能力，为保

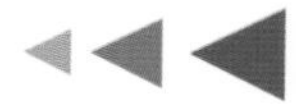

障国家食物安全奠定坚实的基础。

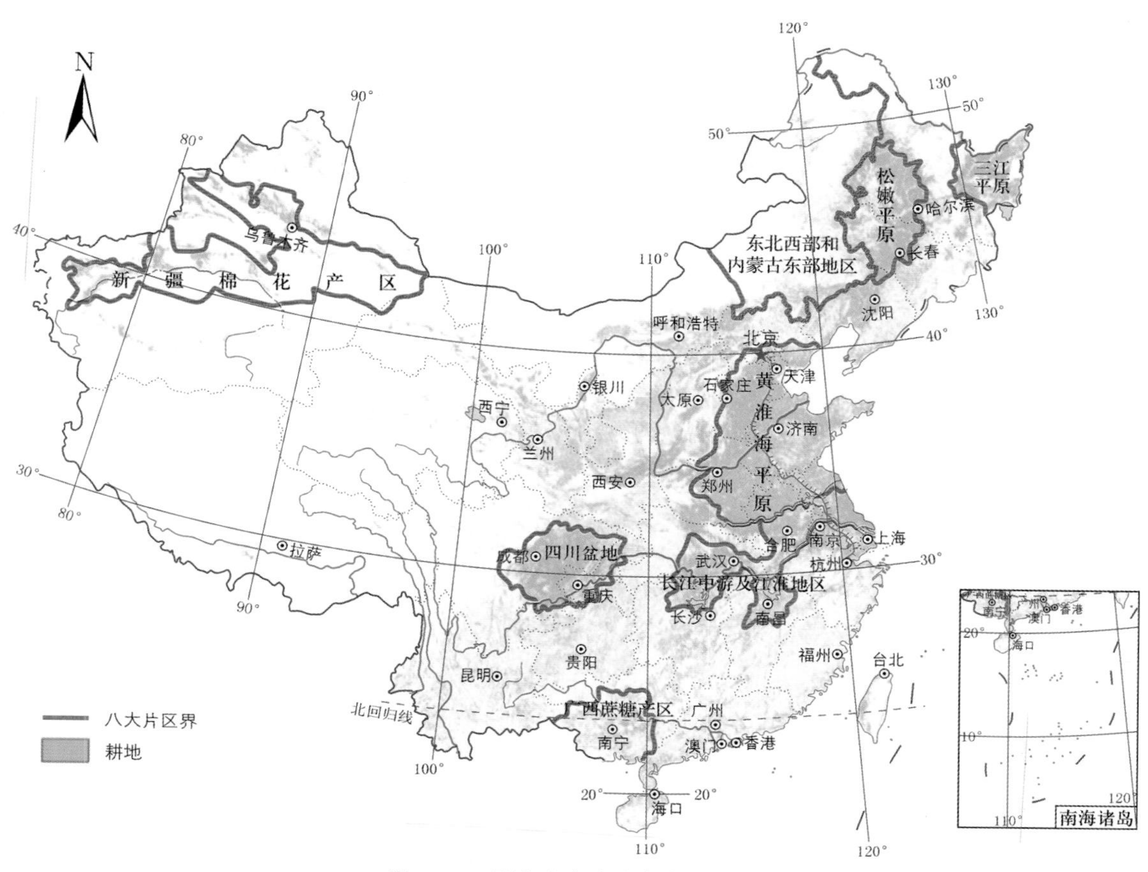

图 0-11 国家八大片重点农业区域

（一）三江平原

三江平原土地总面积10.9万km^2，耕地约5.2万km^2，农业人口人均耕地1.65hm^2，主要作物为玉米、水稻和大豆，水田、旱田比约3∶7，粮食总产1 477万t，人均约2t，粮食商品率高达80%，是我国重要的商品粮基地。当前区内主要问题是中低产田比重大，水旱灾害频繁；水稻井灌区比重较高导致局部地下水超采；湿地生态系统遭到严重破坏。

该区耕地质量提升应开展以治水、改土为中心的基本农田建设，综合治理洪、涝、旱灾害，提高土地生产力。重点治理对象为以白浆土为主的约2 000万亩中低产田。农业可持续发展的主要措施与对策包括：

建设完善的排水系统，防止平地或低地白浆土内涝；营造水土保持林和农田防护林，尽量避免顺坡作垄，防止岗坡地的水蚀和风蚀；采取浅翻深松、秸秆还田等方法加深熟化耕作层；大力推行草田轮作制，种植以苜蓿为主的豆科与禾本科牧草，既发展畜牧业，又可提高土壤肥力。

通过高效节水和充分利用“两江一湖”（松花江、黑龙江、兴凯湖）水资源，逐步以地表自流灌溉替代地下水开采严重的稻田井灌区；对有条件的低洼地旱田实施“旱改水”工程，适度提高水田比例。区内水田和旱田的比例以接近1∶1为宜，农业结构调整中可增加优质牧草和大豆面积，适度调减籽粒玉米面积。

严禁继续开垦湿地，保护湿地生态系统。

（二）松嫩平原

松嫩平原是我国著名的黑土带，土地总面积19.5万km^2，耕地11.8万km^2，农业人口人均耕地0.58hm^2，是国家重要的玉米带和水稻、大豆、牛奶产区，玉米种植面积比例高达72.6%，玉米产量占全国总量的21.0%，粮食商品率多年保持在60%以上。当前区内主要问题是黑土有机质含量下降，土壤侵蚀严重；西部耕地土壤盐碱化问题突出。农业可持续发展的主要措施与对策包括：

实施黑土肥力保持和提高工程。重点是改顺坡种植为斜坡、等高种植，并与生物及工程措施结合，开展以小流域为单元的针对黑土区漫川漫岗型坡耕地水土流失的综合治理。对于目前已形成的巨大侵蚀沟，除实施工程措施，封育是最有效的治理途径。

改造中低产田。以区内1 800万亩薄层黑土中低产田为重点，实施秸秆粉碎深埋还田工程，国家给予适度补贴；逐步在全区建立玉米—大豆—苜蓿为主框架的草田轮作制度，促进畜牧业发展，有效提升土壤肥力。同时，推广深松免耕、少耕和地面覆盖，建立抗旱保墒的耕作制度。

治理土壤盐碱化。松嫩平原西部现有土壤盐碱化的耕地约550万亩，均为中低产田，亟待改良。应加大现有灌区节水改造力度，厉行节水，利用节余下的水量在水源有保障地区实施“旱改水”，种稻改碱；旱地则采用震动深松整地和草田轮作技术，增施有机肥，降低土壤盐碱危害，提升农田生产力。

（三）东北西部和内蒙古东部牧区

东北西部和内蒙古东部牧区土地总面积59万km^2，是我国质量最好的草原牧区和半农半牧区。牛羊肉产量占全国总量的15.2%，绵羊毛和山羊毛分别占18.7%和25.4%，羊绒占16.5%，牛奶占7.1%。现有耕地约7.6万km^2，农业人口人均耕地9.18亩，农作物以玉米、薯类为主。

该区农业可持续发展的核心是：将以农为主、农牧结合的生产方向改变为以牧为主、农牧结合的生产方向，增加以水利为保障的饲草料种植比重，草田轮作，形成以毛、肉、乳为主的国家畜产品商品生产基地。

该区近十多年耕地由4.1万km^2迅增至7.6万km^2，净增5 200万亩，部分新增耕地已出现沙化现象。另因耕地剧增挤占生态用水，加之牲畜过牧超载，草原退化加剧。农业可持续发展的主要措施与对策包括：

严禁新垦土地，对于沙化严重的耕地实施退耕还草；努力推广草田轮作制度，增加以苜蓿、玉米青贮为主的饲料比重至总播种面积的50%以上，大力发展畜牧业。稳定的草田轮作制可提升土壤肥力，防止风蚀沙化，同时提供饲料减轻草原压力，便于退化草原恢复。在更大的范围内可考虑实施草原繁殖，在东北玉米带育肥，实现区域农牧整合。

（四）黄淮海平原

黄淮海平原土地总面积约44.3万km^2，耕地面积约2 500万hm^2，农业人口人均耕地不足0.1hm^2。该区以占全国19%的耕地，生产了约占全国55%的小麦、30%的玉米、36%的棉花、32%的油料、30%的肉类和24%的水果，是我国重要的粮、棉、油、肉类和水果等农业生产基地，尤其是冬小麦的主要产区。当前区内主要问题是农业用水极为短缺，地下水超采严重；土壤重金属污染日趋严重；中低产田比重相对较大，土壤耕层变浅，物理性质退化。农业可持续发展的主要措施与对策包括：

厉行节水，减少地下水超采。针对冬小麦—夏玉米轮作全面推广调亏灌溉模式，采用经济杠杆鼓励农户节水灌溉；适度压缩普通小麦的播种面积，着重发展专用强筋小麦以及低耗水、经济附加值较高的农作物；冬小麦布局适当南移，即压缩北部海河流域冬小麦播种面积而适当扩大淮河流域冬小麦的播种面积；大力推广喷灌、微灌、滴灌为主的高效节水技术，积极研发、引入适合冬小麦和夏玉米的滴灌设施与技术，继续压采地下水，节水重点仍在渠灌区。

改造中低产田，提升土壤肥力。该区主要中低产农田土壤分别是砂姜黑土4 300万亩、薄层褐土1 000万亩、滨海盐土350万亩，实施以增加土壤有机质含量为主的培肥措施是改造该区中低产田的关键。鼓励农户在大田增施有机肥，提升秸秆直接还田比例至50%以上；在草田轮作中加入以紫花苜蓿为主的人工牧草，既能充分利用降水和土壤水资源，又可改良低产土壤，为畜牧业发展提供优质牧草。

以防为主，综合治理土壤重金属污染。防治重点区域为金属矿区、工业区、污水灌溉区和大中城市周边。

（五）长江中游及江淮地区

长江中游及江淮地区土地总面积23.2万km^2，耕地面积7.26万km^2。该区稻米产量约占全国稻米总量的16%，棉花约占24%，淡水养殖占80%，一年二熟或三熟，是我国重要的粮、棉、油、肉、渔商品生产基地。当前区内主要问题是建设用地大量占用优质耕地；土壤重金属污染和农业面源污染严重，土壤酸化趋势加剧；双季稻面积下降，复种指数偏低。农业可持续发展的主要措施与对策包括：

严控建设用地占用耕地。尽快划定优质、成片的永久基本农田，防止正在快速城市化的长株潭、大武汉地区过度占用耕地。

改造中低产田。区内尚有土壤障碍明显的中低产田约1 360万亩，其中红壤1 000万亩，黄泥田、冷浸田、白土230万亩，紫色土130万亩。可因地制宜，根据不同土壤障碍类型采取不同措施改土培肥，提高农田生产力。

控制污染源，降低土壤重金属生物有效性。严控矿产开发继续污染农田以及用污水灌溉。坚决休耕污染严重的农田，对轻中度污染农田采用定期施用石灰降低土壤酸性、水稻灌浆期淹水以及种植重金属低富集品种等措施，降低土壤重金属生物有效性，保证农产品本身安全。污染防治的重点区域为洞庭湖平原和鄱阳湖平原低洼区。

努力提高复种指数。近20年该区双季稻种植面积下降30%以上。应稳定和提高以洞庭湖平原与鄱阳湖平原为主的双季稻种植面积，并通过适当补贴鼓励农户利用区内大量冬闲田种植饲料油菜、豆科绿肥，既提高土壤肥力，减少化肥施用量20%～30%，又能为畜牧业发展提供饲料。在有水资源保证的淮河北岸实行旱改水，发展以糯、粳米为主的优质稻，增加稻麦两熟耕作制面积。

实施防治土壤酸化工程。氮肥过量施用是该区土壤酸化的重要原因之一，亟待依据科学配方减量施肥，改进施肥方式，提升氮肥利用率，同时可减轻化肥过量施用引发的面源污染；在土壤酸化严重区定期施用石灰，施用量以100kg/亩左右为宜。

 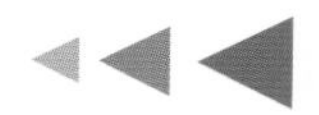

防洪排涝。加强长江中游以防洪为重点、江淮地区以排涝为重点的水利建设。

（六）四川盆地

四川盆地土地总面积17.9万km^2，耕地面积11.8万km^2。区内农作物为水稻、甘薯、油菜、大豆、蔬菜与水果，粮食产量占全国总量的15.3%，甘薯、油菜、大豆分别占15.2%、9.3%和6.5%，蔬菜与水果占11.8%；以生猪为主的肉类产量占14.3%。多数地区一年三熟，是我国重要的农产品综合生产基地。当前区内主要问题是优质耕地被大量占用；农田土壤重金属污染严重；坡耕地水土流失较重。农业可持续发展的主要措施与对策包括：

严禁建设用地无序扩展。近20年该区耕地净减少342万亩，约80%为优质耕地。应采取严厉措施保护成都平原耕地，严禁城镇建设用地尤其是中小城市的粗放型扩展。

尽快启动农田土壤重金属污染治理工程。该区农田土壤重金属污染点位超标率高达41%，虽以轻度污染为主，但必须引起重视。建议在地块水平上摸清土壤重金属污染状况，立即停止污染严重区的农产品生产活动，退耕或休耕治理；以试验示范为引导，控制污染源，大力开展农田土壤重金属污染治理工作。

加强以治水改土为重点的农田基本建设。区内中低产田约200万hm^2，大部分可通过兴修水利、旱改水、坡改梯、增施有机肥等建成中高产的基本农田。

（七）新疆棉花产区

新疆棉花产区土地总面积约49.4万km^2，耕地面积378万hm^2，农业人口人均耕地4.6亩。该区农作物以棉花为主，面积约占全国的40%，单产与品质较高，是我国最重要的棉花主产区。当前区内主要问题是灌溉面积无序扩张，挤占生态用水，导致局部地区土地荒漠化加剧；耕地盐渍化仍然严重；绿洲农田重用轻养，土壤肥力水平较低。农业可持续发展的主要措施与对策包括：

退耕还水。对于水源保障差，土壤沙化、盐渍化严重地区，坚决实施退耕还水工程，降低农业用水比重。将农业用水压减出来，用于工业、城市发展和保护生态，仅靠农业节水和农业种植业结构调整措施难以解决该区超用水量及生态环境问题。实施退耕还水的重点区域为地下水超采严重的天山北坡和南疆塔里木河流域。

调整国家在新疆的耕地开发政策。该区水资源已过度开发利用，耕地超载，不宜再作为国家的耕地后备基地。建议在新疆不再实施大规模土地开垦工程，确保其生态安全。

稳定棉花生产面积，融入经济杠杆，实施严格的以节水为中心的水资源管理制度，全面推广高效节水、水肥一体化的膜下滴灌技术；同时，努力构建棉花规模化、标准化、机械化、自动化、信息化的现代生产与管理体系。

大力建设稳定的草田轮作制度。此举既为畜牧业发展提供优质饲料，又提升土壤肥力，控制土壤次生盐渍化、沙化。天山北坡可发展以苜蓿为主的牧草，种植面积比例占农作物播种面积的20%～30%；南疆地区以发展饲料油菜和绿肥为主，种植比例在10%～15%。

（八）广西蔗糖产区

广西蔗糖产区土地总面积12.7万km^2，耕地面积3.7万km^2，农业人口人均耕地1.87亩。该区是我国甘蔗生长最适宜地区，甘蔗产量占到全国总量的近70%。当前区内主要问题是部分甘蔗立地条件差，土壤较贫瘠，产量低；水肥利用率偏低；农业机械化水平不高。农业可持续发展的主要措施与对策包括：

调整作物的空间布局。在稻米自给或基本自给的条件下，腾出部分稻田用于替代种植在丘陵坡地上的甘蔗。同时，建设高标准的节水抗旱基本蔗田，改土培肥，推广高产、高糖甘蔗良种。

大力加强农田水利工程建设。建设高标准节水抗旱基本蔗田，推广水肥一体化的滴灌技术模式，提高水肥利用率，与雨养相比，可提高甘蔗产量50%以上。

加强蔗糖生产规模化，提高综合利用水平。推荐“公司+农户”或扶植种蔗专业大户方式，扩大蔗糖的种植规模，努力提高甘蔗生产全程的机械化水平。同时，引导合并中小企业为大型企业，形成以大型、高效、自动化企业为龙头的形式多样的产业化经营模式，提高产业的整体效益。

（执笔人：张红旗）

分论

专题报告一

耕地生产能力保障与提升战略研究

中国是世界人口大国，在自然条件的约束下不得不面临着以占世界不足10%的耕地养活全球近20%的人口的困境。自1994年莱斯特·布朗发表《谁来养活中国》以来，中国的粮食安全问题一直是世界性论题。仅2010—2016年，中国谷物、谷物粉及大豆的进口量增长了1.65倍，农、林、牧、渔业对外直接投资净额增长了5倍。根据预测，未来我国食物自给率仍将下降，大豆、谷物及谷物粉和奶制品的进口规模将持续上升。另一方面，粮食“十二连增”的背后也依托于巨额的财政投入，每年的农业四项补贴、主产区奖励资金、粮食最低收购价保障资金和适度规模经营补贴等支出给国家财政带来沉重的负担，长此以往，财政的压力将越来越大，粮食增产的现状难以为继。此外，还有气候变化、国际市场的生物燃料需求增加和农业技术阶段性瓶颈等诸多状况，会对我国粮食安全产生深远的影响。

综上所述，粮食安全问题始终是我国不容松懈的头等大事，党的十九大报告以及2018年中央1号文件中都明确表示要确保国家粮食安全，把中国人的饭碗牢牢端在自己手中。耕地面积是保障耕地产能的首要条件，耕地一旦非农化之后，尤其是转为建设用地之后，下垫面的改变使其很难在短时间内恢复为可耕种状态，因此耕地保护工作十分重要。

过去几十年来，我国城镇化加速发展，耕地经历了快速的变化。从宏观上来看，中国土地面临着“生存、生产、生态”的三元悖论，即粮食安全、经济增长与生态保护之间存在着矛盾与冲突（李秀彬，2009）。三者在空间上相互挤压，反映在土地上就形成了耕地、建设用地以及生态用地此消彼长的格局。受不断增加的人口与日益增长的人均食物需求影响，在技术发展没有取得巨大突破的情况下，耕地需要不断扩张才能保证我国的粮食安全。与此同时，伴随着城镇化的不断推进，建设用地快速扩张，优质农田被大量占用。除此以外，人们也逐渐意识到粮食安全的保障常以损失生态价值为代价，正如库兹涅茨曲线所展示的那样，当进入到经济增长的后期阶段时，人们改善环境的愿望越来越强烈（Dinda S，2004），未来中国的生态用地面积可能进一步挤压耕地。

一、耕地利用变化态势

（一）人均耕地少，质量偏低，后备耕地资源极为有限

据国土资源部第二次全国土地详查及随后的土地利用变更数据，2009年我国耕地

面积20.31亿亩，至2015年下降到20.25亿亩，人均1.47亩，仅为世界人均耕地面积的40%。全国有600多个市县的人均耕地面积低于联合国确定的人均0.8亩的警戒线。

我国山地丘陵比重大，干旱半干旱区面积广阔，加之光热水土资源区域分布不匹配，使得我国耕地质量受到多种因素限制。据中国1：100万土地资源图数据，我国现有受到坡度制约的耕地面积约占耕地总面积的20.82%，受侵蚀限制、水分限制和盐碱限制的耕地面积分别占耕地总面积的8.32%、7.25%和5.92%，无限制的耕地面积仅占到耕地总面积的28.92%（图1-1）。另根据《2016中国国土资源公报》，2015年我国优等地、高等地、中等地、低等地面积分别占全国耕地总面积的2.9%、26.5%、52.8%、17.7%，即优等地和高等地仅占全国耕地总面积的29.4%，而中等地、低等地合计占70.6%。农业部调查资料也表明，我国现有耕地中，中产田和低产田面积分别占39%和32%，合计占耕地总面积的70%以上（陈印军等，2011）。可见，我国高产稳产、旱涝保收耕地比重小，抗御自然灾害的能力弱，质量总体偏低。

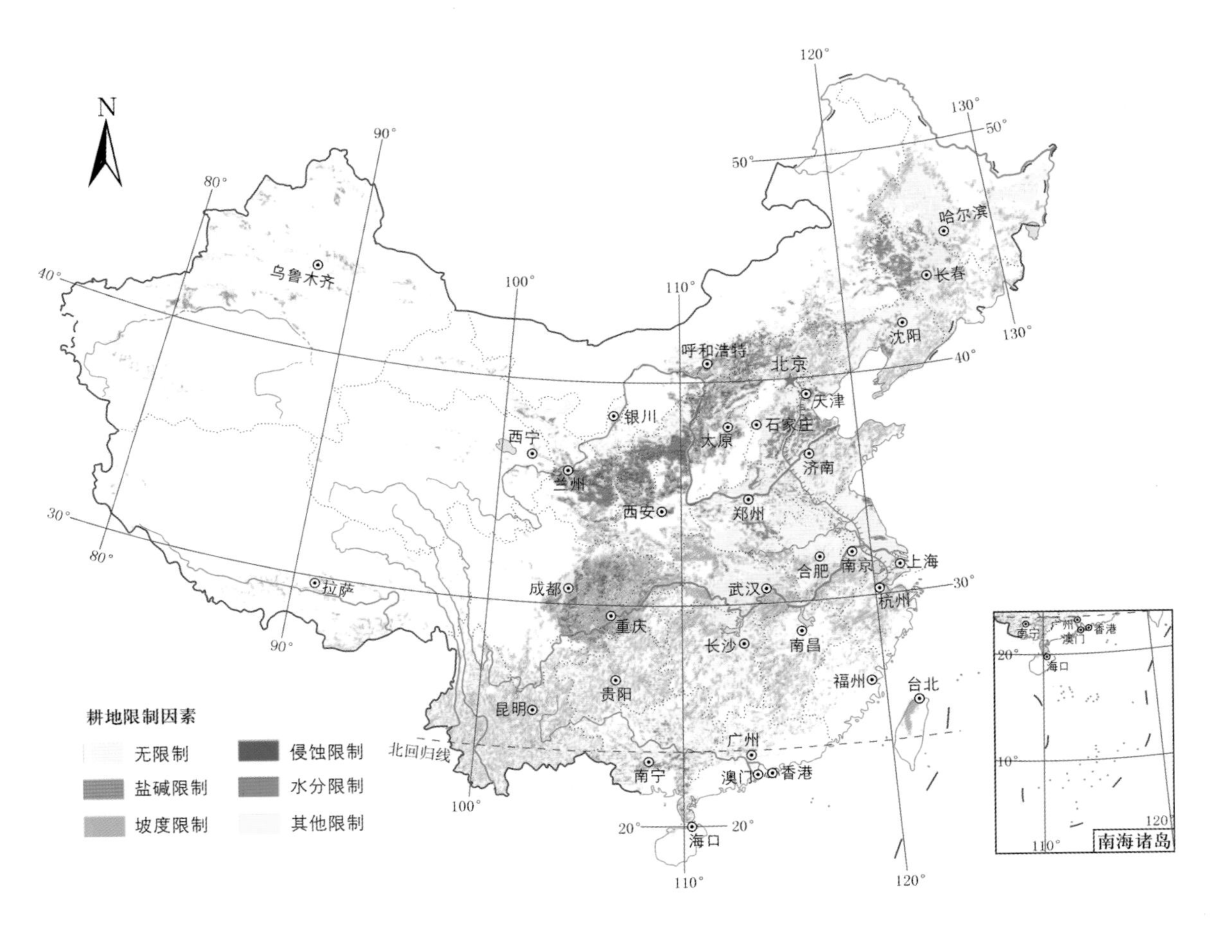

图1-1　中国耕地主要限制因素空间分布

 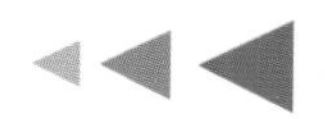

据国土资源部2016年底公布的后备耕地资源调查评价数据，全国耕地后备资源总面积8 029万亩，总量较上一轮调查减少了3 000万亩。其中，集中连片的耕地后备资源面积仅为2 832万亩，而零散分布的达5 197万亩，占耕地后备资源总量的65%。从区域分布看，耕地后备资源主要集中在中西部经济欠发达地区，其中新疆、黑龙江、河南、云南、甘肃5个省（自治区）后备资源面积约占全国的一半。这些区域大多受水资源制约，如新疆目前耕地面积高达1亿多亩，水土资源严重失衡，局部生态环境已呈现危机态势，不能承受继续大规模开垦；黑龙江东部的三江平原是我国重要的湿地分布区，适宜开垦区域有限；松嫩平原西部为盐碱分布区，近年来也出现因耕地过度开垦导致土地盐碱化加剧的趋势。可以说，国家能够开发的后备耕地资源基本接近枯竭，靠继续开垦新的耕地来补充城镇化、工业化消耗的耕地，以维持耕地总量不变已不现实。

（二）城市用地高速扩展，优质农田迅速减少

我国在快速城市化、工业化过程中，占用了大量耕地。由于优质耕地和城镇建设用地一样，都需要平坦的地形以及良好的水土条件，所以优质耕地大多分布在城镇周边或交通沿线附近，区位优势明显，但也容易和城镇建设发生冲突，被城镇扩张所占用（程旭、杨海娟，2017）。根据国土资源部数据，仅在两次全国土地调查期间（1996—2009年），我国约有300万hm^2高品质农田被建设用地所占用（Kong，2014）。另据课题组对145个大中城市的调查研究发现，城市扩张多是占用耕地（特别是优质耕地），这些耕地的粮食单产相当于全国耕地平均粮食单产的1.47倍。另外，大城市新增城市用地约有60%来自耕地，地级以上城市新增城市用地约70%来自耕地，而县级城镇新增城市用地约80%来自耕地。这表明城市规模越小，城市新增建设用地占用耕地的比例越高。

在全国水平上，1990—2010年城市用地扩张所占耕地占减少总量的25%左右，占优质耕地减少总量的30%，尤其是大城市群周围城市用地侵占耕地的现象十分明显。1990—2010年，北京周边损失的耕地中，建设用地占用了72.5%，上海建设用地占比达到90.0%。

（三）农村建设用地异常增长，耕地面临双重威胁

伴随着农村人口由农村迁往城市，农村居民点用地应该逐渐减少，而事实上在我国却出现了农村居民点用地不减反增的现象。农村建设用地分布散、面积大、空置房

多，各地农村都普遍存在着空心村和空置房的问题，农村宅基地超占现象突出，因而农村建设用地扩张比城市建设用地扩张对耕地减少的影响更为深远（Deng X等，2015）。

据相关统计数据，1990年中国农村居民点面积1 570万 hm^2，人均用地面积为187m^2；到1999年，该用地面积达1 650万 hm^2，人均用地面积为201m^2。9年间中国农村居民点的用地面积增长了约80万 hm^2，平均每年增长约8.9万 hm^2，人均用地面积增长14m^2。也就是说，我国的农村居民点用地集约化程度在十年间逐步走低，并呈现出与城市化水平反向发展的态势，城市化水平每增加1个百分点，农村居民点用地反而增加1.5万 hm^2，人均用地增加2.3m^2。

建设用地在农村和城市的双重增长无疑加重了过去二十多年间耕地的流失，成为影响我国粮食安全的重大隐患。

（四）建设用地“占优补劣”，耕地空间重心北移

很多研究表明，被建设用地占用的耕地多是质量较好的耕地，而补充的耕地立地条件较差，且多位于气候条件不太适宜耕作的地区，这意味着产量的损失超过了耕地面积的损失。此外，补充耕地的空间位置比较零散，即使总的耕地面积保持稳定，但耕地的空间破碎度大大增加，不利于机械化的推行以及耕地的规模化管理（Yu Q等，2018）。

从全国整体来看，新开垦的耕地多在西北、东北地区以及一些自然条件较差的区域，耕地重心在空间上由南方、中部地区向复种指数较低的西北和东北方向转移。例如，长江三角洲、珠江三角洲、京津唐地区、山东半岛和成都平原等复种指数较高的地区，恰是中国城市建设用地扩张快、占用耕地比例高的区域，1990—2010年上述区域耕地减少的变化率超过20%。而新疆、内蒙古、黑龙江、吉林等耕地新增区耕地面积增加普遍超过20%，且大多一年一熟，复种指数较低，耕地生产能力相对较低。

由此可见，现今的农业生产格局演变出现了与自然资源条件限制相悖的发展趋势（Kang S，2017）。南方具备较好的水资源以及气候条件，但是人口密度大，耕地资源相对缺乏，难以形成规模经营。与之相反，北方水资源严重匮乏，却有着地势相对平坦、耕地流转价格相对较低、人均耕地面积相对较大的优势，有利于开展大规模机械化耕种，从而降低农业成本，提高农业利润，农民的耕作积极性也就相对较高。尽管从经济学的角度而言，“南粮北运”转为“北粮南运”是一种符合规律的发展趋势，但是这

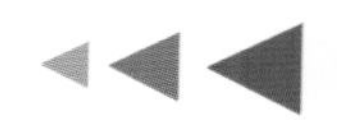

种粮食生产空间转移的背后潜藏着生态风险。沙特阿拉伯从20世纪70年代开始大力发展农业，凭借昂贵的海水淡化技术，到了90年代初不仅能够实现粮食自给，甚至还做到了粮食和农副产品出口。然而沙特阿拉伯位处沙漠，基本不具备耕作的自然条件，即严重缺乏土壤和水资源，所以它的农业奇迹注定是昙花一现。在1993年取消农业补贴之后，沙特阿拉伯的耕地面积逐年减少。到2009年，沙特阿拉伯政府制定了"海外农业投资行动计划"，鼓励国民和企业去其他国家种地，以进口代替农产品生产，彻底结束了粮食"自给自足"的想法。沙特阿拉伯的例子说明我国耕地空间向西北、东北转移的趋势是不可持续的，应引起国家高度重视。

从小区域上来看，耕地"占优补劣"的变化趋势同样十分显著。以淮河流域为例，据课题组研究，20世纪80年代末至2010年，淮河流域的耕地面积整体呈减少态势，其中耕地净减少区主要分布在平地及浅丘地区，减少面积高达1 717.04km^2，而耕地增加区则集中分布在大于5°的坡地上。其中，缓中坡地的耕地净增加面积位居榜首，为84.91km^2，陡坡地和极陡坡地耕地分别增加了4.59km^{2}和0.81km^2（表1-1）。这表明耕地占用大多发生在平原地区，而新增耕地则相对多出现在自然条件较差、生产能力较弱的坡地上。

表1-1 20世纪80年代末至2010年淮河流域不同坡度级别的耕地面积变化统计

单位：km^2

地区	平地及浅丘地（<5°）	缓中坡地（5°～15°）	陡坡地（15°～25°）	极陡坡地（>25°）
山东	−462.14	−2.29	−0.39	−0.07
河南	−266.59	93.72	5.58	0.96
江苏	−621.75	−2.27	−0.11	0
安徽	−367.73	−2.87	−0.16	−0.06
湖北	0.64	−0.89	−0.30	0
淮河流域	−1 717.04	84.91	4.59	0.81

上述耕地"占优补劣"现象在全国各地城市化过程中已成常态。目前，很多地区的补充耕地只能在数量上保持"占补平衡"，而质量却难以达到被占用耕地的水平。比如在江苏省的一些沿海地区，为保证耕地"占补平衡"，一般利用滩涂围垦造田，以这样

的新增耕地置换建设用地指标。然而，沿海滩涂围垦后形成的补充耕地土壤盐碱度高、养分贫瘠，农业基础条件极其薄弱，耕地生产能力远不及被建设用地占用的耕地，还容易出现围垦后撂荒闲置的现象（许艳等，2017）。

（五）退耕和撂荒规模增加，削弱国家粮食安全保障

为遏止水土流失和土地沙漠化，我国政府先后启动了国家天然林保护、环京津风沙源治理、退耕还林等大型生态保护工程，将有计划、有步骤地退出水土流失严重的耕地，沙化、盐碱化、石漠化严重的耕地以及粮食产量低而不稳的耕地，因地制宜地造林种草，恢复当地植被，形成生态保护的屏障。截至2016年底，国家第一期退耕还林工程已退耕1.39亿亩质量较差的耕地[①]，第二期已退耕3 000万亩，两期累计退耕1.7亿亩，亟待退耕的土地基本退耕完毕，今后不宜再继续大规模实施退耕还林工程，以保障国家能够拥有足够的耕地数量维护粮食安全。

随着劳动力成本的上升以及粮食价格的下降，对于一些质量较差的耕地而言，农民种地的利润几乎为零，甚至还会亏本，再加上青壮年多外出打工，留守种地的多为老年人，劳动能力较弱，耕地撂荒现象多有发生；尤其是在耕作条件较差的山区，因受地形限制，农业机械化发展受阻，耕地较平原地区而言面临着更大的撂荒风险。中国山区面积广、坡耕地比重大，耕地撂荒不仅关系到山区农地的合理利用政策和山区可持续发展政策的制定，并可能引起粮食安全问题。据课题组对235个山区村庄的调研结果，发现78.3%的村庄出现耕地撂荒现象，从面积来看，2015年全国山区县耕地撂荒率为14.32%。山区耕地撂荒率在省级尺度上呈现出南高北低的空间格局，其中，重庆、四川、甘肃、江西、湖南、浙江、广西等地的山区撂荒率较高，东北的长白山区最低。

综上所述，退耕工程和农民自愿撂荒也是耕地减少的重要原因，这是耕地和生态用地之间的博弈，应注意在粮食安全与生态保护中寻求平衡，做到二者兼顾。

（六）耕地新增区局部呈现土地荒漠化加剧态势，生态压力增大

当前，我国耕地大量增加的新疆、内蒙古东部地区、松嫩平原的局部地区已出现

① http://www.chinanews.com/gn/2014/09-27/6636591.shtml.

土地荒漠化加剧的趋势。据国家林业局第五次《中国荒漠化和沙化状况公报》，2009—2014年，我国沙区耕地面积增加114.42万hm^2，沙化耕地面积增加39.05万hm^2，主要发生在新疆和内蒙古地区。实际上，新疆目前耕地面积已超过1.0亿亩，水土资源严重失衡，新疆的三级分区流域除伊犁河、额尔齐斯河，均属水资源过度开发利用区。吐哈盆地、天山北坡经济带、额敏盆地、艾比湖流域为地下水严重超采区，初步预计，全疆已累计超采地下水超过200亿m^3（图1–2）。在这种情况下，耕地的继续增加使得农业用水量居高不下乃至上升，大量挤占了生态用水，结果导致天然绿洲面积减少，河流断流、湖泊干涸、自然植被减少、沙漠化加剧。在新疆，不断扩大耕地、灌溉面积的发展模式，已不能支撑农业乃至社会经济的可持续发展。

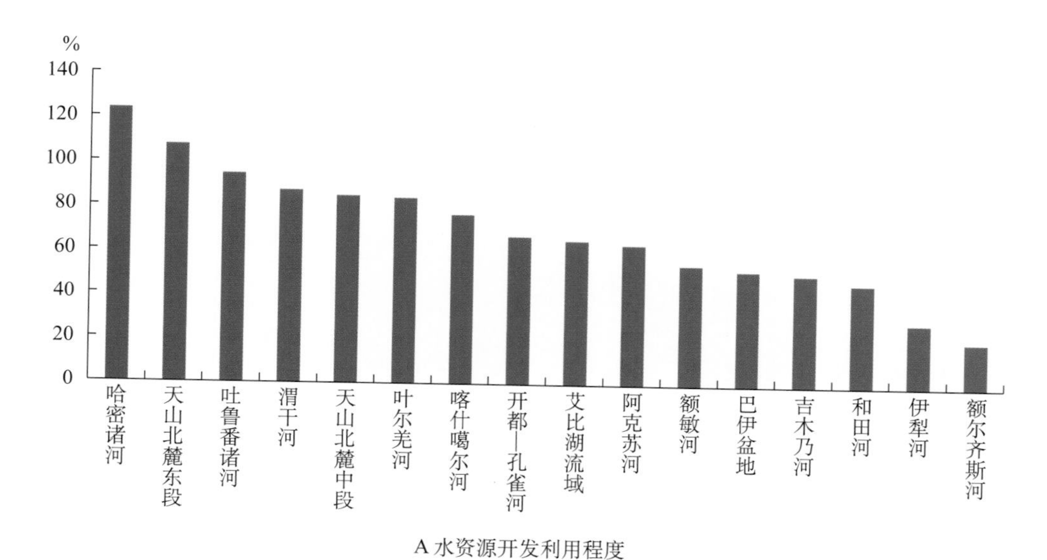

A 水资源开发利用程度

B 地下水开采率

图1–2　新疆水资源三级分区水资源开发利用程度和地下水开采率

松嫩平原的耕地新增区主要在西部。据课题组研究数据，2000—2010年，松嫩平原西部地区耕地增加了430.9万亩，盐碱地也相应地增加了425.9万亩，虽然不能说盐碱地的增加完全是由耕地扩展引起的，但因灌溉在耕地边缘区产生大量盐碱地已是不争的事实。内蒙古东部地区也因耕地大量增加、挤占生态用水，而导致草原退化、局部地区土地荒漠化加剧。呼伦贝尔草原退化面积占25%，西辽河流域草地退化、土地沙化达40%，锡林郭勒草地退化超过50%。嫩江右岸与西辽河流域上游土地开垦造成的水土流失也相当普遍。

总之，大量的新增耕地已导致这些生态相对脆弱的农产品主产区出现土地荒漠化加剧的趋势，耕地重心的迁移既导致我国耕地生产能力总体下降，也引发耕地迁移目的地的生态环境问题，国家应对这种不可持续的迁移过程给予足够的重视。

二、耕地变化的影响因素

（一）城市建设用地不合理增长

随着城镇化进程不断推进，城市人口快速增长，加之经济发展推动了城市人均建设用地需求增长，城市建设用地面积自然而然会随发展而扩张。《中国城市发展报告2015》中指出，2014年中国城市人均建设用地面积为129.57m^2，而《城市用地分类与规划建设用地标准》（GB 50137—2011）要求新建城市的人均城市建设用地指标应为85.1～105.0m^2。这说明在城市建设用地扩张的过程中，存在一些不合理增长的情况，其主要原因有：

1. 城市规模体系不合理

早在1966年，我国就提出了“控制大城市规模”的城市发展方针；1980年的城市规划会议提出了“控制大城市规模，合理发展中等城市，积极发展小城市”的方针；第九个五年计划（1996—2000年）中同样提出了“严格控制大城市增长，合理发展中小城市”的规划；直至2010年中央1号文件、2014年《国家新型城镇化规划（2014—2020）》以及十八届四中全会《中共中央关于全面推进依法治国若干重大问题的决定》中都强调了“当前和今后一个时期，我国将积极稳妥推进城镇化，把中小城市和小城镇发展作为重点”以及“控制大城市增长，促进中小城市（镇）

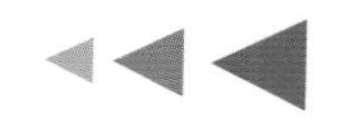

发展”的总体思想。然而，由于城市发展有其自身的规律，大城市的发展规划常常被突破。比如北京和上海2004—2020年的总体规划人口分别为1 800万人和2 000万人，然而在2010年两城人口就已分别达到了1 962万人和2 302万人。

虽然从公平的角度而言，这样的发展目标有利于地区间经济均衡发展，倒逼大城市将资源向小城镇转移；但从效率的角度而言，大城市在经济、产业、人口等方面具有规模效应，生产率更高，更需要增加建设用地供给，缓解目前过高的土地成本。中小城市拿到建设用地指标之后，哪怕政府大力招商引资，也难以扭转市场运作的规律，无法对企业产生足够的吸引力，因而很多三四线城市的开发园区杂草丛生，无人进驻，土地利用效率低、浪费严重。统计数据显示，2006—2014年20万人以下城市的城区常住人口减少了4%，但建成区面积却增长了21%；与此同时，1 000万人以上城市的土地供应明显偏少。这意味着我国不同等级城市的土地供应策略需要尽快进行相应调整。

2．城市用地结构不合理

在保证耕地面积的情况下，每年留给城市建设用地的空间十分有限，在建设用地中，道路用地、绿化用地、公共设施用地、工矿和仓储用地、居住用地等相互竞争。目前我国用地结构存在居住用地、绿地和道路广场用地占比偏低、工业用地占比较高的现象。从政治和财税激励机制来看，地方政府利用在土地市场上的垄断地位，选择扩张工业用地供给进行招商引资，并且创建各类工业园区，目的是促进经济发展与就业增长；而减少居住用地的供地面积可以通过抬高单价来提高土地出让价格，增加地方政府的财政收入。数据显示，2017年全国新增建设用地指标中有22%都给了工业用地，而居住用地只得到了10%，根据国内的相关标准，居住用地比例则须达到25%。

3．经济发展过于依赖土地财政

目前，我国的经济增长过于依赖建设用地，土地开发是地方政府财政收入的主要来源。很多地方政府的财政收入中，至少有60%是土地出让金和房地产税收。所以，不出卖土地，财政就缺乏收入来源，城市建设就没有资金支持，公共社会保障建设也就跟不上。与此同时，土地财政跟官员政绩相连，考察干部主要看经济增长，必然会给官员带来压力。中央虽然实行了严格的耕地保护制度，但由于对土地财政的依赖，短期内地方在发展经济时对建设用地仍将保持大量的需求，管控难度较大，故难免会占用过多耕地。

（二）农村居民点用地“反向”增长

随着城镇化的推进，农村居民点理论上应该逐渐收缩，然而事实上农村建设用地面积近几十年来也在不断增加，其主要原因有：

1．缺乏科学的规划和引导，农村居民点无序蔓延

就全国来看，各地各级政府十分重视城镇用地的规划，但相对而言，农村居民点用地缺少规划。村庄建设因缺乏科学的规划和引导而呈现自然发展态势，农民自由选择建房、村庄布局散落、基础设施建设落后、公共服务设施缺失、村庄环境脏乱差等问题比较严重。空间上来看，旧的村庄逐步“空心化”而被废弃，新的宅基地沿道路、河流松散排列，阻碍了农村居民点用地的集约化，从而产生了用地浪费严重、闲置率高、利用效率低、村庄无序蔓延侵占耕地等问题。

农民普遍存在恋土情结，在实际生活中，表现为农民无论是否在农村生活，都大兴土木，盲目扩张宅基地，或者不愿放弃已闲置的宅基地。这种情况下，村集体无法将闲置的集体用地整理成耕地或建设用地，阻碍农村居民点用地集约化进程。

2．城镇化过程不完全、不彻底，农民“离土不离乡”

20世纪90年代以来，我国步入了城市化快速发展期，大量农民工进入城市，参与了工业化过程。理论上，这些参与了工业化过程的农民应该大多彻底留在城市，但由于户籍制度的障碍、农村社保制度不健全、农村宅基地流转不畅等原因，出现了一种中国特有的“半城市化”现象，即农民已经离开乡村到城市就业与生活，但他们在劳动报酬、子女教育、医疗卫生、社会保障、住房等许多方面并不能与城市居民享有同等待遇，在大城市和特大城市也无法承担过高的市民化成本，不能真正融入城市社会（刘彦随等，2016），农民也因此将农村宅基地作为其生存的最后保障。这是一种不彻底、不完全的城市化形式，也就导致了农村人口的大量转移并未与农村居民点用地面积缩减相挂钩，反而呈现出“农村人口减少、建设用地增加”的变化趋势，农村“空心化”问题加剧。

中国这种“离土不离乡”的城市化发展模式对耕地保护造成了巨大的压力。农民在城市挣钱在农村消费，不仅为城市化发展提供廉价劳动力，还减少了城市贫民窟的出现；同时，农村土地为农民在城市失业时提供了基本生活保障，缓解了因农民工失业可能引发的社会震荡。农村人口转变为城市人口将是一个渐变的、长期的过程，这种城市

化发展模式在短期内还无法根本改变，因而双重占地的现象可能还会持续较长的时间，对耕地保护造成更大压力。

（三）耕地“占优补劣”问题明显

为了保证耕地总量不减少，我国实行耕地“占补平衡”政策，非农建设经批准占用耕地之后，要按照“占多少，补多少”的原则，补充数量和质量相当的耕地，以保证耕地总量基本平衡。但实际上很难做到质量和数量的双重平衡，其主要原因有：

中国有着悠久的农业历史，每个区域优质耕地大多早已被优先开垦，所剩无几，现今有限的宜耕后备资源则多位于地形、土壤等存在限制且生态脆弱的地区，质量相对较差，同地区耕地实现“占补平衡”非常容易产生“占优补劣”现象。

热量条件决定了我国北方耕地复种指数较低、南方耕地复种指数高，而经济发展程度上又恰好相反，加之近些年节水灌溉技术的发展，水资源对北方耕作的限制作用减弱，所以从总体格局上出现南方耕地被建设用地侵占、北方耕地大规模连片开垦的情况，南北耕地之间容易“占优补劣”。

（四）耕地撂荒现象普遍发生

耕地曾经是农民所珍惜的宝贵资源，但如今，农民发现种地的利润降低，其耕作热情也随之降低，因而耕地撂荒现象在全国各地都普遍发生，其主要原因有：

1．农业生产成本上升

随着全球化进程的推进，粮食市场变成一个全球开放的市场。国际粮价凭借机械化和集中化所带来的优势向国内市场发出冲击，导致国内粮食价格近些年一直处于低位徘徊。加之，自2004年取消农业税以来，我国粮食连年增产，到目前呈现供过于求的局面，粮食价格很难上涨起来。

与此同时，近年来农业生产资料价格持续上涨，劳动力成本更是飞速增长。农村青壮劳力受到增长的劳动力价格吸引外出务工，留守的老弱病残劳动能力弱，雇工又不划算。在粮食价格的“天花板效应”和生产成本的“地板效应”挤压之下，耕地基础设施条件差、产量低的“边际土地”最先被撂荒。这些地块多处于交通不便、水源缺乏、土地贫瘠、破碎化程度高、难以实现机械化种植的山区，即便不收租金进行流转，也没人愿意耕种，因而被迫撂荒。

2．土地流转交易成本高，补贴政策不够公平

小户种植的利润过于微薄，规模种植降低了生产资料和劳动力的成本，利润本应该相对可观。然而目前土地流转交易成本过高，因缺少统一的交易平台，尤其是在耕地较为零散的地区，种粮大户要从承包者手中获得耕地经营权，必须挨家挨户地谈判、签合同，中间步骤困难重重。

此外，一些地方规定种粮直补等补贴归原承包人所有，这对租地的种粮大户而言十分不公平，也增加了种植的成本压力。现行的粮食直补政策是按土地面积发放补贴，直补款是通过“一本通”直接发放到农户手中。尽管国家规定粮食主产省原则上按种粮农户的实际种植面积补贴，然而在具体实施中，很多地区基本上都是按农户土地面积给予补贴，导致农户无论种不种粮食，只要有地就有直补款打到自己的“一本通”内，没有起到应有的鼓励作用。

这样一来，种粮大户既承担着过高的交易成本，又得不到应有的补贴，耕作热情下降，流转的耕地面积可能会下降，导致一些耕地发生撂荒。

3．野生动物为害严重

随着退耕还林政策的落实，农村生态环境得到了极大改善，山区野生动物数量明显增加，对农业生产造成了一定影响。比如重庆市奉节县新民镇祖师村野猪、野鸡为害严重，据不完全统计，该村近两年来被野生动物毁掉的农作物面积占总耕地面积的30%以上。野猪是国家二级保护动物，村民们对它们无可奈何，野鸡则对玉米嫩苗啄食严重，村民有时不得不补种两三次。类似的事情在许多山区都有发生，农民耕种受到影响，不得已撂荒耕地。

三、耕地变化对我国耕地生产能力的影响

我国在快速城市化、工业化过程中，建设用地占用了大量优质耕地。与此同时，为改善环境，我国大规模推行了退耕还林、还草、还湿的生态保护工程，一部分耕地因此退出，我国耕地数量发生了很大的变化，耕地数量的变化及其对粮食生产的影响已经受到了广泛的关注。

其实，在我国社会经济快速发展过程中，不仅耕地数量发生了变化，而且耕地的空间位置也发生了变化，从而对粮食生产造成巨大影响。针对此问题，课题组分析了耕地

空间转移对我国粮食生产能力的影响。

（一）测算耕地生产能力

在以前的研究中，学者通常倾向于用潜在生产力作为描述耕地生产变化的指标（Liu J，2005），它代表了特定环境下的理论最大产量，通常比实际产量要高（Silva J V，2016）。净初级生产力（NPP）也被用于评估粮食生产的变化（Yan H M，2009），然而遥感影像在有些地区不能有效区分农作物和其他植被（例如经济作物和草地），并且测得的NPP值涵盖了农作物除果实以外的其他部位（比如茎、叶），导致NPP值比农作物的实际产量要高。因而实际产量与NPP或者潜在生产力都存在一个“产量差”。这两个指标都过高估计了粮食的产量，不能真实地反映出1990—2010年中国耕地转移带来的粮食生产能力的实际变化，因而课题组选择了由统计数据得来的耕地实际单产作为研究指标。

在已有的研究中，学者多用省级或者地级市的农业统计数据表示全国范围的粮食生产变化，也有学者用县级数据更精准地评估了粮食生产的时空变化（王介勇、刘彦随，2009）。然而，中国幅员辽阔，西北地区很多县面积都超过了100万hm^2，因而县级农业数据一定程度上也略显粗糙。为进一步提高精度，课题组利用北京师范大学土壤数据库的土壤有机质数据来重新调整县域内部栅格尺度的耕地单产。有机质能够提高土壤各种理化性质，增强土壤的保水能力，减少土壤侵蚀并缓和营养物质的流失，因而对农业生产十分重要（Blanchet G等，2016）。土壤有机碳能够部分代表土壤有机质含量，是评估土壤质量的重要指标（Tesfahunegh G B，2016）。有机质对粮食产量有促进的作用，这在先前的研究中已被证实。经过回归分析，学者还发现在中国的不同地区，土壤有机碳和作物产量之间存在着一个正相关的线性关系（邱建军等，2009），这为县域尺度内调整格网的粮食生产能力提供了依据。

具体步骤上，课题组利用1990年、2000年、2010年县级农业统计数据以及中国1km土壤有机质栅格数据，建立了一套不随时间改变的全国耕地粮食生产能力的格网数据库。为方便不同区域之间相互比较，假设所有耕地都种植粮食作物。

县级农业数据来源于中国种植业信息网，包括粮食作物的总产和播种面积，以及所有农作物的耕地面积和播种面积，利用三年的平均单产剔除气候波动和自然灾害对粮食单产的影响。理论上，用1990年前后的农业数据求平均值会更加准确地反映耕地资源禀赋，然而因数据缺乏，用其他年份的数据作为替代，这对研究结果不会产生显著影响。

1km空间分辨率的土壤有机质数据是基于第二次土壤调查（1975—1985年）以及其他25本出版刊物和60份未出版材料得来的，共计8 979个土壤剖面，收录在北京师范大学的土壤数据库中。

首先，在县级尺度计算各个县的粮食平均单产，公式如下：

$$Yield_i = \frac{\sum P_i}{\sum S_{i1}} \times MCI_i$$

$$MCI_i = \frac{\sum S_{i2}}{S_{i3}}$$

式中，$Yield_i$是县i的平均单产，为1990年、2000年、2010年单产的平均值，t/hm^2。$\sum S_{i1}$和$\sum P_i$分别是县i的粮食作物播种面积和产量。粮食作物包括谷类（小麦、荞麦、燕麦、大麦、高粱、玉米、水稻等）、豆类和薯类。其中，按照国家统计局的标准，豆类按去荚后的干豆计算，薯类按照5kg鲜薯折1kg粮食计算，其他一律按脱粒后的原粮计算。MCI_i是耕地的复种指数，等于县i所有作物（包括经济作物和粮食作物）的播种面积（$\sum S_{i2}$）与耕地面积（S_{i3}）的比值。通常情况下，粮食作物的复种指数应该是粮食作物播种面积（$\sum S_{i1}$）和粮食作物耕地面积的比值（S_{i0}），然而没有得到生产粮食所占用耕地面积的数据，因而用农作物复种指数替代。

其次，将县级的平均产量分配到1km的格网中去，利用土壤有机质数据计算县i栅格j的（$Yield_{ij}$）的值，公式如下：

$$Yield_{ij} = \frac{C_{ij}}{\overline{C_i}} \times Yield_i$$

式中，C_{ij}是有机质在县i栅格j表层土壤（0～30cm）中的含量，%；$\overline{C_i}$是县i表层土壤中有机质的平均含量，%。疏松多孔的表层土壤包含大部分植物的根系，对农业活动有很强的影响（Noordwijk M V等，2004），因而许多学者利用这个土层的土壤有机质或有机碳数据进行研究。

最后，利用平均产量法，即平均单产的上下15%为界限，划分优质农田、中产田和低产田。这个方法简单易懂，在前人的文献研究中也多有涉及（石全红等，2010）。其中，平均单产是指1990年$Yield_{ij}$在全国的平均值，通过ArcGIS 10.2的区域统计工具计算而来。

（二）耕地空间格局变化

课题组基于遥感解译数据分析耕地面积变化，研究中所用的1990年、2000年、2010年的土地利用数据是由中国科学院资源环境科学数据中心根据Landsat Thematic Mapper（TM）影像解译而来的（刘纪远等，2014），由6种土地利用类型组成，分别是耕地、林地、草地、湿地、建设用地和未利用地。野外调查以及随机检验表明数据解译的精确度超过了90%，较为可信。

由此数据可以发现，空间上中国耕地主要集中在地势较为平坦的东北平原、华北平原、长江中下游平原以及成都平原。新疆的耕地则集中于准格尔盆地和塔里木盆地边缘。

1990—2010年，耕地面积整体净增加了0.87%，以2000年左右为分界点，呈现出先增长后下降的趋势（图1-3）。1990—2000年耕地的年均净增加面积约为420万亩，主要来源是土地的开垦与整理；而2000—2010年耕地的年均净减少面积约为195万亩，主要原因是生态退耕和建设占用。可见，20世纪90年代以来，受国家政策与社会经济发展等多重因素的影响，土地利用变化已经从人类活动主导下的耕地开垦、建设用地增长的开发模式向21世纪初的开发与生态并重的模式过渡（闫慧敏等，2012）。

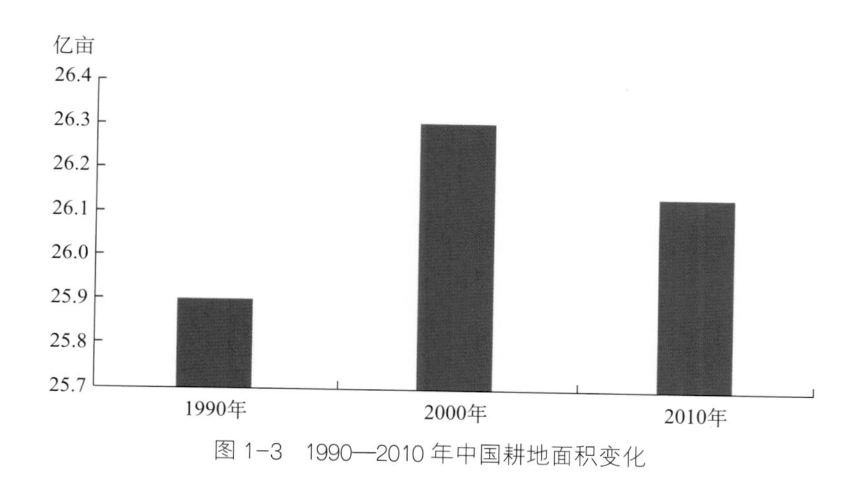

图1-3　1990—2010年中国耕地面积变化

新增耕地主要分布在中国的东北、西北地区，这些地区耕地面积大幅增长主要有四个原因：当地人口增长带来的食物需求；农业技术的进步，尤其是节水灌溉方面；国家和当地政府的政策鼓励，比如降低农业税和提高补贴；农作物的规模化经营。

损失的耕地中，从空间分布上可以看到城市周边建设用地侵占耕地的现象十分明显，尤其是在京津冀、长三角、珠三角三大城市群区域。此外，中西部生态脆弱区退耕还林还草工程也占用了大量耕地。

（三）耕地空间转移对全国平均耕地生产能力的影响

中国幅员辽阔，10%以上的土地是耕地。不同的自然条件和农业投资成本导致了耕地在不同地区之间巨大的生产能力差异。整体而言，高产田地势平坦，水热条件好，多位于中国东南地区及四川盆地，这些地区一年两到三熟。低产田则多位于温度低或者降水少的中国北部和西部，薄弱贫瘠的土壤层以及破碎的地块导致云贵地区产量也很低。

1990—2010年，中国同时经历了建设用地和耕地的双重扩张。研究表明，传统农业区范围内建设用地占用耕地是近年来耕地持续减少的主要原因。建设用地占用耕地的现象在较发达的快速城市化区域更为明显，比如京津冀、长三角和珠三角等城市群。优质农田仅占2010年耕地总面积的34.23%，却在建设用地占用耕地的部分中比例高达47.6%，说明建设用地占用耕地容易导致高产田的损失。与此同时，建设用地占用在以后可能依然会是耕地流失的主要原因，因为其他方式的耕地损失（比如退耕还林、农业结构调整）都会被土地的自然条件和经济因素所限制（Song W等，2014）。

建设用地侵占耕地带来的高产田减少并没有在国家尺度上引起明显的粮食减产，主要是因为补充了更多的耕地，尤其是在东北和西北这些单产较低的地区。与建设用地占用的耕地不同，低产田是新增耕地的主要部分。建设用地侵占耕地与新增耕地之间的产量差意味着这段时间是用耕地数量代替耕地质量来保证总体产量的。

以全国格网级耕地粮食生产力数据库为基础，结合之前所探讨的1990—2010年新增耕地以及建设用地占用耕地的数据可以发现全国范围内建设用地占用耕地的粮食生产能力平均值（平均单产）为8.89t/hm^2，而新增耕地平均单产只有5.09t/hm^2，二者的比值是1.75∶1，与前人用NPP方法测得对应值（1.8）十分接近（Yan H M等，2009）。其中新增耕地的聚集区新疆、东北平原、内蒙古东部等地区的平均单产更低，分别为5.66t/hm^2、4.41t/hm^{2}和2.45t/hm^2。也就是说，全国范围内建设用地每侵占1亩耕地，就需要在新疆开垦1.57亩耕地才能保证总的粮食产能平衡。类似的，在内蒙古东部地区需要开垦3.63亩，在东北平原需要2.02亩（图1-4）。因而，在保证粮食安全的前提下，东北、西北等地区的耕地不得不通过扩大规模来弥补耕地生产力上的不足，这样一来不可避免地会给当地的生态环境和资源承载力带来巨大的压力，比如湿地减少、土地荒漠化、自然植被退化、下游河流断流、土壤盐渍化、地下水位下降和沙尘

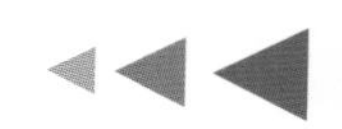

暴扩张等。据观测，2003—2014年，我国北方地区因耕地扩张和城市人口增加导致用水紧张的范围增长了将近8%，受到水资源紧缺影响的人口数量增长了2 600多万（Li J等，2017）。

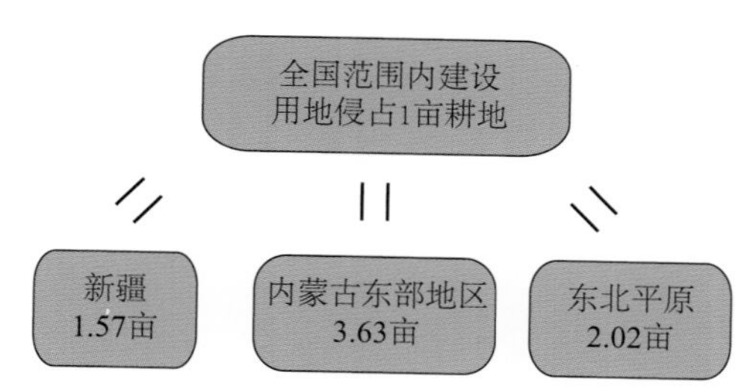

图 1-4　全国 1990—2010 年建设用地侵占耕地与新增耕地的关系

区域内部“占优补劣”状况，以及耕地由复种指数高的南方地区向复种指数较低的北方地区的空间转移，已经对我国耕地生产能力造成影响。我们据此计算的结果是，由于耕地“占优补劣”式的空间转移，1990—2010年，在全国水平上耕地平均粮食生产能力下降了约1.99%。在前人的研究中，中国平均生产潜力因土地利用转换在1986—2000年下降了2.2%（Deng X等，2006），与本书的研究结果相似。1990—2000年，全国的平均单产下降了1.47%，而2000年以后下降趋势明显缓和，十年仅下降了0.52%。主要原因可能是劣质耕地，尤其是低产的坡耕地，在这段时间内受退耕还林政策影响，转为林地或者草地。

根据前文中的农田等级划分标准，计算出全国优质农田、中产田和低产田的耕地面积占比，进一步分析不同质量的耕地占比在1990—2010年的变化可发现：低产田在1990年占据了全国耕地面积的49.58%，并于2010年上升到51.06%；对比之下，高产田的比例从35.46%下降到34.23%。二者变化的趋势在2000年以后都有所缓和，与全国单产的变化趋势十分相似。因此，可以推测优质农田的流失和低产田的扩张是20年来影响中国耕地单产的主要原因之一。

（四）八大农产品主产区耕地生产能力变化特征分析

根据《中国综合农业区划》，中国八个主要的农产品生产区分别是新疆、黄淮海平原、松嫩平原、四川盆地、三江平原、长江中游及江淮地区、内蒙古东部地区及华南综合农业区。八大主产区集中了中国一半以上的耕地，谷物、油料、糖料、肉类、奶类等产量均占我国总产量的60%以上，因而需要对其重点关注。

根据中国科学院资源环境科学数据中心提供的土地覆被数据，可以看到八大农产品主产区中，1990—2010年耕地面积增加最多的是新疆和内蒙古东部地区，分别增长了1 683.85万亩和1 501.14万亩，增幅达到了21.32%和16.77%。松嫩平原和三江平原整体增加了2 317.15万亩，增长了10.82%（表1–2）。其中新疆耕地开垦的时间集中在后十年，另外两大区域则集中在前十年。东北、西北地区这四个主产区的耕地面积占全部主产区耕地面积的28.80%，其新增耕地则占了52.48%，说明新增耕地主要集中在东北和西北地区。

表1–2　不同时期八大农产品主产区耕地面积变化情况

单位：万亩，%

地区	1990—2000 年		2000—2010 年		1990—2010 年	
	变化面积	变化幅度	变化面积	变化幅度	变化面积	变化幅度
新疆	374.67	4.74	1 309.18	15.82	1 683.85	21.32
黄淮海平原	−676.94	−1.51	−684.90	−1.56	−1 361.84	−3.05
松嫩平原	1 084.69	7.01	1 093.77	0.66	1 194.06	7.72
四川盆地	−117.73	−0.66	−224.44	−1.27	−342.17	−1.92
三江平原	975.21	16.39	147.87	2.13	1 123.09	18.87
内蒙古东部地区	1 385.88	15.48	115.26	1.11	1 501.14	16.77
华南综合农业区	−39.52	−0.37	−102.09	−0.96	−141.62	−1.33
长江中游及江淮地区	−277.76	−1.30	−349.76	−1.65	−627.52	−2.93

减少的区域则集中在八大农产品主产区中经济相对发达、城市化水平较高的黄淮海平原、长江中游及江淮地区、四川盆地等，其中黄淮海平原持续减少了1 361.84万亩耕地，长江中游及江淮地区减少了627.52万亩，四川盆地减少了342.17万亩，减幅分别为3.05%、2.93%、1.92%。整体而言，后十年耕地减少更多，可能是因为2000—2010年建设用地扩张得更为剧烈并受到了2002年全面启动的退耕还林工程的影响。

而计算八大农产品主产区多年的耕地平均粮食单产，则发现长江中游及江淮地区、四川盆地、黄淮海平原以及华南综合农业区的耕地粮食单产较强，均超过了全国平均值，而东北和西北的四个主产区则远低于全国平均值（图1–5），再次从农产品主产区的角度上进一步验证了1990—2010年中国的低产田在扩张、优质农田在减少的事实。

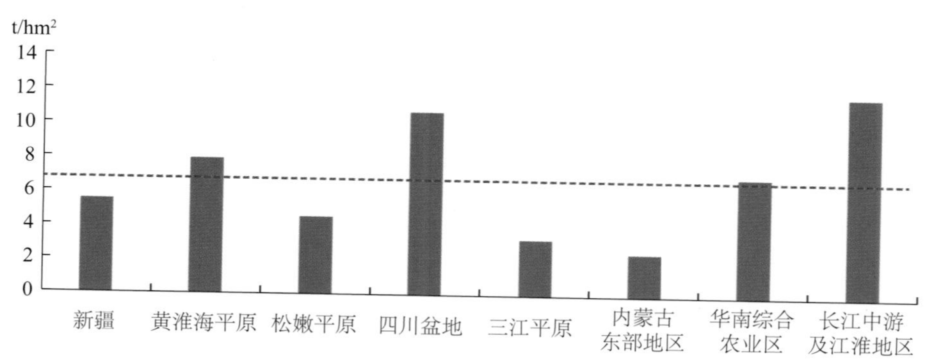

图 1-5　八大农产品主产区耕地平均单产

注：虚线为全国耕地平均粮食生产能力。

全国的新增耕地中，来源于草地的比例最高，占46.87%，其次是林地，大约占38.77%，空间格局上整体呈“南林北草”的特征，湿地和未利用地一共仅占14.36%。八大农产品主产区中，内蒙古东部地区、新疆、松嫩平原、黄淮海平原以及三江平原耕地主要来源是草地，占比分别达到了70.75%、68.80%、57.71%、44.09%和35.73%。南部的主产区华南综合农业区、四川盆地和长江中游及江淮地区的耕地则主要来源于林地，占比分别为85.30%、74.91%和52.97%。三江平原侵占湿地开垦耕地的现象十分严重，新增耕地中有38.31%都来源于湿地。在前人的研究中，这个比例甚至更高（满卫东等，2016）。新疆地区的新增耕地主要来源除了草地，未利用地也占了23.24%（表1-3）。

表1-3　八大农产品主产区1990—2010年耕地转化情况

单位：%

地区	新增耕地来源				损失耕地去向				
	林地	草地	湿地	未利用地	林地	草地	湿地	建设用地	未利用地
新疆	5.51	68.80	2.46	23.24	7.85	56.67	4.89	14.69	15.90
黄淮海平原	19.28	44.09	29.14	7.50	7.00	9.66	10.07	72.17	1.09
松嫩平原	12.57	57.71	21.60	8.12	25.30	17.26	12.53	36.84	8.07
四川盆地	74.91	19.03	5.98	0.09	59.57	17.21	5.21	17.88	0.13
三江平原	25.96	35.73	38.31	0	44.74	9.85	24.31	21.00	0.11
内蒙古东部地区	19.47	70.75	7.32	2.47	17.02	67.45	5.69	6.86	2.97
华南综合农业区	85.30	11.02	3.53	0.14	68.32	11.45	4.64	15.46	0.13
长江中游及江淮地区	52.97	8.61	38.36	0.06	29.39	2.61	24.09	43.89	0.03

在八大农产品主产区的损失耕地中，黄淮海平原、四川盆地、长江中游及江淮地区以及华南综合农业区四个经济相对发达的地区一共占了70.91%。此外，内蒙古东部地区的耕地损失也十分显著，可能与该地区推行的退耕还草政策有关（表1-3）。

黄淮海平原的损失耕地中有72.17%都转为了建设用地（表1-3），从空间上来看，形成了北京—保定—石家庄—邯郸—新乡—郑州和天津—沧州—济南—济宁—徐州—连云港两条耕地锐减廊道（洪舒蔓等，2014）。在长江中游及江淮地区，建设用地占用耕地的比例也高达43.89%。可以看到城市周边建设用地侵占耕地的现象十分明显，尤其是在京津冀、长三角、珠三角三大城市群。华南综合农业区和四川盆地的损失耕地主要转为林地，与当地的气候土壤条件比较符合。而在松嫩平原和三江平原，耕地的主要来源是草地，损失耕地却主要转为了林地。从空间上来看，松嫩平原来源于草地的新增耕地集中于与内蒙古交界的西部地区，而转为林地的耕地多位于其南部地区，尤其是长岭县和前郭尔罗斯蒙古族自治县。三江平原内由草地转来的新增耕地高度集中于东部的抚远县和虎林县，退耕为林地的区域则集中于三江平原中部的林区，包括宝清县、勃利县、七台河市以及密山市。新疆和内蒙古东部地区的损失耕地和新增耕地一样，主要转为草地。

进一步分析转换耕地地块的粮食生产能力，可以看到1990—2010年全国新增耕地的平均生产能力为5.09t/hm^2，而损失耕地的平均值为7.62t/hm^2（表1-4）。总体而言，由林地转为耕地的地块生产能力较高，而来源于草地和未利用地的新增耕地生产能力较低。被建设用地所侵占的耕地生产能力较高，转为湿地和林地的地块也大多为高产地，而转为草地和未利用地的耕地普遍为低产地。

表1-4　八大农产品主产区1990—2010年转换耕地的粮食生产能力

单位：t/hm^2

地区	新增耕地来源					损失耕地去向					
	整体	林地	草地	湿地	未利用地	整体	林地	草地	湿地	建设用地	未利用地
新疆	5.66	7.19	6.00	9.86	3.85	5.09	5.99	5.99	6.58	6.08	3.84
黄淮海平原	7.54	8.04	7.45	7.73	6.01	7.90	8.22	8.22	7.60	7.93	6.68
松嫩平原	4.22	5.33	3.92	4.78	3.12	4.63	5.06	5.06	3.67	5.12	3.96

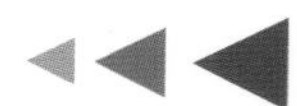

（续）

地区	新增耕地来源					损失耕地去向					
	整体	林地	草地	湿地	未利用地	整体	林地	草地	湿地	建设用地	未利用地
四川盆地	10.64	10.96	9.39	10.92	10.26	10.86	11.00	11.00	10.14	11.82	11.10
三江平原	4.60	3.59	4.38	5.41	3.12	3.44	3.52	3.52	3.50	2.86	2.48
内蒙古东部地区	2.45	2.33	2.44	2.61	5.69	2.62	2.81	2.81	2.65	2.62	3.53
华南综合农业区	6.94	7.04	5.88	8.72	0	7.53	7.38	7.38	8.76	9.07	6.30
长江中游及江淮地区	12.52	12.97	11.00	12.09	4.88	11.97	12.94	12.94	12.79	10.96	13.85
全国	5.09	6.32	4.41	5.88	4.09	7.62	8.70	4.57	8.96	8.89	4.52

对比不同区域内部耕地的转换情况，发现大部分地区损失耕地的粮食生产能力均高于新增耕地，并且建设用地多为损失耕地中的高产地。长江中游及江淮地区的情况则恰恰相反，这主要是因为1990—2010年该区占用耕地的新增建设用地多分布在生产能力相对较低的安徽、江苏等地，而单产较高的湖南、湖北和江西范围内新增建设用地相对较少。

新疆和三江平原由于耕地开垦时间晚，因而在区域内部新增耕地的生产能力高于损失的耕地。三江平原位于黑龙江省的东部地区，地势平坦，水源充沛，1990—2010年一些生态条件较好的湿地和草地被开发为当地相对高品质的农田。尽管如此，当地的单产比全国的平均水平还是要低很多。新疆地区1990—2010年新增耕地主要位于水土条件适宜耕作的天山中部北坡的冲积平原、伊犁河谷平原以及阿克苏地区。同时，这期间一些盐碱化严重或者缺乏灌溉的差田面积收缩，因而总体上新增耕地的粮食生产能力高于损失耕地。

内蒙古东部地区耕地多由草地开垦而来，这些由草地转来的新增耕地平均粮食生产能力仅有2.44t/hm^2，比退耕还林、还草的耕地生产能力还要低一些。与之相连接的松嫩平原百年前还是一个水草丰盛的大草原，但自20世纪下半叶以来，水土流失和盐碱化变得十分严重，许多地区经20～30年就变成了不毛之地（林年丰、汤洁，2005），由表1-3也可以看到其损失耕地中有8%都变为未利用地。

四、耕地生产能力保障与提升的战略措施

中国土地面临着“生活、生产、生态”的三元悖论，即粮食安全、经济增长与生态保护之间存在着矛盾与冲突，耕地生产力能力保障受到建设用地扩展和生态保护用地增长的挤压。

耕地保护战略中应强调节约甚至减少建设用地，尤其是在农村居民点的整理、中小城市及小城镇的集约利用以及全国各地闲置的工业用地整治过程中。当建设占用不可避免时，需要严格谨慎地补充损失耕地，实现质量、数量、生态三位一体的“占补平衡”。

与此同时，应在耕地保护与生态保护之间找到平衡点，合理划定退耕还林还草的规模，全面评估退耕地块的生产与生态价值。对于耕地撂荒，应控制总体规模，并有针对性地再次利用已经撂荒的耕地。

（一）尽快划定、落实永久基本农田，重视中部地区耕地保护

1．划定基本农田工作

基本农田保护制度实施以来在耕地保护方面取得了显著成效，但在制度最初设计上尚存在一些问题。比较突出的问题是基本农田划定时，中央和省级政府只下达了基本农田数量指标，而地方政府在划定基本农田时则“划劣不划优，划远不划近”。据统计，目前约有1.2亿亩优高等别的耕地尚未被划为基本农田。另据课题组实地调查，一些发达地区（如江苏、浙江等省）的部分市、县都存在几十万亩不等的林地、草地、水面、未利用地甚至建设用地等虚拟的基本农田。

基本农田是我国耕地的精华，是维护国家农产品安全的基石，当前应将基本农田保护制度作为核心制度，以切实保护优质耕地，提升基本农田的综合生产能力。

建议国家在划定永久基本农田过程中开展基本农田再认定工作，彻底摸清现有基本农田的数量、质量；将城镇周边、交通沿线附近的优质耕地（尚未被划入基本农田）纳入到基本农田体系中；消除现为林地、草地、水面、未利用地甚至建设用地等虚拟的基本农田；所有划定的基本农田特别是永久基本农田结果都要落实到空间上。

目前，全国省级永久基本农田划定方案全部通过论证审核。国家应结合远景土地利

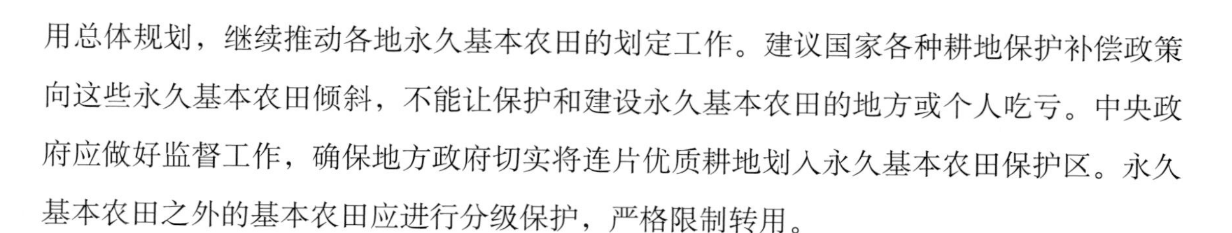

用总体规划，继续推动各地永久基本农田的划定工作。建议国家各种耕地保护补偿政策向这些永久基本农田倾斜，不能让保护和建设永久基本农田的地方或个人吃亏。中央政府应做好监督工作，确保地方政府切实将连片优质耕地划入永久基本农田保护区。永久基本农田之外的基本农田应进行分级保护，严格限制转用。

建议从国家层面上尽快划定国家确保口粮的永久基本农田。这些永久基本农田一旦划定，则其在任何时候、任何情况下都不能改变性质或挪作他用。据课题组初步测算，确保国家口粮安全的口粮田大致需要6.5亿亩（不包括城镇周边的菜地等，但包含了未来国家重大基础建设项目可能的占地）。

2. 加强基本农田质量建设

全国现有16亿亩基本农田的耕地中，中产田占40%，低产田占32%，相当数量的基本农田基础设施条件较差。因此，加强国家粮食主产区基本农田特别是新增耕地区的以防洪排涝、消除水旱灾害为重点的水利建设，同时加强改土增肥，改造中产田为高产稳产农田，培育低产田为中产田；加强包括基本农田区水、电、田、林、路的综合农业配套设施建设，促使基本农田向“优质、集中、连片”的集聚方向发展，提高其农业综合生产能力。

基本农田质量提升建设应由政府主导，加大项目和资金的整合力度，合理配置各部门的财力资源，形成建设合力；上级主管部门在管理基本农田建设中应以质量为主导，避免急功近利、操之过急的行为，只有在资金到位、稳步推进的基础上才能真正达到基本农田旱涝保收、坚固耐用的高标准；基本农田建设优先向产粮大县、种粮大户/农企经营、稻麦两熟种植制度、集中连片的已实现规模经营的耕地倾斜；以项目区农民为责任主体，建立建、管、用明晰的基本农田管护机制，解决工程建设管理难和建后管护难等问题，以保障项目工程长期有效地运转。

另外，我国南方双季稻种植比例已由过去的70%下降到40%，粗略估计南方冬闲田1亿亩以上。建议在南方地区开展稻—饲料油菜/豆科绿肥轮作，培肥地力，并为畜禽提供饲（草）料。要努力恢复双季稻面积，利用冬闲田发展绿肥和小麦作物生产，大力提高复种指数，通过内涵挖潜提升复种指数较高地区耕地的生产能力。

3. 重视中部地区耕地保护

中部地区也是我国重要的农业生产区，早在明代中后期就出现了“湖广熟，天下足”的说法，可见自古以来湖南、湖北二省所在的长江中游平原就是保障我国粮食安全的中流砥柱。此后中部地区依然是我国重要的商品粮基地，如今，仅湖南、湖北和河南三省就生产了我国23%的稻谷、29%的小麦和32%的油料。但中部地区在为全国的粮食安全做出巨大贡献的同时，自身的发展却出现了极为明显的落差，付出了沉重的发展代价，成为产粮大区、经济小区、收入低区、财政穷区、后劲弱区。

在2004年国家中部崛起政策的激励下，中部地区作为我国经济发展的第二梯队，近些年来取得了快速发展，基础设施和大型项目进一步强化。2016年12月26日，经国务院正式批复，国家发展改革委发布的《促进中部地区崛起“十三五”规划》中明确提出支持武汉、郑州建设国家中心城市。大城市和城市群的发展更加带动了中部地区的城镇化进程，加快了未来建设用地扩张的脚步。根据《中国城市建设统计年鉴》，2013年我国东部地区、中部地区、西部地区和东北地区的人口密度分别为2 192人/km^2、3 373人/km^2、2 351人/km^2和2 344人/km^2，中部地区的人口密度显著高于其他区域。此外，目前我国中部地区城市化水平还比较低，如2015年湖南、河南的城市化水平分别为50.5%和46.9%，远低于全国的平均水平（56.1%）。由此可见，未来中部地区无论是城市人口还是城市人均用地面积都可能会快速增长，建设用地需求的缺口较大。

据研究，中部地区建设用地扩张大部分来自耕地，因而耕地和建设用地的矛盾突出。由遥感数据可以发现，2000—2010年，中部地区的建设用地以年均1.00%的速度增长，而东部地区每年平均增长速度高达2.23%；与此同时，2005年以后，中部地区开始出现耕地面积减少的现象，五年间减幅为1.96%，东部地区这期间减少了3.13%（图1-6）。假设以东部地区作为中部地区未来发展模式的参考，中部地区城市建设用地

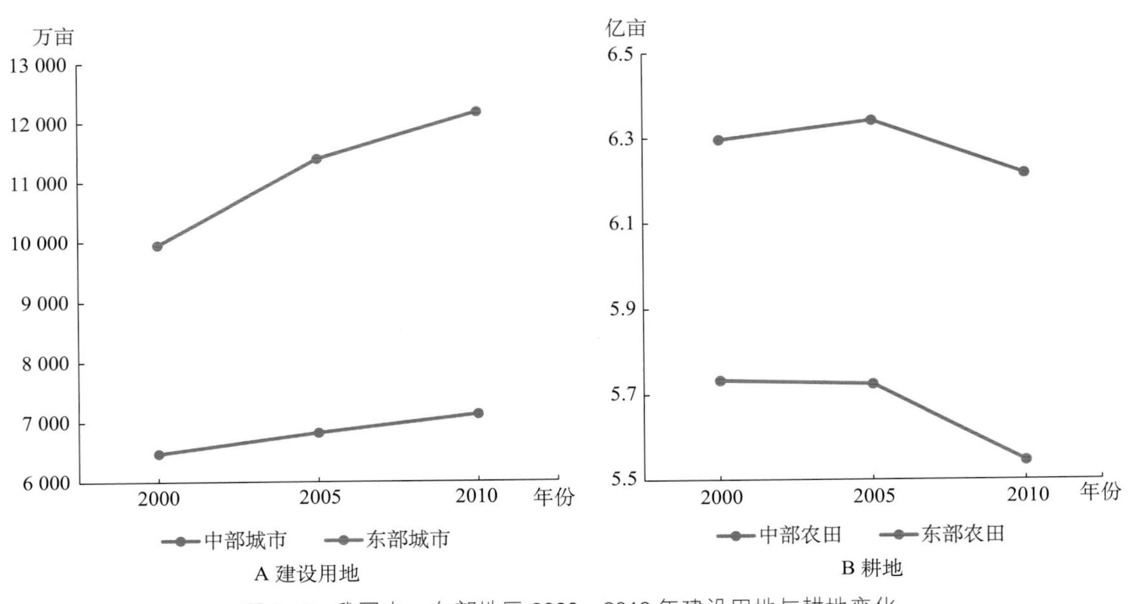

图1-6 我国中、东部地区2000—2010年建设用地与耕地变化

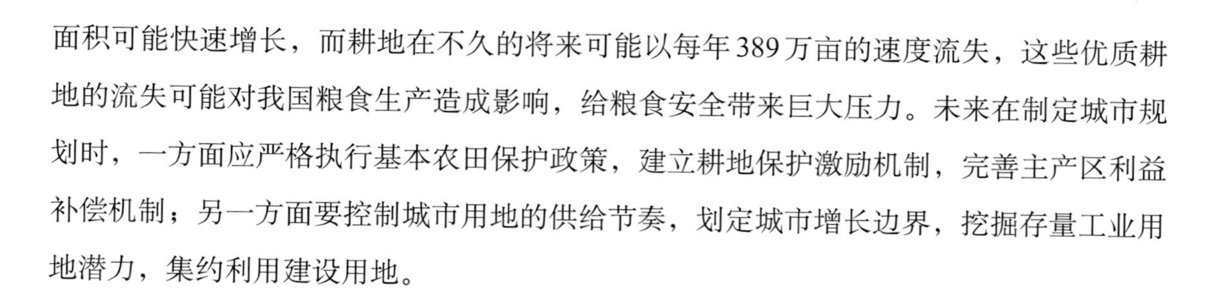

面积可能快速增长，而耕地在不久的将来可能以每年389万亩的速度流失，这些优质耕地的流失可能对我国粮食生产造成影响，给粮食安全带来巨大压力。未来在制定城市规划时，一方面应严格执行基本农田保护政策，建立耕地保护激励机制，完善主产区利益补偿机制；另一方面要控制城市用地的供给节奏，划定城市增长边界，挖掘存量工业用地潜力，集约利用建设用地。

（二）推进农村居民点综合整治，促进建设用地整理和复垦

目前，许多学者都十分关注农村居民点整治潜力计算的问题，即评估现有农村居民点在改造、迁村并点等工程后可增加的有效耕地及其他用地面积，具体措施有：

1．合理评估农村潜力，系统规划农村居民点用地

在对农村居民点用地详细调查的基础上，按我国发展阶段的实际进程，应用合适的集约化指标体系对其进行科学评价，结合当前的各种投资能力，确定集约化的潜力，制定相应的集约化计划。编制村、镇（居民点）规划，明确中心镇和中心村，并利用农村宅基地审批制度，引导新增加农村宅基地向中心镇和中心村集中，杜绝新建居民点散乱分布的局面再度发生。此外，还应注意在规划编制和实施中明确“建设社会主义的新农村并不是新建一批高楼房”的思想，重视功能匹配以及供需平衡。

2．新型城镇化带动“人”的迁移

新型城镇化是以人为核心的城镇化，这不是简单的城市人口比例增加和规模扩张，而是强调在产业支撑、人居环境、社会保障、生活方式等方面实现由“乡”到“城”的转变，实现城乡统筹和可持续发展，最终实现“人的无差别发展”。只有在新型城镇化的背景下，农村人口才能真正进入城市居住，农村居民点也就随之停止无效的扩张，并有机会成为耕地和城市建设用地的后备用地。

3．在经济发展水平较高的地区优先开展农村居民点整治试点工程

我国地域辽阔，经济发展水平和城市化水平区域差异明显。因此，农村居民点整理工程应先进行试点，最好先在经济发展基础较好、城市化水平较高的地区进行探索总结。课题组在调查中发现，在经济发展水平以及城市化水平较低的地区，农民对土地的依附心理较强，因而对农村居民点整理工程的热情不高，直接推行相关政策可能会引起农民的抵触情绪。在这些经济发展较弱的区域，农村土地整治工程要以迁村并点、引导农民集聚居住以及空置废弃的居民点复垦为主，整理出的土地

应尽量转为耕地，实现农业规模化经营，保障粮食安全。而在发展水平高、离大城市距离近的地区，整理出的农村居民点可以用作集体经营性建设用地租赁住房，这样一方面盘活了低效集体建设用地，解决了城市周边外来务工人员居住问题，另一方面在改善城郊经济社会环境等方面发挥了积极作用，并且拓宽了集体经济组织和农民的增收渠道。

（三）严格控制中小城市用地浪费，提高建设用地利用效率

1. 国外城市发展经验

是否应该控制大城市规模这个问题引起了学者和民众的广泛热议。课题组参考了国外大城市的发展经验，认为城市发展应该更加尊重市场规律，中国的大城市尚有很大的发展潜力。

美国是世界上最大的发达国家，100多年前（1910年），其城市化水平和我国2010年的城市化水平相当，因此，研究美国20世纪城市化过程可能为我国未来城市发展提供借鉴和启示。课题组选择了美国214个城市，研究其过去100年（1900—2000年）城市系统的演变过程，可以发现在城市化加速发展的阶段，美国城市系统向非均衡化方向发展，大城市人口显著增长（图1–7）。

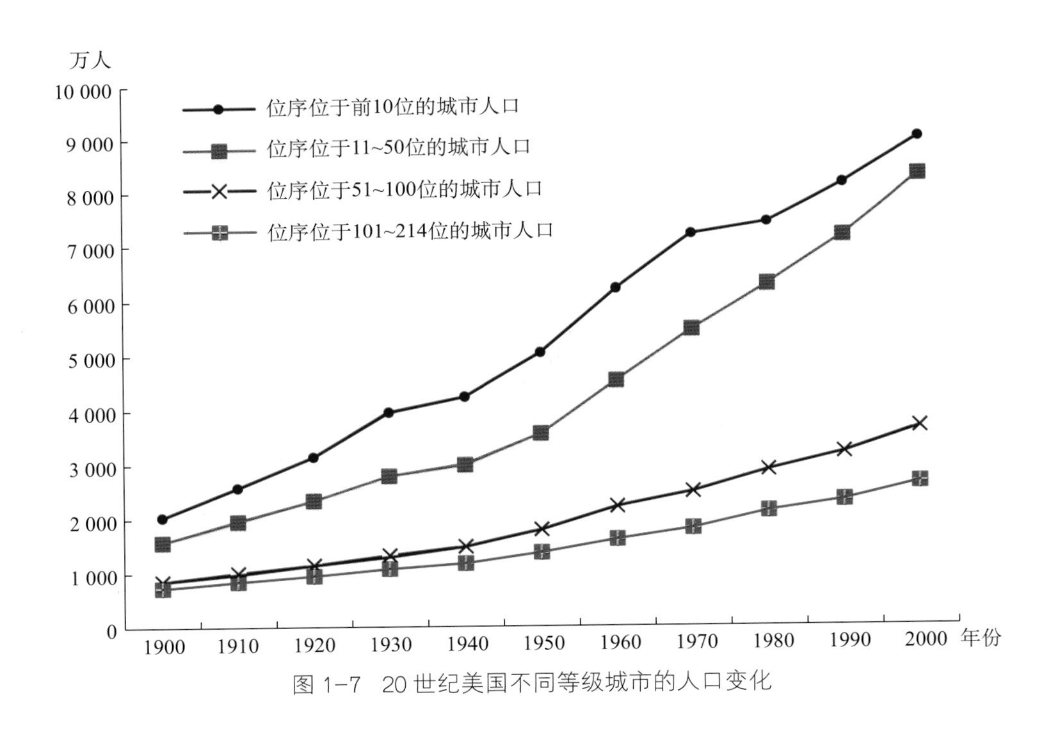

图1–7　20世纪美国不同等级城市的人口变化

同样，利用日本的人口普查数据，发现自1945年以来，日本100万人以上的城市人口增长迅速，增长速度遥遥领先其他级别的城市（图1-8）。2015年的统计数据表明，日本总人口首次出现下降，然而东京都市圈的人口依然保持上升态势，其中东京都市圈的人口增长了2.69%，位于增幅榜前列。2016年，日本人口约1.27亿人，其中有3 600万人居住于东京都市圈。类似地，韩国5 000多万人中有一半集中于首尔都市圈。对比北京与东京的土地利用结构可以发现，北京的城市建设用地占比远低于东京，未来仍有较大发展空间（黄迎春等，2016）。

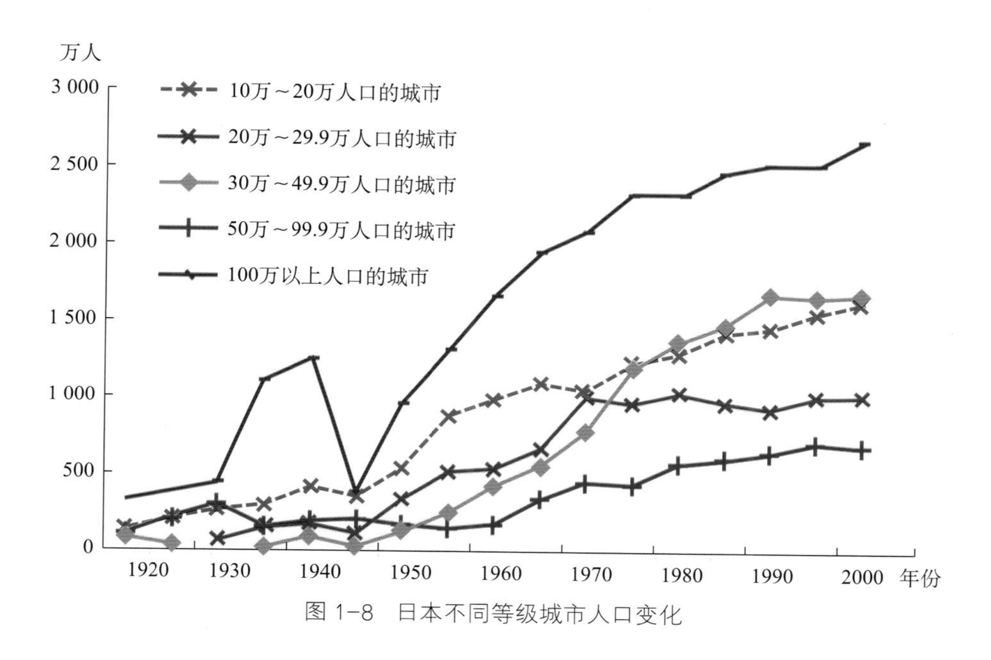

图1-8　日本不同等级城市人口变化

2. 发展以城市群为主体的新型城镇化

根据这些发达国家城市发展的规律，未来一段时间内大城市仍是我国人口聚集的重点区域。因此，国家应以大城市为基础，城市群为主体形态，推进新型城市化，加快农民工和“镇民”的市民化，取消超大城市人口总量控制政策。在城市化的中后期，人口向大城市群集聚是普遍的国际现象，中国有着人口基数大、密度大，耕地面积少的特点，走集中型城市化的道路是更为合理的选择。尽管目前超大城市存在着诸多大城市病的问题，不过这是大城市在取得效益时所必须支付的代价。城市发展的本质是人口的集聚，集聚到一定程度之后才会产生外溢。从人口密度和经济承载力看，我国的超大城市和大城市仍有较大发展空间，其建设用地需求被低估，未来应增加其建设用地供给。

3．控制中小城市用地供给

在特大城市限制人口、中小城镇扩容的发展方针下，一些中小城镇迫切希望加速发展，纷纷提出到2020年、2030年人口倍增的目标。据国务院有关部门数据显示，截至2016年5月，全国县级以上新城新区超过3 500个，规划人口达34亿人。由于人均用地有国家标准，因而在人口预测增长的情况下，建设用地需求也大大上升了。有些中小城市打着发展的旗号，盲目开发工业园、新城等，建设用地过度开发的现象十分严重，尤其是在欠发达地区。

课题组通过遥感数据分析显示，城市规模越小，新增建设用地中占用耕地的比例越高。这是由于小城市周围的耕地和建设用地空间邻接度更高，因而更容易发生建设用地侵占耕地的现象。小城市盲目扩张会给耕地保护带来更大困难，甚至对粮食安全产生影响。应控制其用地指标供给，以产业带动小城镇的发展，避免用地浪费。

4．城市边界划定

据估测，在2030年前，我国仍将处于城市化快速发展阶段，大城市区域内人口增长潜力巨大，城市用地需求也将持续增长，因而集约利用中小城市的建设用地，合理评估大城市（或城市群）建设用地需求对于我国管控和调节不同等级城市用地需求以及耕地保护工作而言非常重要。

当前，在划定城市边界时，建议强化以大城市为核心的城市群的整体规划，淡化单个城市的城市边界概念。应加强以大城市为核心的城市群建设，加强核心大城市与周边中小城镇的协调合作，增强其互联互通性，形成分工明确、合理有序的城市群系统。对小城市边界划定，应该建立在合理人口预测的基础上，正如前文所述，我国很多小城市人口预测过高，导致小城市用地效率低下，给我国耕地保护造成了巨大压力。未来，应结合当前供给侧结构性改革的大背景，一方面要适当加强一些大城市的建设用地供应指标，采取多种方式供地，保障新产业新业态用地供给；另一方面要警惕过高预测中小城市的人口，严格控制中小城市用地过度扩展，注重盘活其内部低效的存量建设用地，提高用地效率。

（四）调整城市建设用地需求结构，增加居住用地供给比例

随着建设用地不断侵占优质耕地，我国粮食安全受到威胁，在分析我国城市建设用地扩展时，一方面，应从宏观视角出发，分析不同规模城市用地的供给情况是否合

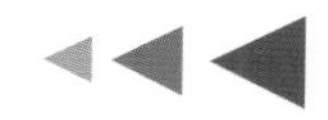

理；另一方面，则从其内部微观的视角出发，分析城市建设用地结构变化的时序特征与空间配置差异，为未来城市建设用地的集约利用以及建设用地指标的供给分配提供理论支持。

合理的城市建设用地结构反映出一定区域内土地资源配置的合理性，以及该区域内社会经济是否健康有序发展。近年来，我国居住用地供给比例较低，国有建设用地供给指标中只有不到20%的建设用地用作居住用地（图1-9），由此引发了城市居住区楼越盖越高的现象。高密度居住区的发展虽然实现了土地集约利用，同时也产生了很多的负面效应，如交通拥挤、采光不足、私密空间保护不够以及停车场严重不足等，这些负面效应大大降低了城市的宜居性。与此同时，工业用地供给比例则一直偏高，尤其是工业园区、开发区、大学城等占用的土地比较多，而这些地区土地本应该更加集约地利用。

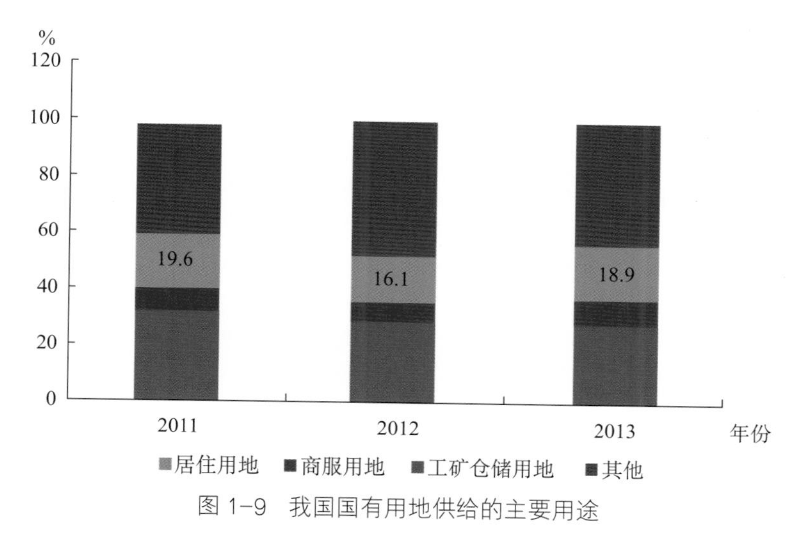

图 1-9 我国国有用地供给的主要用途

1. 增加居住用地的比例

在经济发展的新时代，为实现要素最优配置，提升经济增长的质量和数量，中国开始推行供给侧结构性改革。建设用地结构调整也应关注各种地类的供需平衡，在居住用地供应方面实行“因城施策”，一些三四线城市的目标是去库存，而对于住房需求缺口大的城市，除了加大居住用地供应指标，还应倡导多主体供给，政府不再充当居住用地的唯一提供者，在考虑区域职住平衡的基础上，推广集体土地建设租赁住房，充分利用农村闲置的建设用地。

2. 集约利用工矿仓储用地

首先，应控制工矿仓储用地和政府所属的企事业单位用地供给指标，依据土地投入和产出程度决定土地供需。其次，应配合城市整体设计，科学规划工业用地，使其集中连片，产生规模效应，同时根据不同行业，制定合理的用地标准（面积/产出），增强工业用地附加值。此外，还应建立工业用地动态监测体系和法规体系，强化监督手段，对于批后闲置的工业园区、开发区、大学城等予以相应处罚。

（五）完善耕地“占补平衡”机制，确保新增耕地的质量

为了控制城镇建设用地侵占耕地，1998年中共中央、国务院将“占用耕地补偿制度”写入了《中华人民共和国土地管理法》，并于2004年提出了补充耕地按质量等级折算，再次强调质量和数量的双重补偿。近年来耕地“占补平衡”制度在保护耕地数量平衡方面取得了显著成效，但在实际操作中对于新增耕地质量的重视程度不够，“占优补劣”已成常态。2004年、2008年，国土资源部先后两次发文明确“未经国务院批准，不得跨省域进行耕地占补平衡”，严格规定了耕地的占补平衡必须控制在本省行政区域内。

然而，2016年12月5日，中央全面深化改革小组第三十次会议审议通过了《关于加强耕地保护和改进占补平衡的意见》，提出“对跨地区补充耕地等重大举措，要严格程序、规范运作。”这意味着关于禁止耕地跨省占补平衡的政策出现松动，而从近20年来耕地变化的趋势可以看出，未来耕地很有可能会集中“补”在北方热量和立地条件较差的丘陵山地或者生态相对脆弱、水资源匮乏的干旱半干旱区。这些地区一来自身的自然资源禀赋较差，复种指数较低，粮食单产相对较少，二来缺乏对新增耕地质量的后续提升与管理，也容易引发区域生态安全问题。这就给跨省占补平衡中想要保证耕地数量、质量、生态“三位一体”的要求带来很大的难度。通常经济越发达的地区，耕地后备资源越少，而新疆、黑龙江等经济排名靠后的省份，耕地后备资源数量相对较大。例如，长江中游及江淮地区为了发展经济，1亩耕地被建设用地占用，按照原先规定，需要在本省内补充同样质量和数量的耕地，然而本省的后备耕地资源已接近枯竭，在跨省占补平衡政策松绑以后，耕地价格低廉的西北和东北地区无疑成为补充耕地的绝佳之选。为了满足质量平衡的要求，需要在新疆新增1.94亩，或者在内蒙古东部地区补充4.47亩，又或者在东北平原补充2.49亩耕地（图1-10）。在选择补充耕地的位置时，还要考虑当地的水资源承载力、生态服务价值情况，尽量避免耕地开垦带来的生态危害，综合各方面的困难，可见达到“三位一体”的难度之高。

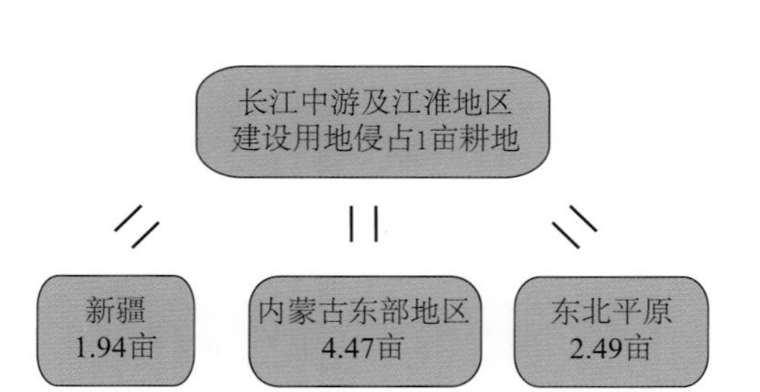

图 1-10 长江中游及江淮地区建设用地侵占耕地与新增耕地的关系

因而未来在执行“占补平衡”政策的过程中，首先要明确耕地空间、城市空间和生态空间的范围，划定永久性基本农田、城市增长边界和生态红线。其次，应重视已有耕地的农业结构调整、土地恢复和土地整理，采取优良品种选育推广、节水灌溉、精准施肥等多种措施。有研究表明，中国粮食总产还有35.5%～68.9%的增产潜力（陈印军等，2016），未来应努力提高现有耕地（尤其是中低产田）的生产潜力，以质量代替数量，以增产代替开垦。

除此之外，要建立补充耕地质量建设与后续管理机制，完善补充耕地质量验收程序，确定补充耕地的质量等级，并且确保新增耕地能够可持续发展。可依据实际情况，推行“占一补一、先补后占、以补定占、等别约束”的办法，以倒逼机制来确定建设占用耕地的数量和质量等别。

由前文可知，“占补平衡”政策下补充的新增耕地通常质量较差，需要对其进行后续的生态保育，保证耕地的可持续发展，具体管理措施可以考虑：

1. 建立补充耕地质量补偿机制，推动耕作层剥离再利用

将补充耕地后续的质量提升、基础设施建设等费用纳入耕地占用成本，以保证新增耕地的产能持续提高。根据2006年、2007年全国土地整治工作的研究，发现新增耕地单产普遍在整治过后的几年内出现不同程度的下降（Du X等，2018），这主要是因为土地机械化平整时对表层土壤有破坏作用。这个问题可以通过耕作层剥离的方法缓解，即占用耕地的单位或当地政府相关部门将所占用耕地耕作层的土壤用于新开垦耕地、劣质地或者其他耕地的土壤改良。耕作层土壤用途广泛，在中低产田改造、灾毁耕地恢复、农村居民点复垦、污染耕地治理、城市园林绿化、贫瘠山地覆土造林等方面都有显著的效益，因此2016年中央1号文件中就有“全面推进建设占用耕地剥离耕作层土壤再利用”的要求。但耕作层剥离再利用的实际操作中仍存在配套政策不够完善，制度保障不够刚性；剥离、运输、存储的经费落实困难；剥离与再利用存在空间和时间差异；技术储备不足等四大难题。尤其是过高的建设投资成本使得用地单位没有主动开展剥离工作

的意愿，缺乏经济可行性。

2. 建立补充耕地经济补偿机制，增强新增耕地保护意识

新补充耕地的质量一开始相对较低，耕作有困难，且可能因地块距离远、位置零散等原因造成农民生产不便。现有的各项粮食补贴难以起到经济激励的作用，因此可对补充的耕地地块额外发放“新增耕地耕种和管护补助费”。同时也应从法律法规的角度出发，建立新增耕地的责任保护制度，明确责任保护主体，增强农民、集体组织以及地方政府对补充耕地的责任意识，奖励地方政府和农民的耕地保护行为。

3. 建立耕地转换生态补偿机制，评估生态服务价值损失

根据测算，中国目前处于耕地过度转换的状态，这其中一个重要原因在于耕地转换中的经济价值容易被人们察觉，而生态价值通常为共享价值，难以在土地市场中体现，因而转换成本低，转换规模大、速度快。我国的新增耕地多来源于草地和林地，而损失耕地中建设用地所占比例不容忽视。通常情况下，耕地的生态系统服务价值当量高于建设用地而低于生态用地（草地、林地、湿地等），我国的耕地转换因此会带来生态系统服务价值的下降（Song W等，2017）。未来应重视建设用地占用耕地的生态补偿以及耕地开垦占用生态用地的生态补偿，并将其纳入土地市场中，作为耕地转换成本中的一部分。

延安治沟造地工程是我国土地整理的一个较为成功的典型案例，实现了质量、数量、生态“三位一体”的发展。该地区是黄河上中游水土流失最为严重的地区之一，为治理水土流失，延安从1999年起退耕还林还草900多万亩，林草覆盖率提升了将近40%，而总耕地面积减少了一半多（张信宝、金钊，2015）。为解决当地的粮食安全问题，延安从2011年开始实施治沟造地工程，这是一个集坝系建设、旧坝修复、荒沟闲置土地开发利用和生态建设为一体的沟道治理新模式。项目实施以来，不仅有效保护了耕地面积、提高了耕地质量、增加了农民收入，同时还促进了退耕还林、生态环境保护，推动了城乡统筹发展和新农村建设，凸显出“1+N”多重效益（陈怡平等，2015）。

（六）调整新一轮退耕还林规模，提高国家耕地保有量

据全国农业区划委员会、中国科学院、农业部、国土资源部等多家机构对全国耕地面积的调查，以及全国第一次、第二次土地调查结果，自20世纪80年代至今，全国耕地面积总量一直未低于20亿亩，平均值为20.35亿亩（表1-5）。也就是说，近30年来

粮食和其他农产品的大量产出均源于20多亿亩耕地的支撑。

当前，我国城镇化进程不断加速，2000—2010年全国城乡建设用地每年占用耕地约300万亩，是1990—2000年的1.5倍。未来，这种城市和农村建设用地"双增长"的趋势还将持续。

表1-5　20世纪80年代至今多个机构与组织对全国耕地面积的调查结果

单位：亿亩

时间	全国农业区划委员会	中国科学院原综合考察委员会	中国科学院遥感所	原国家土地管理局	农业部土肥总站	中国科学院、农业部	全国第一次土地调查	全国第二次土地调查
20世纪80年代	20.95	20.86	20.59	19.87	19.88			
1993年						20.60		
1996年							19.51	
2009年								20.31
2015年								20.25

注：2006年取消农业税前的部分数据在调查和汇总中存在地方瞒报现象。

近年来我国粮食在连续增产的背景下，进口数量却不减反增，2015年已占到粮食总产的20%以上。可以预见，随着城乡居民生活水平的提高，2030年我国人口高峰期粮食需求将进一步增加。但与此同时，耕地"占优补劣"却将全国耕地生产能力降低了约2%。因此，在耕地数量持续下降、粮食需求不断增加、耕地生产能力有所降低以及部分超强度耕种、污染严重的土地需要休耕的背景下，国土资源部门计划将现有约1.5亿亩的陡坡耕地、东北林区或草原耕地、最高洪水控制线范围内的不稳定耕地几乎全部进行退耕还林、还草、还湿，并把国家2030年耕地保有量定位为18.25亿亩，这将会导致耕地数量大幅下降，危及未来我国农产品生产和食物安全。

初步测算，2030年我国粮食消费总需求量将达7.5亿t以上，若满足上述需求，且保证我国粮食总体自给率不低于80%，则全国耕地面积至少应维持在19亿亩以上。综合考虑近年来全国各种占用和补充耕地的数量与趋势，以及后备耕地资源的极其稀缺性，今后我国耕地面积将进入持续下降的阶段，初步计算未来每年国家耕地将净减少100万～200万亩。因此，最大限度地保持耕地数量和质量是今后维持国家食品安全的重中之重，建议国家缩减第二期退耕还林规模，提高耕地保有量。2030年耕地保有量红线应定在19亿亩以上，争取达到20亿亩。

据国土资源部第二次全国土地调查主要数据成果的公报，国土资源部门今后拟退耕的1.5亿亩耕地中坡耕地约6 500万亩，而这其中大于25°的陡坡地大部分前期已经退耕，真正急需退耕的比例其实并不高。尤其在西南山区，不少陡坡地已建成梯田，并不需要退耕。在剩余的一些山区中，有条件的坡耕地也可以进行坡改梯工程，以保证当地人民的基本粮食供给。全国位于林区和部分洪水控制线范围内的耕地约有8 500万亩，其中大多数林区的耕地坡度不大、质量较好，可以择优保留相当一部分继续保持耕作；由于近些年来我国河道、湖泊等来水量大幅减少，位于洪水控制线范围内的耕地安全系数提高，受洪灾的影响降低，耕地质量较好，大部分早被划作基本农田且利用多年，也不宜被全部退耕。经粗略计算，拟退耕的1.5亿亩耕地中有50%以上可保留继续耕作。

此外，近十几年间我国劳动力成本快速上升，农村青壮年劳动力大规模外出务工。山区农业受地形限制难以实现大规模机械化，对劳动力的需求比较高，因而山区坡耕地弃耕现象随处可见（李升发等，2017）。据调查，西南山区的坡耕地弃耕面积已占耕地总面积的15%～30%。对于一些已经撂荒的差地，农户也不会选择为了补贴而造林，这是由于劳动力成本上升后，造林和林木管护的时间机会成本和劳动力机会成本也大幅提高，使退耕还林对农户缺乏吸引力，尤其是在坡度大、立地条件差、优先撂荒的区域，这些区域造林难度更大，投入成本更高，风险相对也更大，中幼林抚育、林产品采集和林木采伐各阶段劳动强度更大，对劳动力的需求量也就更大，因而农民还是更愿意选择外出打工（刘燕、董耀，2014）。

由此可见，传统观念上农民毁林开荒、扩大耕地面积的趋势已经发生了根本性转变，这意味着国家继续投入资金实行大规模退耕还林工程已没有必要，一些撂荒的耕地会随时间逐渐演替为其本身的自然生态系统，反之，一些已经退耕的地会因为补贴问题发生复垦。建议国家应及时缩减退耕还林规模，将退耕地总量控制在1.8亿亩左右。

第一轮退耕还林政策整体而言是一个“自上而下”的政策，多少地需要退耕，应该发给农民多少补贴，退耕之后种什么树都是由政府决定的，缺少农民的参与。所以建议第二轮退耕还林工程中，国家应及时转变工作方式，更多听取农民的意见和想法，让政策“自下向上”推行，在一些地区适当缩减新一轮退耕还林的规模，维护现有退耕还林的成果。为保证耕地数量，对于25°尤其是15°以下宜农的弃园、弃林地以及荒地，可

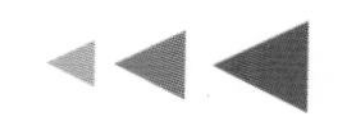

以通过梯改复垦，适当增加耕地存量，15°～25°的坡耕地则需要严格控制退耕。以南方15个省为例，如果土壤侵蚀程度为强度及以上的耕地全部退耕，南方粮食产量将减产7.77%，对我国整体粮食安全构成威胁；如果只退耕坡度为25°以上的耕地，粮食将只减产2.1%；如果将退耕范围缩小到坡度为25°以上强烈侵蚀的耕地，减产比例将仅有0.91%（Lu Q等，2013）。所以应综合考虑退耕地块的坡度与土壤侵蚀程度条件，争取同时保障粮食安全与生态环境。

（七）控制撂荒地规模，有针对性地进行撂荒地管理

保护耕地，是为了保障粮食安全，而保障粮食安全，一方面要有可种的土地，另一方面，也要有愿意种地的农民。目前，除了被建设用地占用，很多耕地被农民撂荒也是土地资源浪费的重要原因。

从现有研究来看，欧洲的许多国家以及美国、澳大利亚、日本等发达国家是耕地撂荒分布最为广泛的国家，这些国家对撂荒地采取的措施值得我们借鉴学习。

欧洲地区的耕地撂荒出现时间早并且发展迅速，为缓解撂荒，欧盟出台了ANC（Areas Facing Natural or Other Specific Constraints）农业发展政策。ANC政策的主要目的是通过财政支援增强土壤贫瘠、人口密度低、经济发展落后地区的农业发展能力和竞争能力，刺激农户继续耕作土地，维护乡村景观和促进环境友好型的可持续农业体系，促进农村可持续发展。根据耕地受到自然条件限制的程度以及耕地的类型划定补贴的标准，目前，欧盟国家中有54%的农业区划入了ANC。该政策的实施减少了落后地区耕地撂荒的规模，但具体到每个国家，由于获得支援的力度不同，实施效果差异很大。

日本农业发展也面临着的耕地撂荒问题，在山区和半山区尤为突出。日本政府在2000年出台了山区半山区直接补贴政策，用于阻止这些地区的农林业衰退。政府规定每个山区农户可以享受的补贴上限平均约为8万日元/hm^2（相当于欧盟面积补贴的2倍多），而且制定了稻作安定经营策略，对种稻农民进行收入补贴。随着这一政策的出台，耕地撂荒增长趋势开始减缓，山区半山区的撂荒增长率逐渐降至与平原地区持平的水平（李升发、李秀彬，2016）。

欧洲和日本的经验表明山区农业补贴能缓解耕地利用边际化，从而减缓耕地撂荒的速度。对于国内的撂荒地而言，撂荒地补贴的时机还未成熟，但对于不同地区的撂荒地可以采取不同的保护措施。前文分析过，撂荒的主要原因在于部分地块耕地质量太差、

农民种植利润过少、补贴不够公平、土地流转机制尚待完善等。针对这些问题，撂荒地管理的主要措施有以下几个方向：

1．因地制宜规划土地，统筹利用耕地

按照土地特点分类规划，合理划定耕地用途。建议将退耕还林还草与解决土地撂荒相结合，统筹考虑，宜粮则粮，宜渔则渔，宜林则林，宜草则草，对于难以改造的撂荒地，可以让其自然恢复演替。对于坡度大于25°、水土流失严重、地块破碎度高的坡耕地，优先考虑退耕或者直接撂荒而不是如何继续耕作，这些土地通常零租金都难以流转出去。对于15°～25°的坡耕地，依据地块的质量有选择地进行退耕或者草田轮作，15°以下的缓坡耕地则尽量改善耕作条件，可适当改造为梯田进行耕作。

2．完善土地流转机制，适度开展规模经营

耕地撂荒最主要的原因是利润不足，而规模经营可以通过降低成本增加农业种植的利润。通过土地流转等措施，能够将撂荒地进行整合，再借助合作社或者公司的经营与服务，可以盘活农村经济，提高土地利用效率，增加农民种植利润。应以目前正在进行的农村产权制度改革为突破口，建立农村土地承包经营权流转服务体系。可考虑发展入股流转、托管流转等多种流转方式，搭建产权交易平台，放活土地经营权。加快农村产权制度改革，完善现有土地流转机制，在坚持“自愿、有偿、依法、规范”原则下，采取转包、转让、入股等方式，使撂荒耕地集中到愿意种田的农业大户。条件具备时，可推行“公司＋基地＋专业合作社＋农户”的产业经营模式。建议省级财政对流转土地给予奖励补贴；在常年土地撂荒达一定年限，通知撂荒农户耕种无果的情况下，建议由村集体讨论并多数通过后，撂荒土地转由其他种植户耕种，同一村农户在同等条件下优先考虑，也可由村集体经济组织统一经营；允许农户以互换形式调换土地，使分散、过小的土地连片集中经营。支持各类市场主体成立土地流转合作社，集中连片经营农村土地，并给予贷款贴息、财政补贴等优惠措施。特别注意的是，在土地流转和农产品加工等环节中，一定要重视保护农户利益。

建议积极建立基层的土地流转中介平台，提高农村土地租赁的市场化程度，以推动平原地区的土地流转，推动全国层面的农业规模经营。基于现有的观察，尤其需要警惕中部地区优质耕地的撂荒。

3．加大农业资金投入，改善基础设施建设

耕地撂荒的另一个重要原因是地块质量较低以及农业基础设施不足，因而应继续在

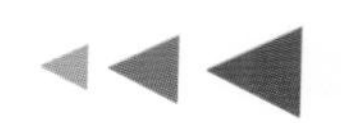

农业基础设施建设方面着力，并加强农业基础设施的日常维护。在农业项目和资金的安排上，应对新农村建设、农村交通建设、人畜饮水工程、扶贫开发等各种涉农项目和资金进行整合，加大政府财政投入并引导和促进社会多渠道投资农业，把有限资金用到重点区域和关键部位，比如农业科技以及水利等农业基础设施建设等方面。可采取政府补贴与农民自购相结合，推广小型、多功能复合型农业机械，扩大机械耕种区域。同时做好防灾、减灾工作，注重提高农业抵御自然灾害能力。

我们在一些平原地区的农户调研中发现，大部分撂荒土地都发生在靠天吃饭的地方，农田水利设施严重落后于农业生产经营的实际需要。据《2016中国统计年鉴》资料显示，目前我国农村16 637.4万hm^2的农作物总播种面积中，仅有39.6%的耕地为有效灌溉面积。在一些南方地区走访调查显示，很多平原地区“双改单”“水改旱”的“隐性撂荒”也是由于地块的灌溉条件不足造成的。

4. 发展特色农业，提高优质农产品比重

耕地撂荒多发生在山区，应充分发挥丘陵、山区地域资源优势，提高农业特别是种植业综合经济效益，培育农民增收新领域。当前重点应集中在促进丘陵地区从粮食为主的单一结构向粮、经、饲、林（草）等多元结构转变，迎合市场消费升级的需求，逐步提高优质粮油、优质畜禽、优质水产品和专用农产品比重，实现通用型品种结构向专用型品种结构转变并加强特色农产品的市场营销。

随着生活水平的提高，健康养生产业的兴起，人们对食物的品质提出了更高的要求，绿色有机产品受到大众的青睐。可借助消费升级的东风，搭上“互联网+”的快车，发展现代农业贸易，拓展销售渠道，实行农产品原产地名称保护制度，提高山区农产品的品牌价值，使山区农业多样化发展。我们在进行山区撂荒地调研时，发现近些年山区特色农业散发出勃勃生机，比如在太行山区，一些回乡的企业家们选择了核桃、连翘、黑猪肉等特色农产品，不仅充分利用了土地，还为当地农民提供了就业机会。

5. 保证农业补贴公平，明确补贴对象

整合现行粮食直补、综合直补、水稻良种等补贴，改为“种粮补贴”，以提高补贴实效。对补贴对象明确规定为“粮农”，而不是承包土地的农民，保证粮食补贴能够发放到真正种粮人手中。条件成熟后，可实行以种的粮食产量或销售量为依据的补贴政策。

6. 保护有代表性的山区农耕文化

梯田作为一种山区耕作方式，展现了人类适应与改造自然的智慧。但当前梯田耕作也存在着劳动力强度高、垮塌修复成本高等问题，容易发生撂荒。应对有代表性的山区农耕文化或具有较高生态价值的山区农村进行保护，采取特殊农业补贴或支持旅游发展等措施以维持生态适宜、人地和谐的农耕文化和景观，促进山区农村的可持续发展。课题组在湖南紫鹊界梯田调研时了解到，当地政府鼓励梯田景区内的农民回乡开农家乐，并给予一定补贴激励他们维护耕作自家的梯田，将梯田的文化价值与生产价值都充分发挥出来。

五、保护耕地生产能力的若干重点工程

（一）建设用地减量化工程

截至2015年末，我国共有建设用地约5.79亿亩，国内生产总值68.90万亿元，按照“十三五”规划纲要提出的单位国内生产总值建设用地使用面积下降20%、国内生产总值达到90万亿元的目标，到2020年大约还有2 600万亩建设用地新增指标。

截至2014年末，我国城镇工矿建设用地中，低效用地约750万亩，占全国城市建成区的11%。农村居民点闲置用地面积达3 000万亩左右，相当于现有城镇用地规模的四分之一，低效用地达9 000万亩以上，相当于现有城镇用地规模的四分之三。此外，对村庄内部土地利用情况的抽样调查显示，农村宅基地占村庄建设用地比重大约为63%，公共管理与公共服务用地的提升空间较大，其占比不到城镇中该项比重的四分之一。

综上所述，建设用地减量化工程应首先着力于农村居民点的闲置用地，尤其是闲置宅基地的整治工作，其次是城镇中利用效率较低的工矿用地。

1. 农村居民点整治工程

根据第二次全国土地调查变更数据，2012年中国农村居民点规模占全国建设用地总面积的51.06%。据国土资源部数据，2015年我国农村居民点人均建设用地面积高达300m^2，是国家《村镇规划标准》（GB 50188—93）中人均建设用地指标上限（150m^2）的2倍。根据联合国人口与发展委员会预测，到2030年我国还将有2.2亿农村人口进入城市（图1-11），因而我国城镇用地未来还将呈持续增长的态势。

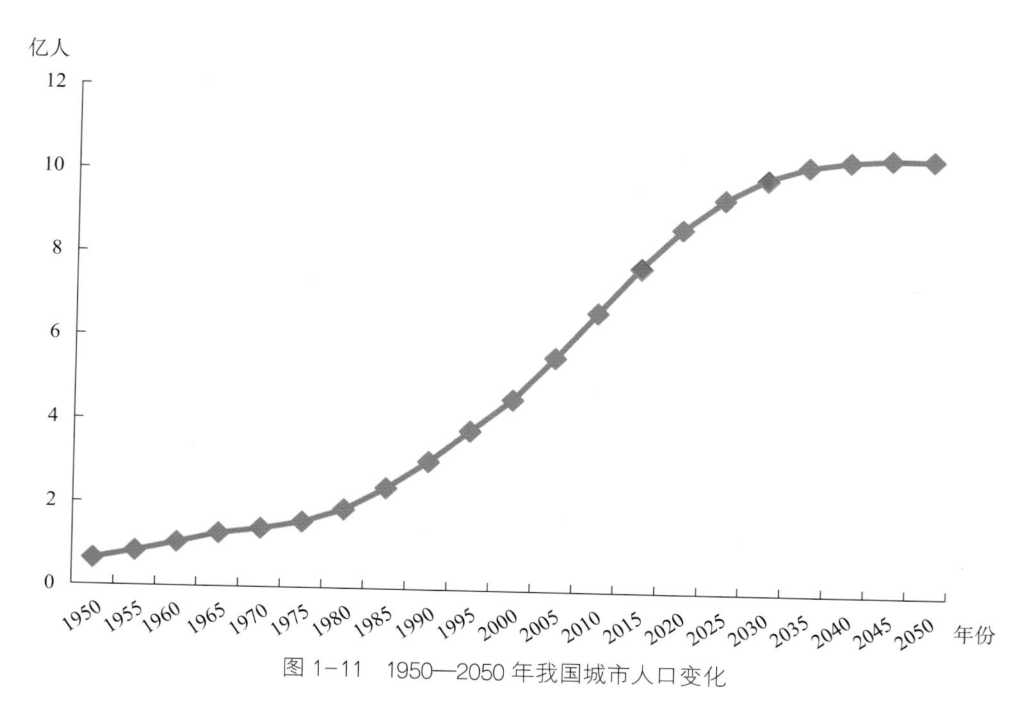

图 1-11　1950—2050 年我国城市人口变化

农村人口的下降以及目前过高的人均建设用地面积都能为耕地增加提供潜在的空间，尤其是在较为发达的平原地区，农村居民点的整理可能是未来新增耕地最主要的来源，这是因为林草地及水域湿地调整转化为耕地会受到生态保护的制约，而建设用地整理复垦则在有资金支持的情况下较易开展，可以推测今后建设用地整理复垦补充耕地的面积将呈持续增加的态势。1987—2010年江苏省的新增耕地中有近60%来自农村居民点整理，在较为发达的苏南地区这个比例甚至更高（陈昌玲等，2016）。

通过初步核算，通过对农村闲置、废弃、散乱的居民点用地进行整治复垦，到2030年，全国可净增加耕地面积约为1.2亿亩左右。工程实施区域应集中在平原地区，包括黄淮海平原、长江中下游平原、东北平原、江汉平原、汉中盆地、四川盆地。整治过后的农村居民点在区位条件、聚集程度上都有所上升，可以有效降低交通、教育和医疗设施建设成本，降低耕作难度，农民的生活也因此更为便捷。

闲置宅基地具体处理方式上，可以采取鼓励农民有偿退出农村闲置宅基地和闲置农房，鼓励农民对闲置农房进行改造升级，鼓励进行宅基地复垦，严格控制城市居民在乡村购房等措施。

2. 工矿用地整治工程

由于我国工业化先于城镇化的发展模式，1990—2015年工矿用地快速扩张，导致耕地面积减少2 610万亩，约占新增工矿用地面积的56%，直接导致粮食产能损失约649万t，

因工矿用地扩张可能会对周边耕地造成污染，其间接影响的粮食产量达8 320万t（刘爱琳等，2017）。同时，工矿用地长期供应比例偏高，存量建设用地较多，整治潜力较大。2004年国土资源部开展的城镇存量建设用地资源专项调查结果表明，工矿用地闲置的情况最为严重，在建设用地闲置比例中占51.6%，涉及土地约800万亩（林坚等，2008）。

我国工矿用地的分布与耕地分布有很强的重叠性，在黄淮海平原、长江中下游平原、四川盆地、东南沿海等地区较为集中，因而建议从这些区域着手，重点关注资源枯竭型城市，整治闲置工矿用地，提高开发区、工业园、大学城等用地效率。整治后依据当地情况，选择复垦为耕地或进行生态修复和景观重建。如果闲置建设用地中70%能够复垦成耕地，可以新增耕地560万亩。其中，全国重点煤炭基地土地复垦重大工程能够补充耕地面积约225万亩。

（二）撂荒地再利用工程

随着我国工业化和城镇化进程的快速发展，农业劳动力向二、三产业迅速转移，导致农村地区农业劳动力大量减少，继而在以山地丘陵为代表的边际地区出现大范围的耕地撂荒现象。西南财经大学中国家庭金融调查与研究中心对全国29个省、262个县市的住户跟踪调查发现，2011年和2013年分别有13.5%和15.0%的农用地处于闲置状态，未来这一数字可能会更高。

因此，为防止南方丘陵山区耕地大量撂荒，解决因农业劳动力大量流失造成的土地无人耕种的问题，国家亟须在南方低缓丘陵区和西南丘陵山区实施撂荒地再利用工程。主要内容包括：

山区地块分散零碎，亟须进行土地平整、农田重划、机耕道修建等辅助工程。针对山区地块小、耕地规模不大的问题，国家应该增加投入，发展适合山区耕地种植的微耕机或其他小型农业机械，降低耕作的难度。

耕地流转对减轻土地撂荒有显著的效果。中国家庭收入调查（CHIP）数据显示，平原地区的土地流转能有效利用耕地资源，防止土地撂荒。课题组的调查数据也显示，在耕地流转率高的村，耕地撂荒率明显低于耕地流转率低的村庄。因此，应鼓励当地农户参加土地流转，尽可能扩展田块面积，使其更适宜机械化操作，提高劳动生产率。

在西南山区，大量坡耕地撂荒。这些撂荒地水热条件好，可以积极探索耕地—草地

转化路径。随着我国人民生活水平的提高，老百姓对畜牧业产品需求显著增加。我国是个多山的国家，山地面积大，山区耕地—草地转化不仅能够降低土地利用强度，减少水土流失，对增加畜牧产品、缓解食物的供需矛盾也具有重要意义。

（三）实施新增耕地的粮草轮作工程

根据前面的研究，我国发生了大规模的耕地转移。新增耕地主要分布在中国的东北和西北地区。毁林开垦和沙化地耕种等行为造成了我国严重的水土流失和风沙危害，洪涝、干旱、沙尘暴等自然灾害更是频频发生，人民群众的生产、生活受到严重影响，国家的生态安全更是受到严重威胁。为了保护我国耕地和稳定提高新增耕地的肥力，建议在我国推广实施草田轮作工程。草田轮作制度特别是以豆科牧草为主的草田轮作，既能提升耕作土壤肥力，增加土壤团粒结构，改善土壤理化、生物性状，减少化肥污染，又能防止耕地土壤侵蚀、沙化、盐碱化等土地退化，同时又是大力发展草食畜牧业的重要支撑。

新增耕地的粮草轮作工程实施重点区域在东北地区、农牧交错带和西北干旱区。东北地区应推行粮—饲（青贮／牧草）为主的农作制，牧草种植比例为10%～20%；农牧交错区应以牧为主，农牧结合，实行粮—饲（牧草／青贮）农作制，牧草面积可占20%～40%；西北干旱区应推行粮—经（棉、果）—饲（牧草／青贮）农作制，农区牧草种植比例可为10%～30%，草原牧区牧草种植比例可达50%左右。

根据课题组估算，1990—2010年，新疆、内蒙古和东北新增耕地在5 500万亩以上。这些新增耕地地处生态脆弱地带，容易引起沙漠化和水土流失，因此，应该对这些地区新增耕地实行粮草轮作制度，改善其土壤理化性质，增加土壤肥力，同时防止耕地沙化、盐渍化和水土流失，实现既可提升新增耕地质量，又能维护区域生态安全的目标。

（执笔人：李圆圆　谈明洪　段倩雯）

专题报告二

耕地土壤肥力提升战略研究

一、耕地土壤肥力变化态势分析

耕地是关系到国民经济和社会可持续发展的战略性资源，其利用和供给情况对国家粮食安全和经济发展有着重要的影响（Kong，2014）。近年来随着我国社会经济的快速发展，城镇化和工业化进程的不断推进，大量的耕地资源被建设占用，耕地资源约束日益突出，主要表现在耕地数量锐减和耕地质量日趋衰退两个方面（张凤荣，2014）。2013年公布的全国第二次土地调查结果表明，全国耕地面积1.36亿hm^2，总量大但人均耕地小，仅为世界人均数量的45%。相对于耕地数量方面的问题，耕地质量的下降是隐形的，不易被发现，却对国家粮食安全产生重要影响（郧文聚等，2008）。我国耕地存在整体质量偏低、中低产田比例大、障碍因素多、退化和污染严重、占优补劣等诸多问题，迫切需要我们采取耕地质量提升措施，提高我国耕地质量（陈印军等，2011；徐明岗等，2016）。

耕地土壤肥力是耕地质量的重要基础，是指土壤的肥沃与瘠薄状况，是土壤保障农作物有效吸取养分和生产农产品的根基。土壤有机质含量是表征耕地土壤肥力的重要因素，是土壤固相部分的重要组成部分，泛指以各种形态和状态存在于土壤中的各种含碳有机化合物，是土壤中细小非生物体形式的天然有机物的总称，且土壤的许多属性都直接或间接与其有关。土壤有机质含量的多少直接影响着土壤的保肥性、缓冲性、耕性、供肥性以及土壤的通气状况和土壤湿热状况等，土壤有机质含量减少会导致土壤其他养分减少，如缺氮、磷等。目前，我国约有2/3的土地属于中低肥力土壤（曹志洪，2008）。在人口持续增长、生态环境恶化、耕地数量不断减少的背景下，如何科学合理地提升耕地土壤肥力是我国目前面临的巨大挑战。

（一）耕地土壤肥力整体基础薄弱，区域差异大

根据联合国粮食及农业组织（FAO）数据，我国耕层土壤有机质含量平均值为18.63g/kg，低于东亚土壤有机质含量平均水平（25.58g/kg）和亚洲土壤有机质含量平均水平（23.67g/kg），仅为世界土壤有机质含量平均值（32.54g/kg）的57%。同其他地区相比，我国耕层土壤有机质含量仅略高于中亚、西亚、北非、南部非洲和西非

等地区，不仅低于南亚（19.49g/kg）、南欧（22.27g/kg）等地区，更远低于东南亚（44.37g/kg）、北美（50.29g/kg）、北欧（72.56g/kg）等地区。综上所述，我国耕地土壤肥力基础薄弱，居世界中下游水平（图2-1）。

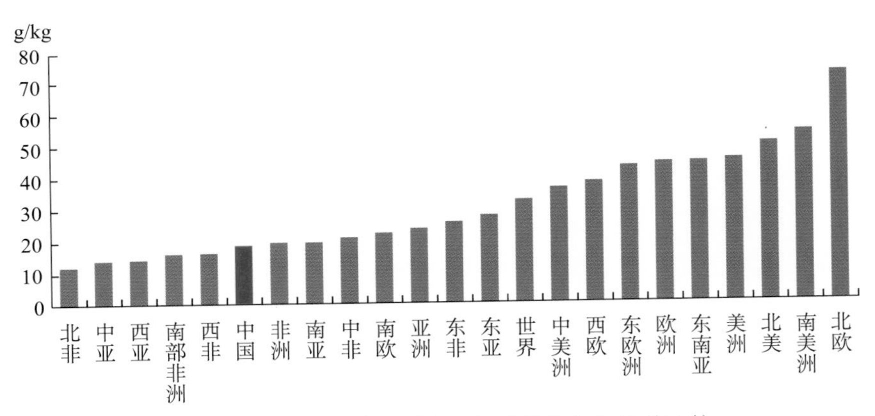

图2-1 中国耕地有机质含量与世界其他地区的比较

依据全国第二次土壤普查汇总数据，统计整理出分省耕作土壤平均有机质状况，可知我国耕地土壤肥力空间差异较大（王卫、李秀彬，2002）（图2-2）。黑龙江省平均耕层土壤有机质含量最高，为37.48g/kg，是全国平均值18.63g/kg的近两倍，是平均耕地有机质含量最低的山东省的近四倍。贵州、云南、湖南和浙江等地土壤有机质含量较高，介于28.18～31.00g/kg，比全国平均值高了五六成。山东、陕西、山西等地土壤有机质含量较低，介于9.8～10.93g/kg，约为全国平均值的六成。安徽、四川和海南等地土壤有机质含量居中，为16.29～18.71g/kg，与全国平均水平相近。

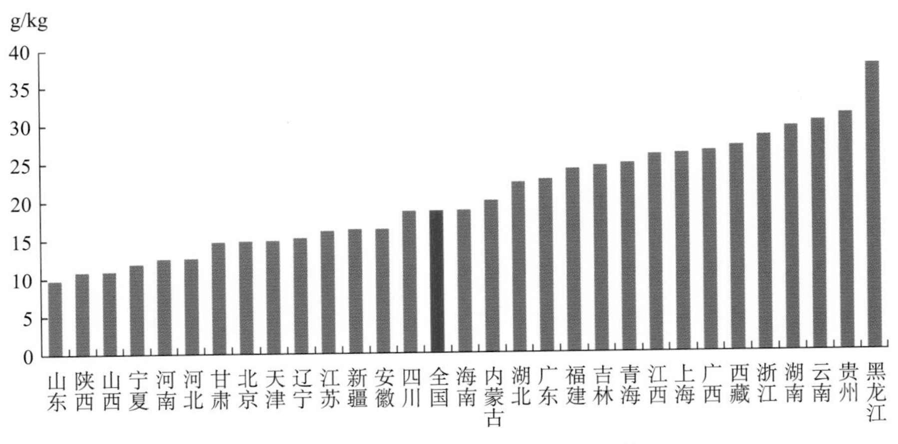

图2-2 全国各省份耕地有机质含量差异

（二）不同区域耕地土壤有机质含量有升有降，东北区下降明显

依据自然、经济相结合的地域分异规律，综合目前已有的反映不同区域的农业生产条件、特征及其发展方向和建设途径的综合分区，将全国划分为东北区、黄淮海区、长江中下游区、华南区、内蒙古高原及长城沿线区、黄土高原区、西南区、西北区以及青藏高原区九大区。

课题组依据收集到的1980年1 184个、2010年574个全国范围内耕地土壤剖面点耕层养分数据，结合上述分区以及第二次土壤普查时期的养分分级标准（表2-1），对近30年我国不同区域耕层土壤有机质含量变化情况进行对比分析。其中，1980年的剖面点耕层养分数据源于第二次土壤普查剖面数据，来自中国农业科学院农业资源与农业区划研究所数字土壤实验室制作的“中国土壤科学数据库2011版”；2010年的剖面点耕层养分数据源于在中国期刊网和维普科技期刊网上收集的大量相关研究文献中的研究数据。

表2-1　土壤养分分级标准

单位：g/kg

土壤养分级别	有机质含量
1	>40.0
2	30.0 ~ 40.0
3	20.0 ~ 30.0
4	10.0 ~ 20.0
5	6.0 ~ 10.0
6	<6.0

从土地利用方式上看，1980—2010年东北区旱地和水田的耕层有机质含量均呈下降趋势，其中旱地有机质含量下降明显，平均值由38.0g/kg降至25.3g/kg，减少了12.7g/kg，依据第二次土壤普查时期的养分分级标准，降低了1个养分等级；水田有机质含量下降程度相对较小，平均值由26.5g/kg降至21.6g/kg，减少了4.9g/kg，养分等级未发生变化。

黄淮海区旱地有机质含量相对稳定，平均值增加了0.8g/kg，养分等级未发生变化；水田有机质含量下降明显，由21.0g/kg降至12.9g/kg，降低了1个养分等级。长江中下游区有机质含量相对稳定，旱地有机质含量较1980年增加1.3g/kg，水田有机质含量较1980年略有下降，二者养分等级均未发生显著变化。

西南区旱地与水田的有机质含量水平较1980年均呈现下降趋势，旱地有机质含量比1980年下降0.9g/kg，水田有机质含量平均值由34.2g/kg降至29.5g/kg，减少了4.7g/kg，下降了1个养分等级。华南区旱地有机质含量由27.7g/kg降至26.3g/kg，减少了1.4g/kg，水田有机质含量下降了0.4g/kg。黄土高原区旱地有机质含量由18.5g/kg增至20.4g/kg，增加了1.9g/kg，提高了1个养分等级。内蒙古高原及长城沿线区旱地有机质含量较1980年增加了1.8g/kg，水田有机质含量由23.1g/kg降至17.7g/kg，下降了5.4g/kg，降低了1个养分等级。西北区的土地利用方式为旱地，其有机质含量基本保持稳定。青藏高原区旱地有机质含量呈现较大幅度的下降趋势，较1980年有机质含量减少18.1g/kg，下降了2个养分等级（表2–2）。

表2–2　1980—2010年全国九大区不同土地利用方式耕层有机质含量变化

单位：g/kg

区域	土地利用类型	平均有机质含量			养分标准级别		
		1980年	2010年	变化量	1980年	2010年	变化量
东北区	旱地	38.0	25.3	–12.7	2	3	–1
	水田	26.5	21.6	–4.9	3	3	0
黄淮海区	旱地	16.9	17.7	0.8	4	4	0
	水田	21.0	12.9	–8.1	3	4	–1
长江中下游区	旱地	24.2	25.5	1.3	3	3	0
	水田	25.5	24.9	–0.6	3	3	0
西南区	旱地	27.4	26.5	–0.9	3	3	0
	水田	34.2	29.5	–4.7	2	3	–1
华南区	旱地	27.7	26.3	–1.4	3	3	0
	水田	26.8	26.4	–0.4	3	3	–1
黄土高原区	旱地	18.5	20.4	1.9	4	3	1
	水田	—	—	—	—	—	—
内蒙古高原及长城沿线区	旱地	20.4	22.2	1.8	3	3	0
	水田	23.1	17.7	–5.4	3	4	–1
西北区	旱地	23.6	23.5	–0.1	3	3	0
	水田	—	—	—	—	—	—
青藏高原区	旱地	35.3	17.2	–18.1	2	4	–2
	水田	—	—	—	—	—	—

从土壤质地的角度上看，1980—2010年东北区壤土类、黏土类耕地土壤有机质含量均呈现下降趋势，壤土类耕层有机质含量下降相对显著，平均值由29.8g/kg下降至22.3g/kg，减少了7.5g/kg，依据第二次土壤普查时期的养分分级标准，养分等级未发生变化；黏土类耕层有机质含量由31.9g/kg下降至26.6g/kg，减少了5.3g/kg。

黄淮海区砂土类和黏土类耕地土壤有机质含量均呈下降趋势，砂土类耕层有机质含量由15.1g/kg降至8.0g/kg，减少了7.1g/kg，降低了1个养分等级；黏土类土壤有机质降幅较小，减少了3.2g/kg；壤土类耕层有机质含量则基本保持稳定，由16.6g/kg变化为17.8g/kg，增加了1.2g/kg，养分等级未发生变化。

长江中下游区砂土类以及黏土类耕层土壤有机质含量均呈现下降趋势，其中黏土类土壤有机质含量下降相对明显，由27.4g/kg降至18.9g/kg，下降了8.5g/kg，降低了1个养分等级；砂土类土壤有机质含量降幅相对较小，30年间平均有机质含量减少了3.50g/kg；壤土类耕层土壤有机质含量则基本保持稳定，由21.8g/kg变化为23.5g/kg，增加了1.8g/kg，养分等级未发生变化。

西南区壤土类耕层土壤有机质含量呈现下降趋势，平均土壤有机质含量由1980年的35.8g/kg下降至2010年的28.4g/kg，共减少7.4g/kg，降低了1个养分等级；砂土类及黏土类耕层土壤有机质含量则呈现增长趋势，其中，砂土类土壤有机质含量提升相对明显，平均土壤有机质含量由17.1g/kg升高至24.0g/kg，增加了6.9g/kg，提升了1个养分等级；黏土类平均土壤有机质含量增幅较小，为2.5g/kg，养分等级未发生变化。

华南区黏土类和黏壤土类耕层土壤有机质含量均呈现下降趋势，其中黏土类土壤有机质含量下降显著，平均土壤有机质含量由1980年的30.1g/kg下降至2010年的17.5g/kg，共减少12.6g/kg，降低了2个养分等级；黏壤土耕层土壤有机质含量下降了1.9g/kg，但养分等级未发生变化；砂土类以及壤土类耕层土壤有机质含量呈稳中小幅上升趋势，较1980年分别增加了1.50g/kg、2.50g/kg，养分等级保持不变。

黄土高原区黏土类耕层土壤有机质含量减少了1.80g/kg，但养分等级未发生变化；壤土类耕层土壤有机质含量呈上升趋势，由16.0g/kg升高至20.6g/kg，增加了4.6g/kg，提升了1个养分等级。

内蒙古高原及长城沿线区黏土类耕层土壤有机质含量下降显著，平均土壤有机质含量由1980年的24.4g/kg下降至2010年的15.0g/kg，减少了9.4g/kg，降低了1个养分等级；壤土类土壤有机质含量呈现增长趋势，较1980年共增加了4.2g/kg，提升了1个养分等级。

西北区壤土类土壤有机质含量呈现下降趋势，较1980年土壤有机质含量共下降了2.1g/kg，但养分等级未发生变化（表2-3）。

表2-3　1980—2010年全国各分区不同土壤质地耕层有机质含量变化

单位：g/kg

区域	土壤质地	平均有机质含量			养分标准级别		
		1980年	2010年	变化量	1980年	2010年	变化量
东北区	壤土类	29.8	22.3	−7.5	3	3	0
	黏土类	31.9	26.6	−5.3	2	3	−1
黄淮海区	砂土类	15.1	8.0	−7.1	4	5	−1
	壤土类	16.6	17.8	1.2	4	4	0
	黏土类	18.7	15.5	−3.2	4	4	0
长江中下游区	砂土类	20.9	17.5	−3.5	3	4	−1
	壤土类	21.8	23.5	1.8	3	3	0
	黏土类	27.4	18.9	−8.5	3	4	−1
西南区	砂土类	17.1	24.0	6.9	4	3	1
	壤土类	35.8	28.4	−7.4	2	3	−1
	黏土类	26.1	28.6	2.5	3	3	0
华南区	砂土类	16.0	17.5	1.5	4	4	0
	壤土类	24.7	27.2	2.5	3	3	0
	黏壤土类	29.9	28.0	−1.9	3	3	0
	黏土类	30.1	17.5	−12.6	2	4	−2
黄土高原区	壤土类	16.0	20.6	4.6	4	3	1
	黏土类	14.8	13.0	−1.8	4	4	0
内蒙古高原及长城沿线区	壤土类	17.1	21.3	4.2	4	3	1
	黏土类	24.4	15.0	−9.4	3	4	−1
西北区	壤土类	26.7	24.7	−2.1	3	3	0

从土壤类型的角度上看，1980—2010年东北区黑土、黑钙土、白浆土及草甸土耕层有机质含量均有不同程度的下降，其中，黑土、黑钙土耕层有机质含量下降显著，黑土平均土壤有机质含量由1980年的41.7g/kg下降至2010年的24.4g/kg，减少了17.3g/kg，降幅为41.5%，降低了2个养分等级；黑钙土平均土壤有机质含量由1980年的36.5g/kg下降至2010年的19.9g/kg，减少了16.6g/kg，降低了2个养分等级；白浆土平均土壤有

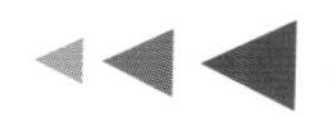

机质含量减少了13.2g/kg，降低了1个养分等级；草甸土平均土壤有机质含量减少了0.8g/kg，但养分等级未发生变化。

黄淮海区潮土和褐土耕层土壤有机质含量变化较小，其中潮土耕层土壤有机质含量增加了1.9g/kg，褐土耕层土壤有机质含量减少了1.3g/kg，二者养分等级均未发生变化。

长江中下游区水稻土和红壤耕层土壤有机质含量变化不大，二者养分等级均未发生变化，其中水稻土耕层土壤有机质含量由1980年的27.8g/kg下降至2010年的23.4g/kg，降低了4.4g/kg，红壤耕层土壤有机质含量1980年的22.1g/kg升高至2010年的27.3g/kg，增加了5.2g/kg。

西南区黄壤、水稻土和紫色土耕层土壤有机质含量均呈下降趋势，其中黄壤和水稻土耕层土壤有机质含量分别减少了5.2g/kg和4.1g/kg，均降低了1个养分等级，紫色土耕层土壤有机质含量减少了3.1g/kg，但养分等级未发生变化。

华南区赤红壤和砖红壤耕层土壤有机质含量均呈下降趋势，其中赤红壤耕层土壤有机质含量由1980年的32.4g/kg下降至2010年的28.4g/kg，减少了4.0g/kg，降低了1个养分等级；砖红壤耕层有机质含量减少了2.8g/kg，养分等级未发生变化；水稻土耕层有机质含量基本保持稳定，平均值由27.0g/kg变化为27.2g/kg。

黄土高原区褐土耕层有机质含量由1980年的25.6g/kg下降至2010年的23.4g/kg，减少了2.2g/kg，但养分等级未发生变化；黄绵土和灰钙土耕层有机质含量则呈增加趋势，其中黄绵土耕层有机质含量增加了2.2g/kg，养分等级未发生变化；灰钙土耕层有机质含量增加相对显著，平均值由1980年的13.7g/kg提升至2010年的20.3g/kg，增加了6.6g/kg，提升了1个养分等级（表2-4）。

表2-4　1980—2010年全国各分区不同土壤类型耕层有机质含量变化

单位：g/kg

区域	土壤类型	平均有机质含量			养分标准级别		
		1980年	2010年	变化量	1980年	2010年	变化量
东北区	黑土	41.7	24.4	−17.3	1	3	−2
	黑钙土	36.5	19.9	−16.6	2	4	−2
	白浆土	29.5	16.3	−13.2	3	4	−1
	草甸土	32.5	31.6	−0.8	2	2	0

（续）

区域	土壤类型	平均有机质含量			养分标准级别		
		1980 年	2010 年	变化量	1980 年	2010 年	变化量
黄淮海区	潮土	13.7	15.7	1.9	4	4	0
	褐土	24.3	23.1	−1.3	3	3	0
长江中下游区	水稻土	27.8	23.4	−4.4	3	3	0
	红壤	22.1	27.3	5.2	3	3	0
西南区	黄壤	32.6	27.4	−5.2	2	3	−1
	水稻土	31.2	27.1	−4.1	2	3	−1
	紫色土	28.1	25.0	−3.1	3	3	0
华南区	赤红壤	32.4	28.4	−4.0	2	3	−1
	水稻土	27.0	27.2	0.2	3	3	0
	砖红壤	26.3	23.5	−2.8	3	3	0
黄土高原区	褐土	25.6	23.4	−2.2	3	3	0
	黄绵土	15.5	17.7	2.2	4	4	0
	灰钙土	13.7	20.3	6.6	4	3	1

（三）化肥过量施用，有机肥投入不足，土壤酸化呈加剧态势

过去几十年中，随着农业集约化程度的提高，我国化肥使用强度不断增加，已成为世界上最大的化肥生产国和消费国。据统计，我国2014年化肥施用量达5 996万t，占世界化肥使用量的三分之一，单位面积耕地化肥使用量高达567kg/hm^2（张灿强等，2016），整体呈东南投入高、西北投入少的趋势，福建、广东、河南、湖北、江苏等地化肥使用量高达690kg/hm^{2}以上（刘玉明等，2016）。FAO数据显示，2014年我国单位面积耕地化肥使用量居各粮食主产国之首，是世界平均水平（141kg/hm^2）的4倍多，是发达国家规定的安全上限（225kg/hm^2）的2.5倍，是中国生态县建设规定的250kg/hm^{2}的2.3倍。

我国化肥过量施肥的同时，氮磷钾施肥不平衡的现象依然存在，特别是氮肥过量、钾肥不足的现象在不少地区依然存在。我国小麦—玉米、水稻—小麦和水稻—水稻三种两季植物耕作系统的单位面积氮肥施用量常常超过500kg/hm^2，但是氮的植物吸收效率仅为30%～50%，如此大量氮肥的快速使用以及较低的氮肥吸收率意味着将有大量的氮肥流失，对土壤环境造成负面影响。

在化肥过量施用、施肥结构失衡、氮肥过量施用的同时，我国有机肥施用严重不

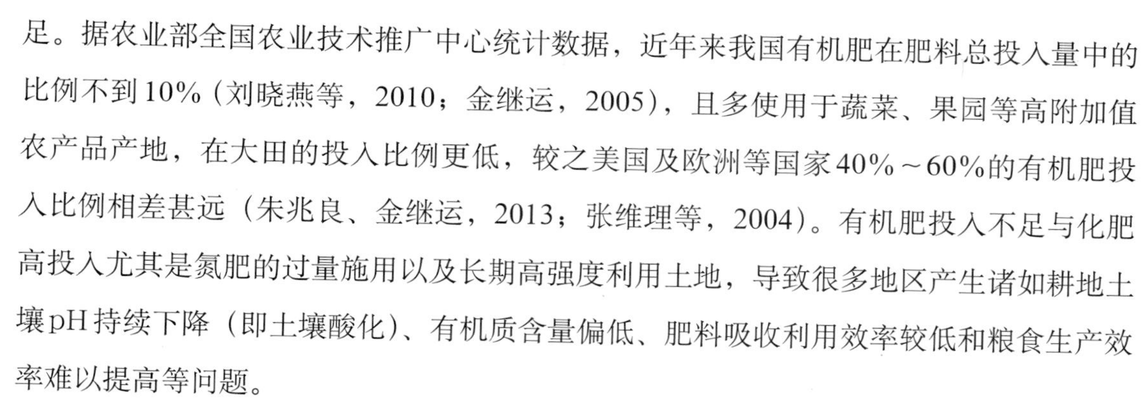

足。据农业部全国农业技术推广中心统计数据，近年来我国有机肥在肥料总投入量中的比例不到10%（刘晓燕等，2010；金继运，2005），且多使用于蔬菜、果园等高附加值农产品产地，在大田的投入比例更低，较之美国及欧洲等国家40%～60%的有机肥投入比例相差甚远（朱兆良、金继运，2013；张维理等，2004）。有机肥投入不足与化肥高投入尤其是氮肥的过量施用以及长期高强度利用土地，导致很多地区产生诸如耕地土壤pH持续下降（即土壤酸化）、有机质含量偏低、肥料吸收利用效率较低和粮食生产效率难以提高等问题。

中国农业大学张福锁等对过量使用化肥引起的土壤酸化趋势进行了研究（Guo J H等，2010）。他们对比20世纪80年代土壤测定结果与最近10年的测量结果，结合过去25年来中国农业地区严密监测所获得的数据，结果表明，我国耕地已经大面积的发生酸化，从20世纪80年代早期至今，中国境内耕作土壤类型的pH下降了0.13～0.80，53.2%土壤的pH下降程度超过0.50，其中，南方地区耕地土壤酸化最为显著。

此外，湖南省土肥系统34个土壤肥力监测点数据表明，近30年来湖南省土壤平均pH由6.4下降到5.9，下降了0.5个单位，其中最大幅度下降了2.1个单位（文星等，2013）。耕地土壤强酸化面积（pH4.5～5.5）由20世纪80年代的49万hm^2增加到目前的146万hm^2；另据江西省调查数据，鄱阳湖地区耕地强酸性土壤的面积比例由第二次土壤普查时的58.2%增加到2011年的78.4%，土壤酸化趋势加剧。

（四）区域耕地土壤肥力具有较大的提升空间

将2010年各区域农田主要土壤类型的耕层有机质含量与课题组收集的相应区域内大量定位试验中最优施肥方式下的耕层有机质含量进行对比，分析各区域主要土壤类型的耕地有机质含量提升潜力。同时，将纬度、自然气候条件与农业发展情况相似的我国各分区与美国地区进行对比，分析各区域耕地有机质含量提升潜力。

1. 与试验站最优施肥方式下耕层有机质含量相比，我国黄淮海区潮土有机质含量提升潜力较大

将2010年各区域农田主要土壤类型的耕层有机质含量与课题组收集的相应区域内大量定位试验中最优施肥方式下的耕层有机质含量进行对比，分析各区域主要土壤类型的耕地有机质含量提升潜力（表2-5）。黄淮海区农田主要土壤类型为潮土，在长期氮肥配施有机肥的最优施肥条件下，有机质含量可达43.20g/kg，2010年黄淮海区潮土有

机质含量平均为15.68g/kg，提升空间约为27.52g/kg，提升潜力较大。长江中下游区水稻土有机质含量也有较大的提升空间，2010年平均有机质含量为24.88g/kg，在磷钾肥配施有机肥的处理下可达43.20g/kg，提升空间约为18.32g/kg。西南区紫色水稻土有机质含量提升空间约为17.21g/kg，2010年有机质含量平均为24.99g/kg，在施有机肥的处理下可达42.20g/kg。东北区黑土农田有机质含量在氮磷钾肥配施“循环有机肥”的最优施肥方式下可达56.27g/kg，2010年有机质含量平均为41.71g/kg，提升潜力约为14.56g/kg；棕壤农田有机质含量提升空间相对较小，约为4.99g/kg。华南区水稻土2010年有机质含量平均为27.16g/kg，在氮磷钾肥配施有机肥的最优施肥条件下可达39.74g/kg，土壤有机质含量提升空间约为12.58g/kg。西北区灰漠土农田有机质含量具有一定的提升空间，约为11.62g/kg。黄土高原区农田有机质含量提升空间相对较小，褐土约5.96g/kg，黄绵土约2.05g/kg。长江中下游区红壤和西南区红壤的有机质提升空间较小，提升空间分别为0.51g/kg和4.26g/kg。

表2–5　各分区农田主要土壤类型的耕层有机质含量提升潜力

单位：g/kg

区域	土壤类型	2010年有机质含量	最优施肥方式下有机质含量	提升潜力	最优施肥方式	来源
东北区	黑土	41.71	56.27	14.50	氮磷钾肥配施“循环有机肥”（NPK+C）	徐明岗等，2015
	棕壤	25.40	30.39	4.99	氮磷钾肥配施有机肥（NPKM）	Luo P 等，2015
黄淮海区	潮土	15.68	43.20	27.50	氮肥配施有机肥（NM）	徐明岗等，2015
长江中下游区	水稻土	24.88	43.20	18.30	磷钾肥配施有机肥（PKM）	黄晶等，2013
	红壤	27.29	27.80	0.51	氮磷钾肥配施有机肥（NPKM）	徐明岗等，2015
西南区	紫色水稻土	24.99	42.20	17.20	施有机肥（M）	王绍明等，2000
	红壤	31.17	35.43	4.26	氮磷肥配施有机肥（NPM）	徐明岗等，2015
华南区	水稻土	27.16	39.74	12.60	氮磷钾肥配施有机肥（NPKM）	徐明岗等，2015；林诚等，2009
黄土高原区	褐土	23.44	29.40	5.96	氮磷钾肥配施有机肥（NPKM）	徐明岗等，2015
	黄绵土	17.73	19.78	2.05	氮磷钾肥配施有机肥（NPKM）	徐明岗等，2015
西北区	灰漠土	23.60	35.22	11.60	氮磷钾肥配施有机肥（NPKM）	徐明岗等，2015

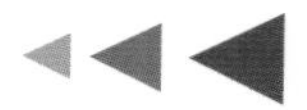

2．与美国同纬度地区相比，我国东北区黑土有机质含量显著偏低，提升潜力较大

美国是美洲面积第二大的国家，领土包括美国本土、北美洲西北部的阿拉斯加和太平洋中部的夏威夷群岛。美国本土位于北美洲中部，地形变化多端，地势西高东低；大部分地区属大陆性气候，南部属亚热带气候。美国农业高度发达，机械化程度高，2010年美国粮食产量约占世界总产量的16.5%。从自然气候、地形地貌等条件上看，美国与同属农业大国的中国有着诸多相近之处。因此，将我国耕地土壤有机质与美国进行对比分析，有助于更加深入地剖析我国农田土壤肥力的地区差异及潜力。

依据所处纬度、自然气候条件与农业发展情况，选取爱荷华州（Iowa，IA）、堪萨斯州（Kansas，KS）、阿肯色州（Arkansas，AR）、佛罗里达州（Florida，FL）与加利福尼亚州（California，CA），分别与我国东北区、黄淮海区、长江中下游区、华南区及西北区进行对比分析。所用土壤类型、土壤质地、土壤有机质含量等土壤数据源于美国农业部土壤调查数据（https://websoilsurvey.sc.egov.usda.gov），叠加美国土地覆被分布数据（National Land Cover Data Set，NLCD），得到美国耕地土壤有机质相关数据。

依据张凤荣主编的《土壤地理学》（中国农业出版社，2011年版）一书中美国土壤分类系统对应关系，对中美五大区域主要土壤类型耕层土壤有机质含量进行对比分析，结果如表2-6所示。除棕壤，中国东北区各主要土壤类型耕层土壤有机质含量均低于同纬度区的美国爱荷华州，其中差距最大的为黑土，美国爱荷华州为58.6g/kg，2010年中国东北区黑土耕层有机质含量平均为24.4g/kg，比美国爱荷华州低34.2g/kg，具有较大的提升空间；差距最小的为暗棕壤，仅比美国爱荷华州低2.5g/kg；其他土壤类型耕层有机质含量中国东北区比美国爱荷华州低3.4～17.5g/kg。中国黄淮海区主要土壤类型耕层有机质含量与纬度相近的美国堪萨斯州相差较小，其中，黄淮海区潮土和褐土耕层土壤有机质含量比美国堪萨斯州高0.9g/kg和5.6g/kg，盐土和棕壤土壤有机质含量则分别比美国堪萨斯州低7.5g/kg和5.7g/kg。中国长江中下游区主要土壤类型耕层有机质含量与纬度相近的美国阿肯色州差距不大，其中，长江中下游区石灰土和红壤耕层有机质含量分别比美国阿肯色州高7.6g/kg和7.0g/kg，黄壤耕层有机质含量比美国阿肯色州低1.2g/kg，其余土壤类型两地区相差仅0.9～2.9g/kg。中国华南区赤红壤和砖红壤耕层有机质含量较同处于亚热带的美国佛罗里达州分别低6.2g/kg和11.1g/kg。

2010年中国西北区棕漠土耕层有机质含量为2.36g/kg，略高于区位相近的美国加利福尼亚州的2.19g/kg。

综上所述，中国东北区和华南区各土壤类型耕层土壤有机质含量与美国存在较大差距，具有较大的提升空间，其中，东北区的黑土、黑钙土提升空间分别高达34.2g/kg和17.5g/kg，华南区的砖红壤提升潜力约11.1g/kg。

表2–6　中美不同土壤类型耕层土壤有机质含量对比

单位：g/kg

中国典型区域	土壤类型	有机质含量	美国典型区域（州）	土壤类型	有机质含量	中美有机质含量差
东北区	黑土	24.4	爱荷华州（Iowa，IA）	粘淀冷凉软土 弱发育冷凉软土	58.6	−34.2
	黑钙土	19.9		钙积冷凉软土	37.4	−17.5
	潮土	17.2		弱发育半干润始成土 盐化潮湿始成土	25.0	−7.8
	白浆土	16.3		粘淀漂白软土	20.9	−4.6
	草甸土	31.6		泞湿软土	35.0	−3.4
	棕壤	25.4		弱发育湿润淋溶土 饱和湿润始成土 弱发育半干润始成土 不饱和半干润始成土	25.0	0.4
	暗棕壤	44.4		冷凉淋溶土 冷凉软土 饱和湿润始成土	46.9	−2.5
	沼泽土	19.0		泞湿始成土 泞湿新成土 泞湿软土	26.3	−7.3
黄淮海区	潮土	15.7	堪萨斯州（Kansas，KS）	弱发育半干润始成土 盐化潮湿始成土	14.8	0.9
	褐土	23.1		弱发育半干润始成土 弱发育半干润淋溶土	17.5	5.6
	盐土	17.5		积盐干旱土 盐化潮湿始成土	25.0	−7.5
	棕壤	6.5		弱发育湿润淋溶土 饱和湿润始成土 弱发育半干润始成土 不饱和半干润始成土	12.2	−5.7

（续）

中国典型区域	土壤类型	有机质含量	美国典型区域（州）	土壤类型	有机质含量	中美有机质含量差
长江中下游区	水稻土	23.4	阿肯色州（Arkansas，AR）	弱发育潮湿始成土	22.5	0.9
	潮土	21.0		弱发育半干润始成土 盐化潮湿始成土	20.0	1.0
	黄棕壤	26.5		强发育湿润淋溶土 弱发育湿润淋溶土	23.7	2.8
	红壤	27.3		高岭湿润老成土 强发育湿润老成土 高岭弱发育湿润老成土 高岭湿润淋溶土	20.3	7.0
	石灰土	30.9		弱发育湿润淋溶土 黑色石灰软土	23.3	7.6
	紫色土	24.6		饱和湿润始成土 正常新成土	21.7	2.9
	黄壤	24.5		高岭腐殖质老成土 高岭弱发育老成土 弱发育腐殖质老成土	25.7	−1.2
华南区	赤红壤	28.4	佛罗里达州（Florida，FL）	高岭弱发育湿润老成土 高岭湿润老成土	34.6	−6.2
	砖红壤	23.5		高岭湿润老成土 高岭弱发育湿润老成土	34.6	−11.1
西北区	棕漠土	23.6	加利福尼亚州（California，CA）	始成干旱土	21.9	1.7

表2-7展示了中美五大区域不同土壤质地耕层土壤有机质含量对比情况。美国爱荷华州壤土类土壤有机质含量为37.7g/kg，比同纬度区的中国东北区高15.4g/kg，差距较大；黏土类土壤有机质含量为27.8g/kg，比中国东北区高1.2g/kg，差距较小。美国堪萨斯州砂土类土壤有机质含量为7.5g/kg，略低于位于纬度相近的中国黄淮海区的8.0g/kg；壤土类土壤有机质含量为23.9g/kg，比中国黄淮海区高6.1g/kg；黏土类土壤有机质含量为30.0g/kg，比中国黄淮海区高出近一倍。阿肯色州砂土类土壤有机质含量为17.5g/kg，与区位相近的中国长江中下游区持平；壤土类土壤有机质含量为20.9g/kg，略低于中国长江中下游区的23.5g/kg；黏土类土壤有机质含量为23.5g/kg，比中国长江中下游区高4.6g/kg。美国佛罗里达州砂土类土壤有机质含量为26.8g/kg，比同处于亚热带的中国华南区高9.3g/kg；壤土类土壤有机质含量为

28.8g/kg，仅比中国华南区高1.6g/kg；黏壤土类土壤有机质含量为43.3g/kg，比中国华南区高15.3g/kg；黏土类土壤有机质含量为22.2g/kg，比中国华南区高4.7g/kg。美国加利福尼亚州壤土类土壤有机质含量为23.8g/kg，略低于区位相近的中国西北区的24.7g/kg。

综上所述，中国东北区和华南区各土壤质地的耕层土壤有机质含量与美国存在较大差距，具有较大的提升空间，其中，东北区壤土和华南区黏壤土耕层有机质含量提升空间分别为15.4g/kg和15.3g/kg。此外，黄淮海区黏土耕层有机质含量与美国也有较大差距，提升空间为15.4g/kg。

表2-7　中美不同土壤质地耕层土壤有机质含量对比

单位：g/kg

中国典型区域	土壤质地	有机质含量	美国典型区域（州）	土壤质地	有机质含量	中美有机质含量差
东北区	壤土类	22.3	爱荷华州（Iowa，IA）	壤土类	37.7	−15.4
	黏土类	26.6		黏土类	27.8	−1.2
黄淮海区	砂土类	8.0	堪萨斯州（Kansas，KS）	砂土类	7.5	0.5
	壤土类	17.8		壤土类	23.9	−6.1
	黏土类	15.5		黏土类	30.0	−14.5
长江中下游区	砂土类	17.5	阿肯色州（Arkansas，AR）	砂土类	17.5	0.0
	壤土类	23.5		壤土类	20.9	2.6
	黏土类	18.9		黏土类	23.5	−4.6
华南区	砂土类	17.5	佛罗里达州（Florida，FL）	砂土类	26.8	−9.3
	壤土类	27.2		壤土类	28.8	−1.6
	黏壤土类	28.0		黏壤土类	43.3	−15.3
	黏土类	17.5		黏土类	22.2	−4.7
西北区	壤土类	24.7	加利福尼亚州（California，CA）	壤土类	23.8	0.9

二、耕地保护及土壤肥力提升战略与实现途径

农田土壤有机质含量不仅与作物栽培、施肥管理、土地整治等具体技术环节密切相

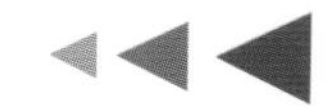

关，还受区域经济发展水平以及农户土地利用行为差异影响。农田土壤有机质含量提升不仅有利于提高土壤肥力，还对农作物稳产和高产发挥重要支撑作用，保障国家粮食安全。另外，通过提升农田土壤固碳能力还有利于固持大气中的二氧化碳，减缓全球变暖趋势。因此，提升农田土壤有机质含量具有重大意义。

（一）耕地土壤肥力提升的战略思路

1. 实现从单一施用化肥向有机无机肥相结合的战略转变

1980—2010年，我国化肥施用总量从1 269万t增加到5 562万t，大量的化肥使用对过去几十年我国农业生产的快速增长和耕地土壤肥力提升起到了重要作用。然而，不可忽视的是，长期的化肥高投入和高强度耕地利用已经造成诸多问题：很多地区耕地土壤理化结构遭到破坏，出现土壤板结和酸化；土壤有机质含量偏低；肥料吸收利用效率低下，粮食生产效率难以提高，农产品产量不稳且质量下降。同时，大量的化肥使用带来的农业面源污染问题也日益严峻。

因此，我国耕地土壤肥力提升需要实现从单一施用化肥向有机无机肥相结合的战略转变，大力发展有机肥，通过有机肥与无机肥配施的方式提高耕地土壤肥力。即通过提高畜禽粪便肥料化利用率，提高农作物秸秆直接还田率，恢复并扩大绿肥种植面积，合理利用有机养分资源，用有机肥替代部分化肥，实现有机无机相结合，力争有机养分占施肥总量的40%以上。考虑到施用有机肥等提高地力的措施大多不能立即显现其经济效益，因此必须加强对农户使用有机肥提高地力的科普宣传和优惠政策支持，采取经济等手段鼓励农民施用有机肥，如对种植绿肥的种子、肥料进行补贴。同时，应对利用畜禽粪便等废弃物生产有机肥的相关企业给予政策支持。

2. 耕地利用应"用养结合"，保持土壤肥力，实现耕地可持续利用

过去几十年来，随着农业生产的发展和长期的耕地高强度利用，加之长期的化肥高投入、有机肥投入不足，许多地区耕地土壤有机质含量降低，肥力下降，肥料吸收利用效率和粮食生产效率难以提高。为此，我国耕地利用应"用养结合"，保持和恢复土壤肥力，实现耕地可持续利用，保障农业健康可持续发展。

用养结合的重要措施之一是调整优化种植结构，因地制宜地实行粮肥轮作、间作制度，不仅可以保持和提高有机质含量，而且可以改善土壤有机质的品质，活化已经老化了的腐殖质，实现区域在充分用地的基础上养地补肥的目标。如在东北黑土区推

广玉米—大豆轮作、“青贮玉米＋饲料大豆”混种，在北方农牧交错带和西北干旱区推广粮—草轮作，在中部和南方地区实施粮—经、粮—饲、粮—肥轮作／间作，提高土壤肥力；而在地力严重退化区和严重的地下水漏斗区如华北平原的黑龙港流域，可实行季节性休耕；其他黄淮海区地下水超载区可由原来一年两熟的耕作制，改为只种植一季的玉米或在冬季种植绿肥，涵养水土，确保生态安全，并达到提升耕地土壤肥力的目的。

3．土壤肥力提升应实行空间差异化管控

耕地土壤肥力提升应根据耕地的适宜性、限制性、土壤肥力水平特征、连片性以及稳定性状况，对不同区域不同条件的耕地资源因地制宜地采用差异化的土壤肥力提升管理措施。首先，应强化对不同区域不同肥力水平耕地的分级保护，重视对耕地集中连片性好、稳定性佳、土壤肥力水平高的关键区域的数量保护，严格控制该区域内建设用地占用耕地，避免出现退耕、耕地撂荒等现象，保持该区域耕地高水平土壤肥力不降低。其次，加强对耕地集中连片性好，稳定性佳，但土壤肥力水平不高的区域进行土壤培肥，通过合理施用化肥、适当增施有机肥、秸秆粉碎还田等手段提升耕地土壤肥力，对于因长期过度利用导致耕地土壤肥力下降的区域应适当降低耕地利用强度，调整耕地利用结构，促进耕地土壤肥力恢复，同时应因地制宜开展退耕还林、还草、还湿以保障生态安全和区域土地可持续利用。坚持区域协同、城乡一体，适应区域耕地利用特点，在促进优质耕作区耕地资源的集约化利用，保障优质耕地土壤肥力不下降的同时，因地制宜，多措并举，提升低质量耕地的土壤肥力，实现我国耕地土壤肥力的提升。

（二）耕地土壤有机质提升的战略措施和途径

结合我国耕地土壤有机质现状及限制条件，建议采用“土壤—农田—农田系统—区域”自下而上的方式，因地制宜，充分利用作物秸秆、畜禽粪便、绿肥等有机肥资源，从以下五个方面提升农田土壤有机质含量：增施有机肥，适当施用化肥，做到有机肥无机肥合理配施；大力推广秸秆还田；恢复并扩大绿肥种植；提升耕作条件和农田林网布局，提高生态系统整体碳固持水平；跨地区调配生物炭、有机碳资源，协调提升区域农田土壤有机质含量。

1．增施有机肥，适当施用化肥，做到有机肥无机肥合理配施

施用有机肥能够增加土壤中的活性有机质组分，提高土壤有机—无机复合体活性和

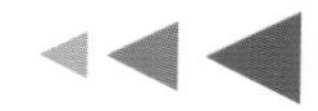

土壤酶活性，促进养分循环，对提升耕地土壤肥力有重要的积极作用。徐明岗等人在试验站开展的不同施肥方式对耕地土壤有机质含量的影响研究表明，整体上化肥和有机肥配施的方式可显著提升耕地土壤有机质含量。

我国有机肥在肥料总投入量中比例较低，且绝大部分用于果园、蔬菜等高附加值农产品产地，而施用于大田的有机肥数量仅占有机肥施用总量的20%左右。我国化肥过量投入而有机肥使用不足有多方面原因：一是传统有机肥料施用需要大量劳动力投入，成本相对较高；二是有机肥的机械化制备和施用还存在一些短板，如当前我国厩肥、农作物秸秆等有机肥料的沤制与处理等生产工艺水平低，没有成熟配套的机械化生产工艺及设备，限制了后续的有机肥基肥撒施机械、种肥施播机械、追肥施布机械的使用和研制等问题；三是农业科技指导不足，目前我国农技服务体系仍然存在技术人员少、知识更新慢、经费缺乏等问题，使得很多农户在肥料施用方面缺乏专业科技指导，在精耕细作、多肥多粮传统观念影响下过量施肥；四是行业补贴政策间接诱导，目前我国化肥价格不致过高，主要源于国家出于保障粮食生产而出台的多项政策支持，与此对应的是政府对生产有机肥的企业和施用有机肥的农民缺乏必要的资金补贴等政策导向，有机肥价格比同等肥效化肥价格更高，在影响了农民使用有机肥的积极性的同时无形加剧了化肥的过量使用。

因此，对于化肥过量施用的地区，应适当减少化肥施用量，做好配方施肥和平衡施肥，增施有机肥调节土壤肥力，提升土壤有机质含量。从实施范围来看，大田有机肥增施区域应率先定位在黄淮海地区、长江中游及江淮地区、三江平原、松嫩平原和四川盆地等国家粮食主产区。从实行措施上看，一方面要进行有机肥的机械化制备技术攻关，提升科学技术水平，针对有机肥的物理形态（固态、液态、颗粒、粉状等）、不同作物、不同生产阶段的技术特点和农艺要求，研发功能性施肥机械、复式作业施肥机械、自动化施肥技术工程等，实现有机肥与化肥配施的生产、储存、装卸、运输及田间撒施作业的一体化，并将其产业化和实用化；另一方面，应对有机肥生产企业给予大力扶持，尤其应鼓励大中型有机肥生产企业和畜禽养殖场结合，利用畜禽粪便等废弃物生产有机肥，支持其扩大生产规模，并在生产、运输、税收等方面提供多项优惠政策，同时，可因地制宜对在大田中进行有机肥和化肥配施的承包大户或企业给予政策倾斜；最后，健全农机服务体系，扩大农技服务人员队伍，及时向各基层农机服务站点推广最新农业科学技术，鼓励、引导普通农户在大田增施有机肥，改良培肥土壤。

2．大力推广秸秆还田

秸秆还田作为全球有机农业的重要环节，对减少化肥使用、维持及提升耕地土壤肥力、提高土壤生产能力具有积极作用。多数研究表明，秸秆还田主要通过影响腐殖质含量来调节土壤有机质，在一定范围内，随着秸秆还田量和时间的增加，耕地表层土壤有机质含量显著提升。秸秆还田的方式主要有两种：一是直接还田，包括常耕翻压、常耕覆盖和免耕覆盖等形式；二是间接还田，包括堆沤还田、过腹还田等。秸秆粉碎翻耕还田在提升耕地土壤有机质含量的同时，还能在一定程度上改善土壤物理性状、提高土壤通气性，有利于土壤改良和可持续发展。

目前，我国秸秆直接还田量约占秸秆总产量的40%，与发达国家相比，总体上秸秆直接还田比重低20%左右，还具有很大的发展潜力。我国农民秸秆还田意识不够强烈的原因主要有两方面：一方面，秸秆还田尤其是秸秆机械粉碎翻耕还田，增加了农民劳动力投入和资金投入，多数农民因不愿增加生产成本而多将秸秆焚烧或废弃；另一方面，为避免秸秆水分丢失而影响腐熟速度，一般选择在作物收获后直接粉碎还田翻耕，秸秆中的病原菌、虫卵及草籽随着秸秆被翻耕入土，在缺乏科学、全面的秸秆还田防治指导时，可能增加下茬作物受害虫为害的概率，部分农户经历秸秆还田后病虫害较不还田时有加重趋势，故而将秸秆焚烧或废弃。

因此，应加快秸秆还田机械化、自动化等关键技术研发，重点对适合北方的大马力翻耕机、打捆机、粉碎机等，以及适合南方相对小块农田应用的机械进行技术攻关。与此同时，加强秸秆还田后的农业配套防治，加大对秸秆还田机械生产企业的政策扶持力度，对使用大马力机械进行秸秆还田深翻的新型农业经营体及粮食生产承包大户给予政策倾斜，对于购买并使用机械进行秸秆还田的农户给予适当补贴。对于机械秸秆粉碎还田推广条件不成熟的地区，或者是因地势地形条件不适宜大马力机械的地区，可积极研发推广秸秆快速腐熟技术和畜禽粪便发酵腐熟技术，推广秸秆堆沤还田或过腹还田，国家给予政策倾斜。

3．恢复并扩大绿肥种植

绿肥种植和利用可以提供养分、提高土壤肥力、提供饲草来源，在保障国家粮食安全的同时，还具有部分替代化肥、减少生态环境污染、提高固氮固碳效率、节能减耗等作用，在我国传统农业中具有重要意义。研究表明，绿肥发达的根系可以疏松土壤，有效改善土壤物理化学生物性状，可以提供大量的有机质，在提升土壤肥力的同时避免重

金属、抗生素等残留。在连作制度中插入一茬绿肥可以大幅度减少某些作物的连作障碍，减少杂草和病虫害，提高后茬作物品质。绿肥鲜草和干草都是优质饲草原料，可以解决大量青饲料来源，替代饲料粮，进一步保障粮食安全。与此同时，种植绿肥可以有效减少裸露土地面积，减少土壤侵蚀；可以减少因化肥使用造成的农业面源污染，缓解水体富营养化等问题。

中国是利用绿肥肥田最早、绿肥种植面积最大的国家，然而，20世纪80年代以来，随着化肥工业的迅猛发展，绿肥种植及利用日益减少，与绿肥种植利用相关的研究也一度停滞。近年来，耕地质量问题日益加重，作物产量难以持续提高，加上生态环境安全、农产品质量安全得到越来越多的重视，因此，应尽快恢复并扩大绿肥种植，提升耕地土壤肥力。

各地区应因地制宜选择绿肥作物种类及种植模式。北方地区要以苜蓿和饲料油菜为主，同时辅以其他豆科牧草和绿肥。南方冬闲田地区则以种植饲料油菜和紫云英、黑麦草等绿肥为主。一年一熟为主的地区可以轮作模式为主，一年二熟或三熟制的地区则可以推行间套作模式。

应恢复发展绿肥相关的科学研究，尤其是绿肥品种的提纯复壮和选育研究工作，建立全国绿肥试验体系和种子基地建设，有效促进绿肥的恢复和发展。与此同时，加强对绿肥科研成果的推广，加强基层农村科技推广队伍的建设，不断更新绿肥相关科学知识，推广应用于实际农业生产。各级政府及相关部门要加强科学技术普及推广工作，大力宣传绿肥的重要作用，鼓励和宣传种植利用绿肥。恢复绿肥种植补贴制度，加大补贴力度，有条件的地区可以实行统一供种，对自主种植绿肥的农户提供一定的补贴。

4．提升农田耕作条件和农田林网布局

农田耕作条件直接影响农户耕地利用方式和耕地水土资源利用效率，完善农田耕作条件可以提升耕地水土条件，进而提升耕地土壤肥力；农田林网布局则直接影响农林生态系统碳源、碳汇及碳循环过程，优化农田林网布局可促进农林生态系统生物循环，提升农田土壤固碳能力，进而提升耕地土壤肥力。

对于设施型缺水地区，完善灌溉设施，保证农田水资源需求；对于资源型缺水地区，发展喷（滴）灌、膜下滴灌、水肥一体化等高效节水技术，提高水资源利用效率；对于洪涝灾害频发地区，完善排水系统；在水土流失多发的山地丘陵区实行坡改梯，等高种植，减缓耕地土层变薄趋势；在田块零碎的平原丘陵区开展农田整治，平整田块，

有效改善农田耕作条件，进而有效提升农田肥力，提高农田生产能力。

对于土壤风蚀沙化地区，强化防护林体系，防风固沙，减少农田土壤因风蚀而地力下降；对于其他地区，优化农田林网布局，促进农林生态系统生物循环，保护整体生态系统多样性，进而提升农田土壤固碳能力。

5. 跨地区调配生物炭、有机碳资源

生物炭是农作物秸秆、稻壳、畜禽粪便和其他生物质废弃物在缺氧条件下进行高温热解而成的富含碳质且性质稳定固体产物，大多数为粉状颗粒，富含碳（一般高达60%以上）、氮、氢、氧等以及碱性矿物质（灰分，包括钾、钙、钠、镁、磷、硅等），表面多孔性特征显著，具备可溶性低、抗氧化能力强和抗生物分解能力强的特性，是一种有效的土壤改良剂和固碳剂。在经济技术条件成熟的地区可推广生物炭技术以提高农田土壤有机质含量。在此基础上，跨地区调配生物炭资源也是提升我国农田土壤有机质的重要途径。

此外，采取工程手段将非农建设占用耕地（包括临时性或永久性占用）的适合耕种的表层土壤进行剥离，用于原地或异地土地复垦开发、土壤改良、中低田改造、造地及其他用途，是提高耕地质量的有效途径。用剥离的表土进行造地复垦，土壤肥力充足，作物产量高。表土剥离再利用工程既可以有效保护地表熟土资源不流失不浪费，同时又能减少造地外调土的熟化时间，增效显著，在当前经济社会快速发展，建设用地占用耕地现象普遍的背景下，具有重要的应用前景和意义。

（三）耕地保护及土壤肥力提升的保障体制

1. 建立健全相关法律法规和技术标准

目前我国耕地质量保护方面的法律、法规等存在一定的缺失。我国现有相关法律法规如《中华人民共和国农业法》《中华人民共和国土地管理法》《基本农田管理条例》等，多侧重于对耕地数量的保护，对耕地质量管理作了一些原则性的规定，但不具体、操作性不强，在一定程度上影响了耕地质量保护工作的有效开展。耕地质量保护不能只停留在一般性层面上，必须上升到法律法规层面来加以解决。应在综合、细化上述相关法规的基础上，适时制订并推行新的针对耕地质量管理的法律法规（如耕地质量管理法），以完善耕地质量保护的政策和法律体系，使得耕地质量管理由一般层面管理向依据法律法规管理转变。

与此同时，完善相关技术标准和行业标准，规定耕地质量建设项目（高标准基本农田建设、中低产田改良、土地开发整理与复垦、退化和污染耕地修复、沃土工程等涉及耕地质量建设的项目）中各环节的建设标准，逐步推动耕地质量管理的标准化、规范化建设。

2. 建立跨部门合作平台及协作机制

建立跨部门（国内外合作、政产学研究结合）合作平台协作机制，是实现我国耕地资源数量质量生态保护的重要保障措施。耕地资源数量质量生态保护涉及多项要素，其管理和科技创新工作分散在国土资源部、农业部、水利部和环境保护部等众多部门（现自然资源部、生态环境部等部门），因此，要有效实现耕地资源数量质量生态保护，必须实现多部门联动，必须进行政、产、学、研的结合，发挥各自优势，才能实现科学、工程、技术与管理的真正融合。与此同时，吸收借鉴国外的先进理念和模式，对实现我国耕地资源数量、质量生态保护具有重要意义。从耕地保护的内涵上看，国外耕地保护一般称为农地保护，除与农地相关的因素外更加侧重环境质量的保护。从耕地保护主体和客体上看，国外耕地保护主体多为政府机构和私人农地保护协会（农户个体或组织），客体多为整个农地，通常依据土质、环境意义、区域重要性和区位等要素划定农地保护范围。我国耕地保护尤其是耕地质量保护要充分借鉴国外的理念与实践，拓宽耕地保护范围，重视耕地质量保护，必须借助全球一体化的优势，建立好国家之间的合作。

3. 加强耕地保护资金保障及利益协调

开展耕地资源保护工作最重要的保障之一就是资金保障。目前我国耕地资源保护工作大部分资金源于国家或地方财政支持，来源单一、资金有限、使用范围过窄，在一定程度上影响地方工作积极性。因此，应建立并完善市场准入制度，探索多渠道资金来源，有效保障耕地资源保护工作顺利开展。建立耕地保护的经济补偿机制，建立中央、省、地市三级耕地保护补偿基金。基金主要来自新增建设用地土地有偿使用费、耕地占用税、土地出让收益等。对承担耕地保护责任的农民进行直接补贴，对农地开发权与耕地外溢生态效应进行补偿，提高农民保护耕地的积极性和主动性。建立耕地保护的区域补偿机制，按照区域间耕地保护责任和义务对等的原则，由部分经济发达、人多地少地区通过财政转移支付等方式，对承担了较多耕地保护任务的地区进行经济补偿，以协调不同区域在耕地保护上的利益关系，对耕地保护任务重特别是永久基本农田比例较高的地区实施保护和奖励制度。

与此同时，应加强和完善利益协调机制，制定科学合理的效益分配机制，发挥市场机制基础性作用，切实保障农民权益。在维持农民种粮积极性稳定的前提下，建立补贴资金逐步向以绿色生态为导向的耕地质量提升倾斜的制度，即对减量施用化肥农药、增施有机肥、秸秆还田、草田轮作的农户进行额外补贴，以鼓励农户养成良好的“种养结合”的耕作习惯，实现耕地的永续利用。

4．落实责任主体，建立完善耕地质量保护绩效考核机制和责任追溯制度

耕地资源保护是一项系统性、长期性工作，需要健全耕地质量保护投入机制与共同责任机制，落实耕地质量保护责任主体。土壤肥力提升是一项长期工程，为在土壤肥力提升过程中避免出现短期行为，建议建立完善土壤肥力提升绩效考核机制和效果责任追溯制度，保障各类工程发挥实效。条件具备时，可以在土地流转中将耕地质量的量化指标纳入土地经营权证中，土地流转的受让方要履行土壤保护的责任，建立土地流转中耕地质量维护奖惩机制，切实促进耕地质量的提高。

改革现行干部政绩考核制度，将耕地保护与质量提升纳入考核指标体系，明确奖罚细则，如重要农区耕地保护实行一票否决制，对圆满完成耕地保护和质量提升任务者优先给予奖励和晋升等。

（四）重点区域耕地土壤有机质含量提升途径

不同区域因气候、地形、地貌等条件不同，农田土壤有机质含量存在显著差异，其限制因素往往也不尽相同（表2–8），建议针对区域土壤特点及主导限制因素，因地制宜采取相应的农田土壤性质改造措施，改善耕作条件，优化农田林网布局，增加外界有机质输入，提升区域耕地土壤有机质含量。

表2–8　各地区耕地土壤有机质提升主要限制类型

区域	主要限制类型
东北区	瘠薄型、干旱缺水型、盐碱型、过黏型、渍涝型、风沙型
黄淮海区	干旱缺水型、瘠薄型、盐碱型、潜育型、渍涝型
长江中下游区	过酸过黏型、耕层浅薄型、涝渍型、潜育型、缺素等
西北区	干旱缺水型、盐碱型、风沙型、板结型、耕层浅薄型、质地不良型
青藏高原区	耕层浅薄、漏水漏肥、水土流失、低温冷害型、盐碱型
黄土高原区	坡耕地型、瘠薄型、干旱缺水型
华南区	渍涝潜育型、石灰性板结型、耕层浅薄型、过沙型、过黏型、过酸型
西南区	潜育型、渍涝型、干旱缺水型、耕层浅薄型、过酸过黏型、缺素等

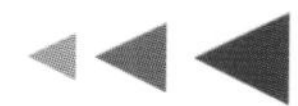

1. 东北区

东北区地势较为平坦开阔，光热水资源丰富或适宜，土质肥沃，盛产小麦、玉米、大豆和高粱等，是我国重要的粮食生产基地。该区中的黑土具有良好的自然条件和较高的土壤肥力，然而该地区在春季多风季节易发生风蚀，在夏秋雨水集中的季节易发生水土流失。因此，该地区耕地土壤肥力问题主要为水土流失加剧和用养失调导致黑土退化，具体表现为黑土耕作层变薄、有机质含量下降和物理性状恶化，同时，该地区土地盐碱化、沙漠化和草原退化问题突出。结合中美对比分析结果，该地区耕地土壤有机质含量可提升0.25%～3.42%。

针对以上问题，建议采取以下几类措施：

一是加强水土保持。在水土流失易发区的坡耕地注意修建过渡梯田或水平梯田，等高耕作、等高种植，注意生物护埂；实施“三改一排”，改顺坡种植为机械起垄横向种植、改长坡种植为短坡种植、改自然漫流为筑沟导流，并在低洼易涝区修建条田化排水、截水排涝设施；侵蚀严重的地区可退耕还林、还草。

二是培肥土壤。合理施用化肥，适度增施有机肥，积极提倡并推广秸秆还田尤其是秸秆过腹还田，做好配方施肥和平衡施肥，条件允许的地区还可以使用生物炭提升土壤肥力。对于部分过于黏重的土壤，可客土掺沙，配以翻耕、耙地或旋耕等土壤耕作行为，增加土壤透气性和透水性。

三是加强农田生态保护，开展土地整治工程。营造农田防护林，做好林、渠、路规划及农田内部规划，保护天然沼、柳灌丛、榛子灌丛等使土壤不受风蚀影响的自然屏障。

四是开展东北区黑土农田基础设施建设工程技术示范。突破高标准农田保育、管护与监测工程技术，突破解决积温不足的气候短板和黑土层变薄、有机质下降的难题，实现有机质提升和“光温”流程再造的东北黑土有效保育和治理，在东北黑土地高效利用、现代农业发展、生态农田建设方面达到国际领先水平，开展“三建一还”，在城郊肥源集中区和规模化畜禽养殖场周边建设有机肥工厂、在畜禽养殖集中区建设有机肥生产车间、在农村秸秆丰富和畜禽分散养殖区建设小型有机肥堆沤池（场），因地制宜开展秸秆粉碎深翻还田、秸秆免耕覆盖还田。同时，推广深松耕和水肥一体化技术，推行粮豆轮作、粮草（饲）轮作。

2. 黄淮海区

黄淮海区土地平坦，农业开发利用度高，以一年两熟或两年三熟为主，是我国优质小麦、玉米、苹果和蔬菜等优势农产品的重要产区，对我国粮食安全保障具有重要作用。该地区人口密集、城市发展压力巨大，农业生产投入集约度高，地下水超采问题严重，形成了大规模的地下水漏斗群，水污染加剧，严重制约了区域耕地资源的持续利用。黄淮海区耕地土壤肥力的首要问题即由于水资源严重短缺造成耕地土壤肥力下降，与此同时，耕地土壤重金属污染日趋严重。结合中美对比分析结果，该地区耕地土壤有机质含量还有0.57%～0.75%的提升空间。

针对以上问题，建议采取以下几类措施：

一是厉行节水，提高水资源利用效率。针对冬小麦—夏玉米轮作全面推广调亏灌溉模式，采用经济杠杆鼓励农户节水灌溉；减少水稻种植面积或采取旱种水稻技术，将高耗水作物改为低耗水、经济附加值较高的作物，适当减少灌溉次数；冬小麦布局适当南移，即压缩北部海河流域冬小麦播种面积，适当扩大淮河流域冬小麦播种面积；推广并发展节水灌溉方式，改地面漫灌为喷（滴）灌，推广应用水肥一体化等高效节水技术；努力提升高效节水技术，积极研发、引入适合冬小麦和夏玉米的滴灌技术设施与技术，切实提高水资源利用效率；对于地下水超采十分严重的地区，逐步实行休耕、免耕，防止耕地土壤肥力进一步下降。

二是培肥土壤，改造中低产田。该区主要中低产农田土壤分别是砂姜黑土4 300万亩、薄层褐土1 000万亩、滨海盐土350万亩，实施以增加土壤有机质含量为主的培肥措施是改造该区中低产田的关键。鼓励农户在大田增施有机肥，适当减少化肥施用，实行“两茬还田”，小麦秸秆粉碎覆盖还田、玉米秸秆粉碎翻压还田（即夏免耕秋深耕），提升秸秆直接还田比例至50%以上；在秸秆资源丰富的地区发展秸秆快速腐熟还田技术，充分利用秸秆资源的同时克服秸秆直接还田造成的病虫害问题；在城郊肥源集中区和规模化畜禽养殖场周边建设有机肥或生物炭制造工厂，增施有机肥和生物炭，提升耕地土壤有机质含量。

三是以防为主，综合治理土壤重金属污染。防治重点区域为金属矿区、工业区、污水灌溉区和大中城市周边。对已发生土壤污染的地区，采取工程技术、生物修复等措施进行专项治理，防止污染扩散。

3．长江中下游区

长江中下游区水资源充裕，地势低平，水热配比优良，以一年两熟或三熟为主，是我国水稻、“双低”油菜、柑橘、茶叶和蔬菜的重要产区。该区耕地质量主要问题是土壤过酸过黏、潜育化；主要依靠化肥维持地力，绿肥种植比例低，冬季农田大量闲置；局部地区土壤重金属污染和农业面源污染严重，保持健康土壤安全生产压力大。根据课题组研究结果，该地区耕地土壤有机质含量还可提升0.46%左右。

针对以上问题，建议采取以下几类措施：

一是实施防治土壤酸化工程。化肥尤其是氮肥过量施用是该区土壤酸化的重要原因之一，应依据科学配方减量施肥，改进施肥方式方法，提升氮肥利用率，同时可减轻因化肥过量引发的农业面源污染；在土壤酸化严重区定期施用石灰性物质和碳酸钠、硝石灰等土壤改良剂提高土壤pH。

二是推广稻—饲料油菜/绿肥轮作。据调查，该地区冬闲田超过5 000万亩。应充分利用冬闲田推广种植紫云英、黑麦草等绿肥与饲料油菜，一方面可以为发展畜牧业提供优质饲料；另一方面还可以提高耕地土壤有机质含量，同时减少化肥施用量，减轻因过量施用化肥引起的土壤酸化及农业面源污染等问题，促进耕地土壤肥力提升，实现耕地可持续利用。

三是防洪排涝。加强长江中游平原以防洪为重点、江淮地区以排涝为重点的水利建设。完善低洼地区的排水设施，降低地下水位，排除田间渍涝，防治稻田潜育化；对于部分土壤质地黏重、结构紧实、渗透性差、通气不良的土壤，可通过客土掺沙等改善土壤不良物理性状，进而提升土壤有机质水平。

四是开展土壤污染治理。污染防治的重点区域为洞庭湖平原和鄱阳湖平原低洼区。严格控制农业面源污染，切实控制化肥、农药使用量，提高肥料利用率。同时，严控矿产开发继续污染农田，对轻中度污染农田采取生物措施或化学措施进行土壤改良。

4．西南区

西南区主要由四川盆地、秦巴山区、云贵高原等几大地理单元构成，是我国重要的水稻、甘蔗、柑橘、烤烟、蔬菜及亚热带水果产区。该地区山高、坡陡、平坝少，坡耕地多，是全国水土流失、土地石漠化的严重地区之一，生态环境脆弱。该地区耕地质量主要问题在于坡耕地多、土层薄、水土流失严重、石漠化问题突出、耕地土壤养分状况不良、缺素情况普遍。与该区域农业试验站最优施肥方式下耕层有机质含量对比，西南区耕地土壤有机质含量提升潜力为0.43%～1.72%。

针对以上问题，建议采取以下几类措施：

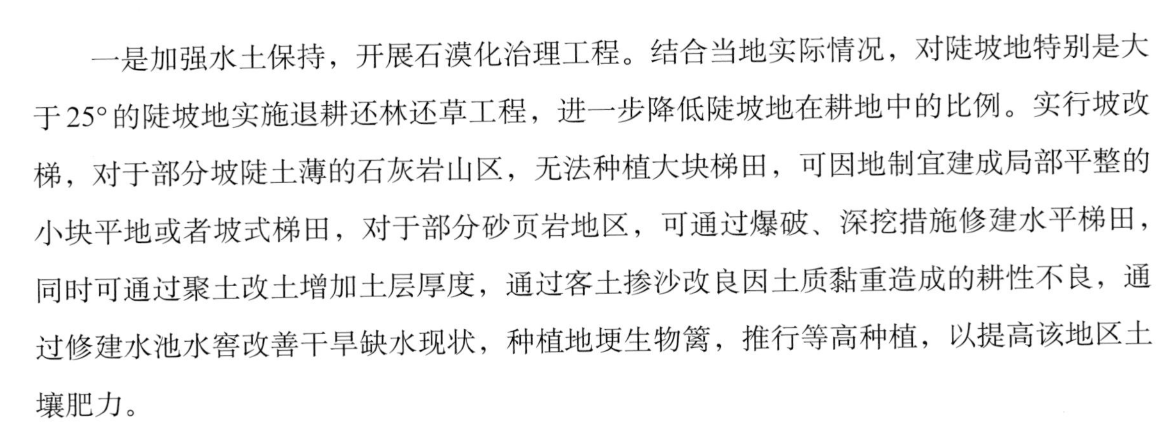

一是加强水土保持，开展石漠化治理工程。结合当地实际情况，对陡坡地特别是大于25°的陡坡地实施退耕还林还草工程，进一步降低陡坡地在耕地中的比例。实行坡改梯，对于部分坡陡土薄的石灰岩山区，无法种植大块梯田，可因地制宜建成局部平整的小块平地或者坡式梯田，对于部分砂页岩地区，可通过爆破、深挖措施修建水平梯田，同时可通过聚土改土增加土层厚度，通过客土掺沙改良因土质黏重造成的耕性不良，通过修建水池水窖改善干旱缺水现状，种植地埂生物篱，推行等高种植，以提高该地区土壤肥力。

二是均衡施肥，培肥土壤。针对该地区土壤肥力低下、养分不平衡、投入缺素的问题，应科学平衡施肥，同时增加有机肥投入，推广秸秆还田和绿肥作物种植，因地制宜推行草田轮作制，种植以苜蓿为主的豆科与禾本科牧草，在保障畜牧业牧草需求的同时，提高耕地土壤肥力。

5．黄土高原区

黄土高原区以一年一熟或套作两熟为主，以旱杂粮生产为主。该地区大部分土地覆盖着深厚的黄土层，黄土颗粒很细，土质松软，遇水极易受侵蚀，加之该地区降水年际和季节间分布不均，夏雨集中且多暴雨，故黄土高原区水土流失问题突出，严重影响了该地区耕地土壤肥力。与该区域农业试验站最优施肥方式下耕层有机质含量对比，黄土高原区耕地土壤有机质含量提升潜力为0.21%～0.60%。

针对以上问题，建议采取以下几类措施：

一是加强农田基础设施建设，防治水土流失。以保水抗旱为工作重点，对不同地形特征的农田开展相适应的基础设施建设，防治水土流失。在黄土塬区应以固沟保塬为重点，防止沟头进一步扩展，塬面要平整土地以蓄水保墒。在黄土丘陵区应以梯田和坝淤地建设为重点，修建梯田可以减少坡长，使地面平整，变降雨的坡面径流为垂直入渗，有效防止水土流失，增强耕地土壤水分储备和抗旱能力，打坝淤地可以抬高土壤侵蚀基准面，减轻土壤侵蚀。修建集雨蓄水窖，种植等高草带，推广玉米秸秆整秆覆盖还田，推行全膜双垄集雨沟播技术，防治水土流失。对于水土流失严重的区域，则应实行退耕还林还草，促进耕地地力恢复。

二是加强多沙粗沙区综合治理。巩固水土流失治理成果，继续推进多沙粗沙区综合治理。根据小流域侵蚀特征和水土保持生态建设经验，多沙粗沙区综合治理仍应坚持五道防护体系，即以灌草为主的梁峁顶防护体系、以水平阶、鱼鳞坑等小型水保工程为主

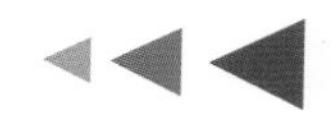

的梁峁坡防护体系、以沟头防护工程为主的峁缘线防护体系、以造林种草为主的沟坡防护体系、以治沟骨干工程为主的沟底防护体系。

三是推广秸秆覆盖还田，培肥土壤。针对该地区耕地瘠薄的问题，适量施用化肥增加作物生物量并使其以各种方式归还至土壤是增加该地区土壤有机质含量的重要途径，在此基础上，推广免耕秸秆覆盖还田，在防治水土流失的同时可有效改善土壤物理性质，提高耕地土壤有机质及氮、磷、速效钾等养分含量，提升耕地土壤肥力。

6. 西北区

西北区绝大部分属干旱气候，降水量少，光热资源丰沛，种植制度以一年一熟为主，是我国棉花、小麦和优质水果的重要产区。该地区耕地质量主要问题包括干旱缺水，土壤沙化、盐渍化严重；耕地贫瘠，土壤质地普遍较粗，保水保肥能力差，土壤有机质含量低，地力退化明显。与该区域农业试验站最优施肥方式下耕层有机质含量对比，西北区耕地土壤有机质含量提升潜力为1.16%。

针对以上问题，建议采取以下几类措施：

一是加强农田生态保护，防风固沙。完善田间防护林系统，防风固沙，绿洲外围半固定沙丘地区实行人工封育，保护天然植被；绿洲边缘建立环绕绿洲的防风沙林带，在绿洲内部建立以窄林带、小网格为主的护田林网。农田防护林应乔、灌结合，注意树种多样化。

二是加强农田节水灌溉设施建设，防治土壤盐渍化。在灌溉农区修建水库及灌溉系统，发展节水灌溉，增加水资源利用效率，推广膜下滴灌等技术，加强渠道防渗等，同时完善农田排水系统，防止次生盐渍化、春秋灌溉排盐治理盐渍化。

三是进一步加强培肥土壤，推广草田轮作。该地区多数土壤质地普遍较粗、养分匮乏、保水保肥性差，可通过客土掺黏的方式改善土壤质地，同时，在土壤自然有机质含量低的情况下，适量施用化肥增加作物生物量并使其以各种方式归还至土壤也是增加该地区土壤有机质含量的重要途径。同时因地制宜推广草田轮作，在控制土壤次生盐渍化、沙化的同时，可以为发展畜牧业提供优质饲料，也可以有效提升耕地土壤肥力。以新疆棉花产区为例，天山北坡可以种植以苜蓿为主的牧草，种植面积比例可以达到农作物播种面积的20%～30%；南疆地区以发展饲料油菜和绿肥为主，种植比例在10%～15%。

三、实施耕地土壤肥力提升的若干工程

（一）高标准农田建设工程

旱涝保收高标准农田是集中连片、设施配套、高产稳产、生态良好、抗灾能力强，与现代农业生产和经营方式相适应的农田。积极推进高标准农田建设工程，通过农田基础设施的建设，完善生产生活条件，优化土地利用结构，提高土地利用效率。通过田间灌溉渠系的修整，可以显著改善农田灌排条件，提高农田的基本设施完善程度，提升农田生产条件和生态环境，提高农田综合生产能力。全国现有基本农田的耕地中，中低产田占比依然较高，中产田占40%，低产田占32%，相当数量的基本农田基础设施条件较差。提高基本农田的质量，改善基本农田的生产条件还有很大潜力（张凤荣，2008）。

建议国家继续实施高标准农田建设工程。“十二五”时期全国建成高标准农田4亿亩，在此基础上，“十三五”期间全国将确保建成4亿亩、力争建成6亿亩高标准农田。重点在粮食生产功能区（以东北平原、长江流域、东南沿海优势区为重点的水稻生产功能区，以黄淮海地区、长江中下游、西北及西南优势区为重点的小麦生产功能区，以松嫩平原、三江平原、辽河平原、黄淮海地区以及汾河和渭河流域等优势区为重点的玉米生产功能区）和大豆、棉花、油料、糖料等重要农产品生产保护区开展高标准农田建设，改善农业基础设施条件，提高农用地质量。

各地区高标准农田建设工程应各有侧重。东北地区在以高标准农田建设为主要方向的基础上，完善农田水利配套设施，增加有效耕地面积，提高耕地质量，建设生态良田，加强黑土地保护，建设粮食生产基地；黄淮海区在开展高标准农田建设的同时，应大力开展生态良田建设，改造盐碱地和中低产田，加强农田基础设施建设，提升耕地质量，提高粮食综合生产能力；长江中下游区在完善农田配套设施、大规模建设旱涝保收高标准农田的同时，应积极开展生态良田建设和小流域综合治理，防治水土流失；西南区应加强生态环境保护和修复，将高标准农田建设与陡坡退耕还林还草以及荒漠化、石漠化治理等政策有效结合，加大基本农田建设力度，对山地丘陵区不宜退耕的缓坡耕地进行坡改梯；华南区应加强污染耕地的土壤治理修复；西北区应加强保护和改善土地生

态环境，推进平原、旱塬和绿洲的耕地和基本农田建设，建设生态良田，大力发展节水灌溉，重点提高农田渠系利用系数和水资源利用率，防治土地盐碱化，限制对生态环境脆弱地区的土地开发利用。

高标准农田建设应向优先保护类耕地集中的地区倾斜，同时还要注意因地制宜。平原区集中连片建设高标准农田，确保农田基础设施的配套和完善，增加有效耕地面积，提高耕地质量，建设生态良田，同时合理引导土地流转，实现土地适度规模经营，提高农业生产效率；农田林网控制率宜不低于80%；加大耕地污染的防治力度，改善农田生态环境，提高粮食综合生产能力，促进农业现代化，保障国家粮食安全。丘陵山区应在建设高标准农田的同时加强生态环境保护，调整土地利用结构，防止水土流失，对山地丘陵区不宜退耕的缓坡耕地进行坡改梯，通过改善农业生产条件和生态环境提高耕地质量。

（二）土壤改良修复工程

土壤改良是针对土壤的不良质地、结构以及化学性质，采取相应的物理、生物或化学措施，改善土壤性状和土壤环境，提高土壤肥力，增加作物产量的过程。土壤修复主要指针对遭受污染的土壤使其恢复正常功能的技术措施。我国目前部分地区如西北干旱绿洲区、东北平原西部和滨海地区的耕地中盐渍化面积比例较高，南方耕地土壤酸化趋势明显、耕地土壤污染呈加重趋势，长江中游及江淮地区和黄淮海区耕地土壤污染问题突出，因此，大力开展土壤改良修复工程势在必行。

建议因地制宜在我国大力开展土壤改良修复工程。在我国南方地区尤其是长江中游及江淮地区以治理土壤酸化为工作重点，全国需治理土壤酸化的耕地面积约2.99亿亩（中国地质调查局，2015），主要集中在福建、广东、海南、湖南、湖北、安徽、江西等南方地区，上述地区应依据科学配方减量施肥，减少化肥施用量，加快推广应用功能性有机肥、水肥一体化配套设备、矿物源土壤调理剂，改善土壤酸碱度。对于土壤酸化严重的地区，可适当采取定期施用石灰的方法，施用量以100kg/亩左右为宜。

在干旱地区如新疆、内蒙古、甘肃、宁夏等地以及东北平原西部，耕地土壤改良应以防治土壤沙化和治理盐碱化为重点。国家林业局《第五次中国荒漠化和沙化状况公报》，近期我国沙化耕地面积增加了39.05万hm^2，主要发生在新疆和内蒙古。内蒙古沙化严重的耕地，应实行退耕还草，提高水资源利用效率，加强人工草场建设，防止放牧

草场退化和沙化。西北干旱风沙区应大力推广以膜下滴灌为重点的先进灌溉技术，大力节水，在防治风沙的同时有效改良盐碱土。经粗略估算，宁夏银北灌区需要进行土壤改良治理盐碱化的耕地面积高达约256万亩，其中，重盐渍化面积66万亩，中盐渍化面积79万亩，轻盐渍化面积111万亩（刘福荣、李林燕，2008）；新疆灌区需要进行土壤改良治理盐碱化的耕地面积近2 000万亩（亓沛沛等，2012）。在水资源条件允许的地区可以采用井、沟、渠相结合的水利工程措施，将土壤盐分淋洗并排出土体，减少盐分在土壤表层累积，以达到改良盐碱地的目的。同时可以采取化学改良措施，针对不同土壤类型及盐碱类型使用不同化学改良剂如石膏等，结合施用有机肥，配以完善的水利设施进行土壤改良。此外，还可以通过引种、筛选和种植耐盐植物如碱蓬等，对盐碱化耕地土壤进行生物改良，鉴于不同耐盐植物具有自己的耐盐范围，因此在耐盐植物引进和种植的过程中，需优先选择本地物种，同时配合其他改良措施和肥料管理，为修复植物生长创造适宜的土壤水盐条件。

加强污灌区域、工业用地周边地区污染耕地防治与修复。建设农田生态沟渠、污水净化池塘等设施，净化地表径流及农田灌排水，开展典型流域农业面源污染综合治理。对已发生土壤污染的地区采取工程技术、生物修复等措施进行专项治理，防止污染扩散。探索污染土壤分类修复改良，提升土壤功能。加强腾退土地有机物污染治理，鼓励采用先进适用技术，按照“谁治理、谁受益”的要求，积极鼓励和引导社会资源参与污染土地治理。加强重金属污染土地治理，修建植物隔离带或人工湿地缓冲带，优化种植结构。在江西、湖北、湖南、广东、广西、四川、贵州、云南等污染耕地集中区域优先组织开展治理与修复；其他地区根据耕地土壤污染程度、环境风险及其影响范围，确定治理与修复的重点区域和实施方案。预计到2020年，受污染耕地治理与修复面积可达到1 000万亩。

（三）草田轮作工程

将牧草种植引入到我国农耕制度的轮作中形成的草田轮作制度，不仅可以改良土壤结构、提高土壤肥力、增加作物产量并提高后茬作物品质、减少杂草和病虫危害、保持水土，而且可以支撑发展草食畜牧业、提高单位面积耕地经济收益。随着我国人民生活水平的提高和粮食结构的变化，在传统的“粮—猪农业”模式下，巨大的饲料用粮需求量将对我国粮食安全形成不小的压力。建立草地农业系统，向节粮型、非粮型饲料转

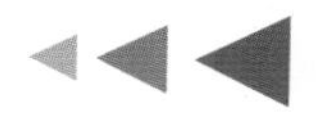

变，是减轻粮食生产压力、保障粮食安全的一项重要有效措施。

建议在我国推广实施草田轮作工程，实施重点区域在东北地区、华北地区、农牧交错带、西北干旱区以及南方广大冬闲田地区，种植牧草与绿肥，以提升耕地土壤质量并解决发展畜牧业的饲（草）料问题。目前我国优质牧草种植面积不足1 500万亩，2030年发展畜牧业需要优质牧草约4亿t（7 000万亩），缺口较大。

开展草田轮作工程要因地制宜、循序渐进，在典型示范的基础上按计划稳步推进。东北地区应推行粮—饲（青贮／牧草）为主的农作制，牧草种植比例为10%～20%；华北地区可实行粮—经—饲（青贮／牧草）三三农作制；农牧交错区则应以牧为主，农牧结合，实行粮—饲（牧草／青贮）农作制，牧草面积可占20%～40%；西北干旱区应推行粮—经（棉、果）—饲（牧草／青贮）农作制，农区牧草种植比例可为10%～30%，草原牧区牧草种植比例可适当提高，达50%左右；南方地区应以粮—经—饲（绿肥／饲料油菜）为主，充分利用冬闲田发展豆科绿肥与饲料油菜。在作物选择上，北方地区要以苜蓿和饲料油菜为主，同时辅以其他豆科牧草和绿肥；南方冬闲田地区则以种植饲料油菜和紫云英、黑麦草等绿肥为主。

据此粗略估算，到2030年，北方可实现草田轮作面积7 000万亩，其中农牧交错带和西北干旱区4 500万亩，东北地区、华北地区2 500万亩；南方冬闲田可实现以饲料油菜和豆科绿肥为主的草田轮作1亿亩。

（四）秸秆还田工程

秸秆还田有助于维持及提升耕地土壤肥力，提高土壤生产能力，减少化肥使用，减少环境负面影响。目前我国秸秆还田率比发达国家约低20%，还有巨大的发展潜力。未来我国应以秸秆综合利用工程为基础，重点开展秸秆肥料化利用，大力推行秸秆还田工程，主要推行应用秸秆精细还田、腐熟还田、秸秆生物反应堆和秸秆生产有机肥技术，并配套建设完善秸秆收贮体系。

应因地制宜探索还田方式。东北平原、黄淮海平原地势平坦开阔，应加大秸秆还田工作力度，大力推广玉米秸秆深翻还田技术、秸秆覆盖还田保护性耕作技术，提高还田质量；深入推广应用机械化收获、机械化秸秆还田、免耕播种“一条龙”作业模式，切实提高耕作效率和秸秆还田率，实现秸秆直接还田率达60%以上。

对于机械秸秆粉碎还田推广条件不成熟的地区，或是因地势地形条件不适宜大马力机械的地区，如南方丘陵地区等地，可通过积极研发推广秸秆快速腐熟技术和畜禽粪便发酵腐熟技术，推广秸秆堆沤还田或过腹还田，切实提高秸秆还田质量，秸秆还田率可在当前30%左右（朱奇宏等，2005）的基础上提高10%～20%。

应加快秸秆还田关键技术研发，重点攻克与玉米—大豆轮作、玉米连作种植制度相配套的秸秆覆盖还田和深翻还田技术；加强对适合北方的147kW以上的深翻还田机械、打捆机、粉碎机等的研发，加强适合南方相对小块农田应用的机械进行技术攻关。优化提升农机装备，积极推广经济适用、技术先进、性价比高的秸秆还田机械，鼓励和支持农业经营主体购买和使用切碎、抛洒、灭茬、深埋、播种等秸秆粉碎还田农业机械。

应加大先进农业技术推广力度，建设秸秆还田示范区。在不同地区有针对性地建立千亩以上秸秆机械化还田示范片若干个，加强农机和农技人员队伍建设，推广应用先进技术，实现从秸秆机械化还田，农作物的种植、苗情、病虫草害防治、中后期生长技术指导直到成熟收获的全程监控和指导，通过实地实践使当地农户深入理解秸秆机械化还田的重要性，掌握秸秆还田技术路线和作业标准。

与此同时，各地区应因地制宜建立完善秸秆还田激励机制，主要包括加大对秸秆还田机械生产企业的政策扶持力度，对使用大马力机械进行秸秆还田深翻的新型农业经营体及粮食生产承包大户给予政策倾斜，对购买并使用机械进行秸秆还田的农户给予适当补贴。

（五）畜禽粪便肥料化利用工程

我国农业废弃物中，仅畜禽粪便每年生产量即达30多亿t，对畜禽粪便进行肥料化应用，既是对农业废弃物的再利用，可以减轻环境污染，同时又可以提高耕地土壤肥力，对我国农业可持续健康发展具有重要意义。

建议在我国大力推广应用畜禽粪便肥料化利用工程，实施重点区域在四川、河南、山东、内蒙古、云南、河北等畜禽养殖业发达、畜禽粪便排放量较多的地区，以及畜禽粪便排放总量虽然不多但因人口密集耕地较少导致单位耕地畜禽粪便污染量较大的东部沿海地区，如浙江、广东和福建等地。

应以提高畜禽粪便无害化处理、资源化利用水平为重点，根据养殖规模，选择性推广粪便肥料化利用技术。一是粪便自然发酵直接还田。主要是建设堆积贮存场所，利用

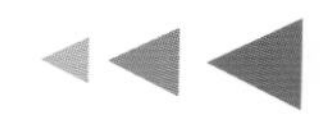

微生物氧化分解粪便，堆肥后直接还田。二是发酵床粪便处理技术。将垫料和高效微生物菌种混合，吸附发酵畜禽粪便，形成腐熟堆肥、氨基酸和功能微生物为一体的生物有机肥料。三是畜禽粪便有机肥生产技术。依托规模化养殖场，配套建设畜禽粪便肥料化生产设施，规模化生产有机肥。

建议加强畜禽粪便回收体系建设，依托规模化养殖场建设畜禽粪便集中收集贮存再利用系统，同时加强小型养殖场废弃物回收。加强畜禽粪便肥料化技术研究，根据畜禽粪便的具体种类及数量比例，结合当地农业生产实际情况，有针对性地开发不同类型肥料产品。加强加工装备研究和生产工艺升级，在保证肥料有效性的前提下，进一步降低生产成本，有效促进畜禽粪便肥料化利用大规模推广。

与此同时，国家及地方政府应对禽粪便肥料化利用给予政策倾斜，鼓励大中型有机肥生产企业和畜禽养殖场利用畜禽粪便等废弃物生产有机肥，支持其扩大生产规模，并在生产、运输、税收等方面提供多项鼓励政策。

（六）表土剥离再利用工程

耕地耕作层是农作物生长的基础，是粮食综合生产能力的根本，耕层土壤的形成和培肥需要几十年甚至上百年的时间。采取工程手段将非农建设所占用耕地的适合耕种的耕作层表土（30cm或更深）土壤进行剥离，用于原地或异地土地复垦开发、土壤改良、中低田改造、造地及其他用途，是提高耕地质量的有效途径（谭永忠等，2013）。用剥离的表土进行造地复垦，土壤肥力充足，作物产量高。表土剥离再利用工程既可以有效保护地表熟土资源不流失不浪费，同时又能减少造地外调土的熟化时间，增效显著，可以有效缓解城乡建设用地与耕地保护的矛盾，在当前经济社会快速发展、建设用地占用耕地现象普遍的背景下，具有重要的应用前景和意义。

建议积极开展表土剥离利用试点及经验总结，在全国范围内积极推广表土剥离再利用工程，实施重点区域在耕地表土结构良好、疏松、养分丰富的东北黑土区以及人口集中、快速城市化、建设用地占用耕地矛盾突出的东部地区。在由试点逐步向全面铺开的过程中，既要考虑技术可行性，又要考虑经济可行性，应根据各地区地质地貌、水文、土壤等条件，因地制宜开展表土剥离再利用工作（张凤荣等，2015），对于不同土壤类型采取不同的表土剥离方案，加强对表土剥离的土壤质量监测，对于已污染的耕地，应在进行土壤改良修复后视具体情况开展表土剥离再利用工作，已剥离的表土在回填造地之前，必须先经测试化验，如有污染，必须先对已污染土壤进行治理修复，符合质量要求后再回填再利用。

应加快制定表土剥离再利用的相关法律法规及技术标准，对表土剥离的技术规程、标准规范给予详细规定，提高表土剥离的可操作性。出台表土剥离再利用各项环节的实践指南，明确表土剥离再利用的机器设备、相关注意事项等，为开展精细化表土剥离工作提供指导。

（执笔人：胡莹洁　孔祥斌　张玉臻）

专题报告三

粮食主产区耕地土壤重金属污染防治战略研究

土壤重金属因其不可降解和生物毒性被列为危险的污染物，因快速工业化和城市化造成的耕地土壤重金属污染威胁着粮食安全、生态系统和人类健康。近年来中国土壤重金属污染事故频发，2014年环境保护部和国土资源部联合发布的《全国土壤污染状况调查公报》显示，我国耕地污染点位超标率达19.4%；另据报道，2009年至今，我国每年平均发生十几起特大土壤重金属污染事件，“镉米”“镉麦”等污染事件也频繁在媒体曝光，引起了全社会对耕地土壤重金属污染尤其是粮食主产区主要粮食作物重金属超标问题的广泛关注。

三江平原、松嫩平原、长江中游及江淮地区、黄淮海平原和四川盆地是中国农业资源条件极为优越的五大粮食主产区，耕地面积约占全国耕地总面积的40.00%以上，粮食产量占全国总产量的58.49%，其中小麦、玉米、稻谷产量分别占全国总产量的70.45%、61.37%和43.61%，在中国粮食生产中拥有重要的战略地位，其耕地的土壤重金属污染情况则直接威胁着中国的粮食安全和国民健康。为此，本专题以上述五大粮食主产区为研究区，基于2000年以来3 006个农田样点土壤重金属实测数据和20世纪80年代的土壤重金属历史数据，采用单因子指数法，评估耕地土壤重金属（Cd、Pb、As、Ni、Cu、Zn、Cr、Hg）的污染现状和空间分布，探讨其时空变化趋势；同时，基于样点的区位环境，结合地累积指数法分析土壤重金属的污染源，并提出中国粮食主产区防治耕地土壤重金属污染的战略、具体措施以及多项亟待实施的重点工程。

一、耕地土壤重金属污染态势分析

（一）耕地土壤重金属污染现状

本专题耕地土壤重金属含量数据均为实测的样点数据，时间段为2000年以来和20世纪80年代两个时期。其中2000年以来的土壤样点数据为3 006个，主要来源于国内外已发表的同时期文献；20世纪80年代的土壤样点数据656个，来源于《中华人民共和国土壤环境背景值图集》。

1. 耕地重金属污染种类较多，空间变异性大

五大粮食主产区Cd、Pb、As、Ni、Cu、Zn、Cr、Hg的平均值分别为0.537mg/kg、30.69mg/kg、11.62mg/kg、32.56mg/kg、28.07mg/kg、104.92mg/kg、

65.40mg/kg和0.207mg/kg，均超过中国土壤重金属背景值（表3-1）。超出背景值比重从大到小依次为：Cd（88.36%）、Ni（70.67%）、Hg（69.14%）、Cu（67.85%）、Cr（63.82%）、Pb（58.29%）、Zn（58.23%）和As（39.40%），这表明五大粮食主产区的重金属污染种类较多。

变异系数（CV）能更好地反映重金属含量的波动情况，CV≤10%为弱变异，10%≤CV≤100%为中等变异，CV>100%为强变异（杨艳丽等，2008），变异系数越大表明重金属含量受外界因素影响越大（李春芳等，2017）。由表3-1可知，耕地土壤8种重金属的变异系数由大到小依次为：Hg>As>Cd>Zn>Ni>Cu>Pb>Cr。除Pb和Cr属于中等变异，其余6种重金属均属于强变异，其含量数据空间分布离散性大，受外界人类活动的影响较大。

表3-1　土壤重金属浓度描述性统计（n=3 006）

单位：mg/kg

项目	Cd	Pb	As	Ni	Cu	Zn	Cr	Hg
样本量	2 784	2 889	2 137	1 664	2 498	2 150	2 510	2 152
均值	0.537	30.69	11.62	32.56	28.07	104.92	65.40	0.207
标准差	3.20	29.23	91.94	43.20	35.26	386.37	45.55	1.94
变异系数	5.97	0.95	7.91	1.33	1.26	3.68	0.70	9.38
中国背景值	0.097	26.00	11.20	26.90	22.60	74.20	61.00	0.065
超出背景值数量	2 460	1 684	842	1 176	1 695	1 252	1 602	1 488

2. 耕地重金属污染超标率明显，但以轻度为主，南方污染重于北方

五大粮食主产区耕地土壤污染点位超标率平均为21.49%，高于全国耕地19.4%的平均水平。土壤重金属污染程度总体上以轻度为主，其中轻度、中度、重度污染点位比例分别为13.97%、2.50%和5.02%（表3-2）。

表3-2　五大粮食主产区耕地土壤重金属污染点位超标情况

单位：个，%

区域	点位数	超标点位数	超标率	轻度	中度	重度
三江平原	60	1	1.67	0	1.67	0
松嫩平原	353	33	9.35	1.98	3.97	3.40

（续）

区域	点位数	超标点位数	超标率	轻度	中度	重度
长江中游及江淮地区	731	224	30.64	21.61	1.92	7.11
黄淮海平原	1 350	165	12.22	5.78	1.33	5.11
四川盆地	512	223	43.55	34.57	5.47	3.52
总体	3 006	646	21.49	13.97	2.50	5.02

数据来源：依据大量已发表的耕地土壤重金属污染的文献数据和野外调查采样数据整理。

南方粮食主产区的土壤重金属污染重于北方。从点位超标率看，四川盆地和长江中游及江淮地区的耕地点位超标率分别为43.55%和30.64%，高于黄淮海平原、松嫩平原和三江平原的12.22%、9.35%和1.67%（表3-2）。从污染等级看，四川盆地、长江中游及江淮地区、黄淮海平原轻度污染比重较高，分别为34.57%、21.61%和5.78%，约占其总超标比重的79.37%、70.54%和47.27%；松嫩平原以中、重度污染为主，污

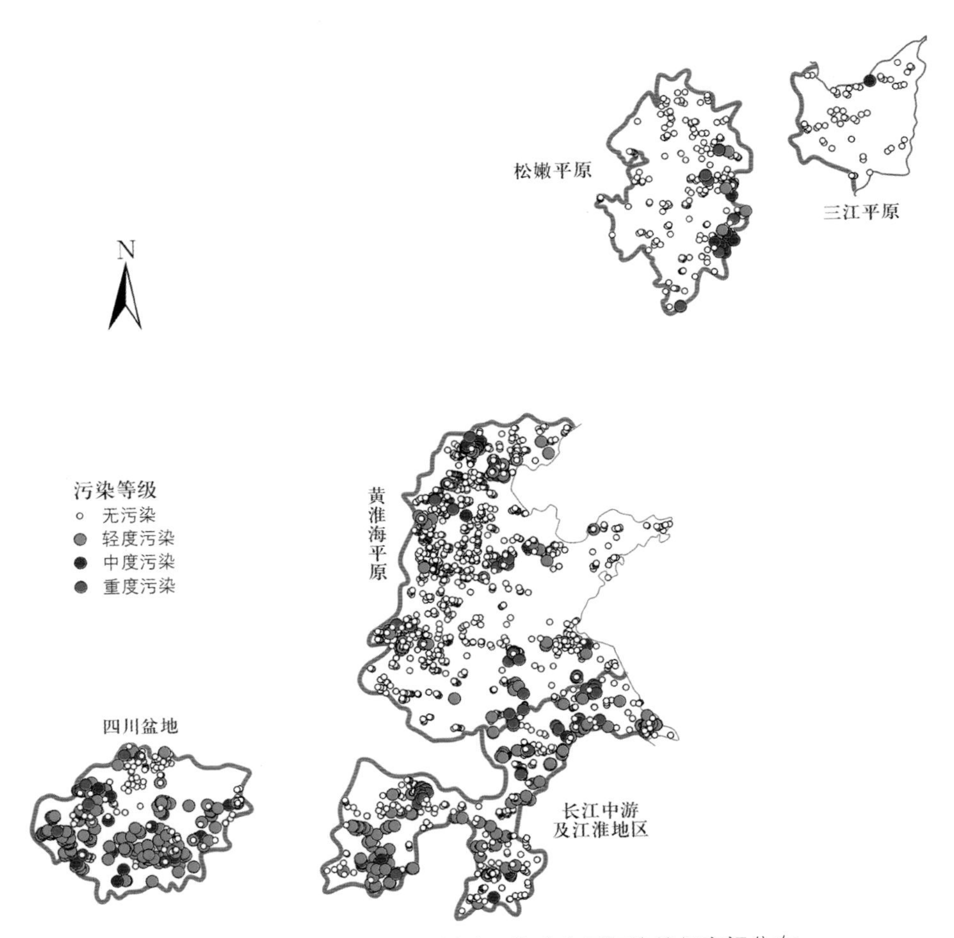

图3-1　五大粮食主产区耕地土壤重金属污染等级空间分布

染比重分别为3.97%和3.40%，占其总超标比重的42.42%和36.36%；三江平原仅存在中度污染，超标比重为1.67%（图3-1）。此外，分析各粮食主产区的重度污染点位发现，长江中游及江淮地区重度污染点位比重最大，为7.11%，主要分布在该区的西北、南端和北部，如江汉平原东北部、洞庭湖平原、鄱阳湖平原南部、巢湖西部平原和淮河中游；黄淮海平原重度污染次之，比重为5.11%，主要分布在中部、北部和东南部的部分地区，如山东丘陵区、豫北平原、京津唐地区、黄泛平原等；四川盆地重度污染点位仅为3.52%，主要分布在成都平原中部；松嫩平原重污染点位比重为3.40%，主要集中在哈尔滨、长春等地区；三江平原尚无重度污染。

3. Cd污染超标率最高，Ni、Cu、Zn和Hg污染相对较重

粮食主产区耕地土壤重金属污染物以Cd、Ni、Cu、Zn和Hg为主，污染比重分别为17.39%、8.41%、4.04%、2.84%和2.56%，其他污染物比重仅为0.14%～0.89%（图3-2）。

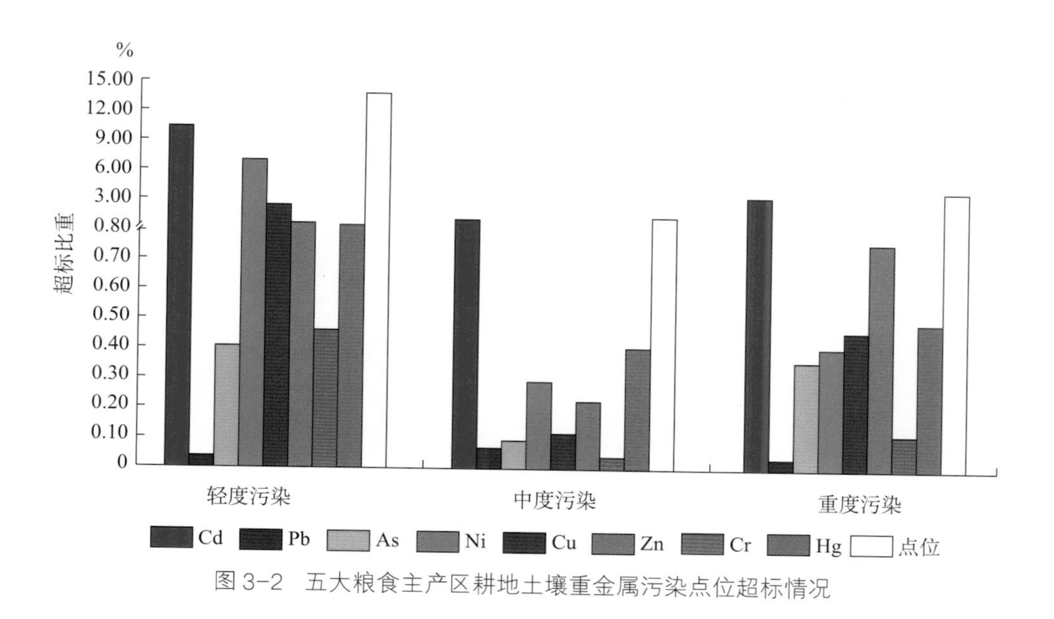

图3-2　五大粮食主产区耕地土壤重金属污染点位超标情况

在8种重金属中，Cd是五大粮食主产区最主要的污染物，超标比重为1.72%～34.90%（图3-3）。其中四川盆地Cd污染点位超标最为严重，达34.90%，主要分布在重庆东部地区；长江中游及江淮地区Cd点位超标比重为21.88%，重度污染点位超标为5.21%，主要分布在北部的淮河下游地区和西部的江汉平原；黄淮海平原Cd的点位超标率为10.75%，重度污染点位主要分布在鲁北平原南部、黄泛平原、京津唐地区、豫北平原西部等地域。金属Ni和Cu的污染超标情况次之，主要分布于南方粮食主产区。其中，四川盆地Ni和Cu的点位污染超标分别为30.32%和9.34%，以轻度污染为

主，仅中部鄂州及西南—东北沿线存在少量的中、重度污染点位；长江中游及江淮地区的超标比重分别为16.46%和8.28%，也是以轻度污染为主，中、重度污染比重较低，主要分布在西南—东北沿线一带的地区。Zn和Hg在黄淮海平原、长江中游及江淮地区存在一定程度污染，污染比重分别为2.86%～4.62%和0.71%～1.00%，但均以轻度污染为主，少量的重度污染分布在洞庭湖平原、淮河下游平原、京津冀地区、黄泛平原和济焦新山前平原等地区。

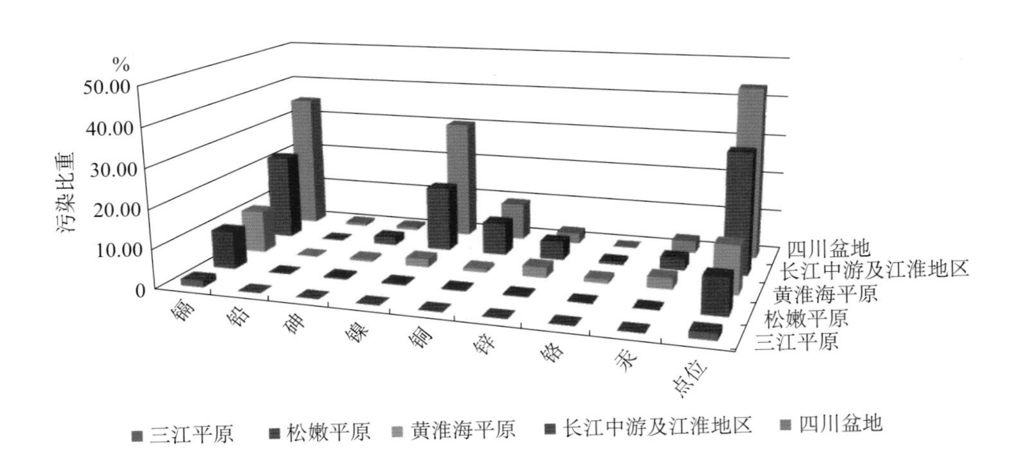

图3-3 五大粮食主产区8种耕地土壤重金属污染比重对比

总之，四川盆地耕地土壤重金属的点位超标率、轻度污染和中度污染比重、Cd污染比重均高于其他地区；其次是长江中游及江淮地区，且其重度污染比重、Ni和Cu污染比重高于其他地区；黄淮海平原的Zn和Hg污染比重较高；松嫩平原Cd污染比重相对较高；三江平原仅存在极小比重的Cd污染，其余均在清洁安全范围内。

（二）耕地土壤重金属污染变化趋势

1. 耕地土壤重金属点位超标率呈显著增加趋势

20世纪80年代至21世纪初，五大粮食主产区耕地土壤重金属点位超标率从7.16%增至21.49%，快速增长了14个百分点。除三江平原，其他四个粮食主产区耕地土壤重金属点位超标率增加趋势显著（图3-4）。

四川盆地从17.68%增至43.55%，增长了近25个百分点，变化量最大；松嫩平原、黄淮海平原和长江中游及江淮地区三个主产区点位超标率增长了9～11个百分点，其中松嫩平原从0.52%增至9.35%，约增长了9个百分点；黄淮海平原从3.06%增至12.22%，增长了近9个百分点；长江中游及江淮地区从19.38%增至30.64%，增长了约11个百分

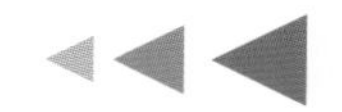

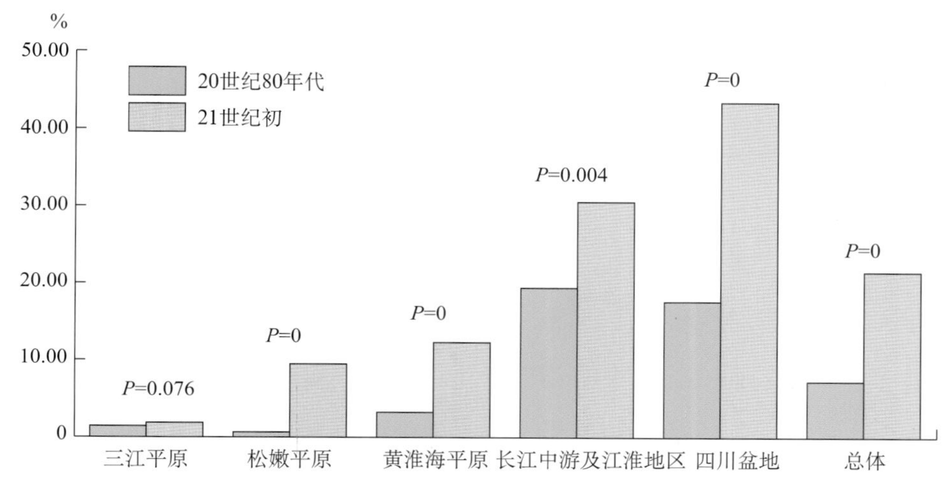

图3-4　20世纪80年代至21世纪初五大粮食主产区耕地土壤重金属点位超标比重变化量

点。只有三江平原耕地土壤重金属点位超标率上升幅度最小，增长不足1个百分点。

从空间变化上看，四川盆地在西部的成都平原绵阳、雅安、眉山、乐山等地区以及中部盆中丘陵南部地区的重金属点位超标率增加了50%以上，而在东南部盆东低山丘陵增加了30%～50%。其次是松嫩平原，增加的超标点位主要分布在东部和南部边界，增加比重为5%～30%。黄淮海平原则在东南的徐淮低平原、皖北平原和中部的黄海平原超标点位增加显著，增加比重在30%以上，部分地区增加比重达50%以上；而在西南的豫东平原和北部的京津唐平原，超标比重增加量低于20%。长江中游及江淮地区在北部沿线的淮南沿海平原、江淮丘陵以及西部的洞庭湖平原重金属污染增加趋势最为显著，变化量在50%以上，其次是洞庭湖平原的岳阳、江汉平原的孝感、江淮丘陵的巢湖、淮南沿海平原的盐城、太湖杭嘉湖平原南通和镇江超标比重增加了30%～50%。

2．大多数重金属污染比重呈上升趋势，Cd污染增加最为显著

绝大多数重金属元素污染比重呈上升趋势。其中，Cd的污染比重增加趋势最为显著，从20世纪80年代的1.32%增至21世纪初的17.39%，增加了16.07%；Ni、Cu、Zn和Hg污染比重分别增加了4.56%、3.68%、2.24%和1.96%；而Pb和Cr的污染比重稍有下降，分别降低了0.01%和0.03%。

从区域层面上看，除三江平原变化趋势不明显，南方粮食主产区的Cd、Ni和Cu重金属超标比重变化量高于北方，而Hg和Cr增速北方高于南方（图3-5）。20多年间，四川盆地、长江中游及江淮地区的Cd污染比重增加了16～35个百分点，其中，四川盆

地从0增加至34.90%，长江中游及江淮地区从5.41%增加到21.88%，均高于松嫩平原和黄淮海平原的变化量，其中松嫩平原从0增至9.75%，黄淮海平原从0.40%增至10.75%，两地区均增长了约10个百分点。Ni的变化量在四川盆地和长江中游及江淮地区较大，分别增加了4个和19个百分点，高于松嫩平原和黄淮海平原。Cu在南方粮食主产区超标比重增加近9个百分点，而在北方增加不足1个百分点。北方粮食主产区Hg和Cr的超标比重增加趋势较南方明显。Hg在黄淮海平原的超标比重从0增至2.81%，增加了近3个百分点，而在长江中游及江淮地区和四川盆地仅增加了1.6个百分点。Cr的变化趋势较小，但其在北方的黄淮海平原污染比重小幅度增加了0.24%，而在长江中游及江淮地区降低了0.81%。

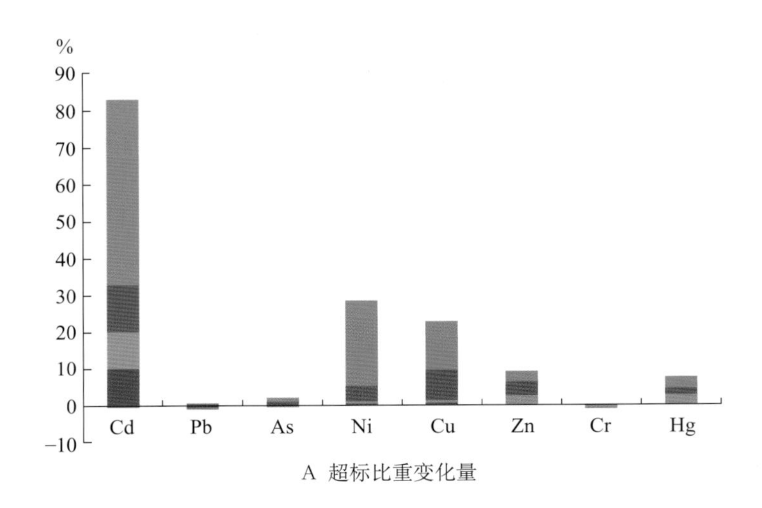

A 超标比重变化量

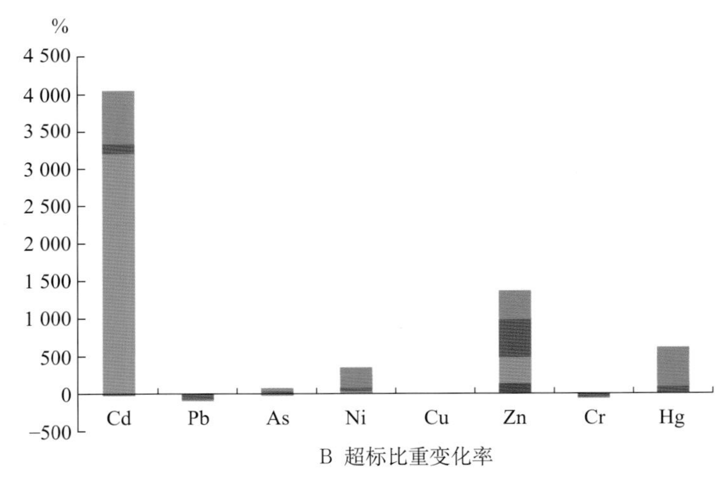

B 超标比重变化率

■ 三江平原 ■ 松嫩平原 ■ 黄淮海平原 ■ 长江中游及江淮地区 ■ 四川盆地 ■ 五大粮食主产区

图3-5 20世纪80年代至21世纪初五大粮食主产区8种耕地土壤重金属超标比重变化量和变化率

二、耕地土壤重金属污染源辨识与成因分析

（一）耕地土壤重金属污染源辨识

1．耕地重金属累积受自然和人为活动双重影响，人为因素已成为部分重金属污染的主要贡献者

耕地土壤重金属污染来源极为复杂，初期主要受成土母质及人类活动的影响，但随着社会经济的发展，一些区域的人类活动已超过自然来源对耕地土壤重金属含量的贡献。本书应用地累积指数法判别土壤重金属受自然背景和人为活动污染的影响程度。计算公式如下：

$$I_{geo} = \log_2\left(\frac{C_i}{1.5B_i}\right)$$

式中，C_i是土壤样品中重金属的含量，mg/kg；B_i是重金属的自然背景值，mg/kg；1.5是考虑各地岩石差异可能会引起背景值的变动而取的系数。I_{geo}值越大，污染越严重，当$I_{geo}>0$时，表示土壤中的金属来自人为活动而不是来源于自然地壳的贡献。

计算结果表明，五大粮食主产区土壤重金属的I_{geo}均值从大到小依次为：Cd>Hg>Pb>Cu>Zn>Cr>As（图3-6），且Cd均值大于0。从I_{geo}均值大小可初步判定五大粮食主产区耕地土壤中Cd、Hg以人为污染源为主，所占比重分别为66.13%和56.41%；其他6种重金属则以自然污染源为主，尤其是As、Ni和Cr的地累积指数I_{geo}分别有95.18%、89.96%、89.96%的点位小于0，即主要受自然地壳因素的影响，但Pb、Zn和Cu分别有21.88%、20.33%和17.85%的点位受人为活动的影响。

南方人口相对密集，经济活动频繁，粮食主产区较北方受人为活动影响大。四川盆地除As约90%的点位受自然因素影响外，其他7种重金属含量尤其是Cd、Cr和Hg分别有84.90%、61.33%和60.70%的点位受到人为活动影响。黄淮海平原和长江中游及江淮地区的Cd和Hg的积累以人为污染为主，其中黄淮海平原分别有66.93%和65.89%的点位污染受到人类活动影响，略高于长江中游及江淮地区的59.08%和46.73%；而两个地区的Pb、Cu和Zn受到人为活动影响的比重不高，为

11.00%～24.00%。东北地区三江平原和松嫩平原耕地土壤点位超标主要以自然因素影响为主，尤其是三江平原98%以上的Pb、As、Zn、Ni和Cr含量均来源于自然地壳，松嫩平原除Cd以外的7种重金属也有70%～99%的比重以自然背景值较高为主。与其他地区一样，Cd污染是松嫩平原和三江平原受人为活动影响最多的元素，人为活动贡献分别达54.40%和36.21%。

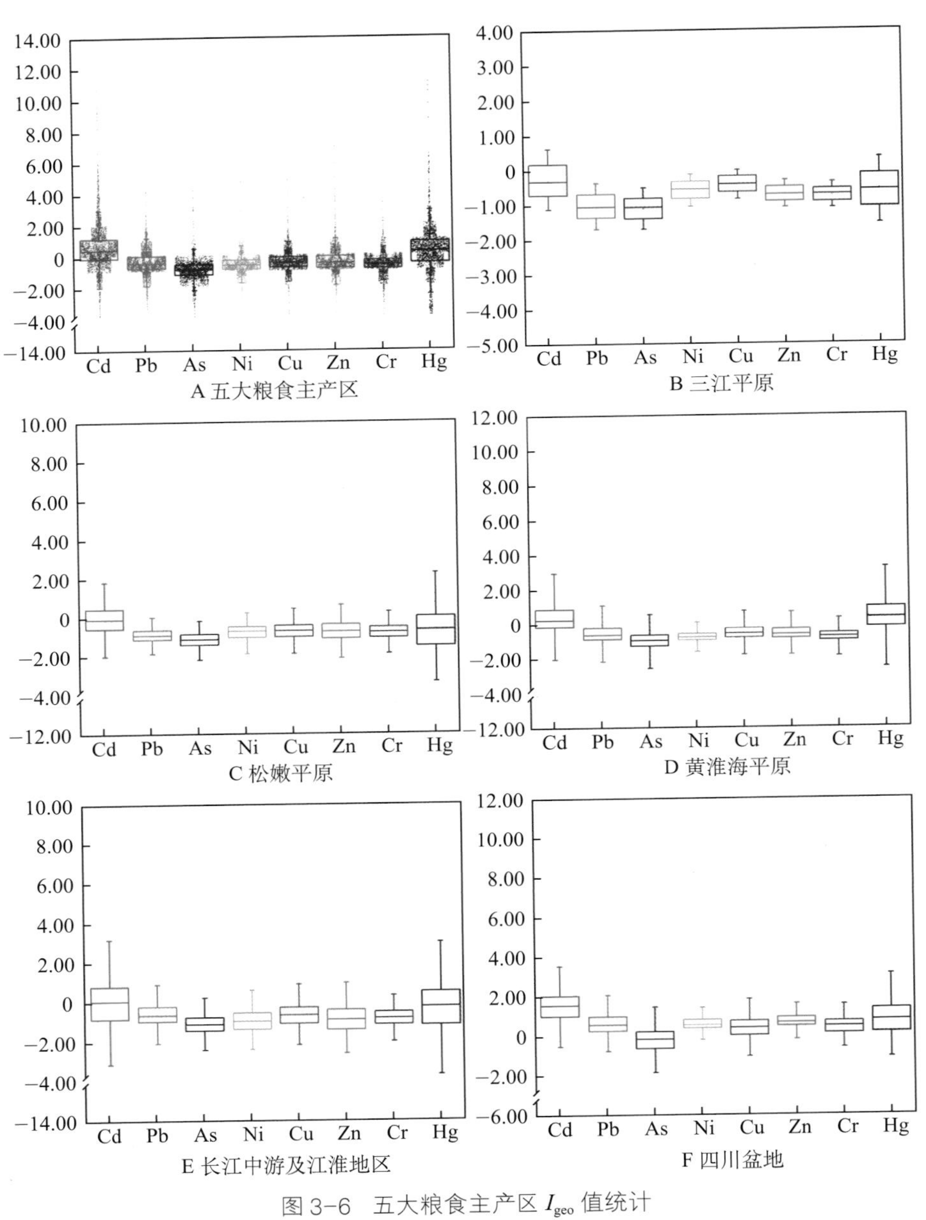

图3-6 五大粮食主产区 I_{geo} 值统计

2. 采矿业、工业区、污灌水是耕地土壤重金属污染的主要来源

20世纪80年代以来，随着我国城市化进程的不断加快，工矿污染排放、污水灌溉、

大气沉降以及污泥、农药肥料、地膜的农田施用、畜禽养殖等强烈的人为活动以及高强度外源物质的输入，已成为我国耕地土壤重金属污染的主要来源。

根据课题组对五大粮食主产区不同区位环境耕地土壤重金属污染超标统计分析结果（图3-7），矿区排污是导致耕地土壤重金属污染严重超标的主要来源，矿区附近被污染耕地重金属超标比重达到93.75%，其中重度污染比重高达87.50%，且南方矿区受污染耕地重于北方。主要原因是矿山的开采、冶炼、重金属尾矿、冶炼废渣和矿渣堆放等，随着矿山排水和降雨使之带入河流等水环境或直接进入土壤，间接或直接造成矿区周边耕地土壤重金属的污染（刘胜洪等，2014；李江遐等，2016；王璇等，2017）。我国矿山多分布在南方，如江西德兴、湖南湘西、湖北大冶、浙江富阳、四川攀枝花等地区，这与矿区周边农田土壤评估的结果相吻合。除三江平原和松嫩平原无矿区附近点位外，长江中游及江淮地区、四川盆地的矿区附近的点位重金属超标均为100.00%，显著高于黄淮海平原的60.00%，这也与我国南方矿区开采多于北方的分布结果相吻合。但需要指出的是，南北矿区产生的重金属存在差异。黄淮海平原的矿区主要造成Hg、Cr和Cd污染，超标比重分别为100.00%、40.00%和28.57%；而长江中游及江淮地区与四川盆地主要造成Cd、Ni、Cu和Zn污染，且两个地区的Cd和Zn超标率均为100.00%和25.00%，而长江中游及江淮地区的Ni和Cu超标比重为100.00%和75.00%，显著高于四川盆地的33.33%和25.00%。总体上，矿业开采主要造成了

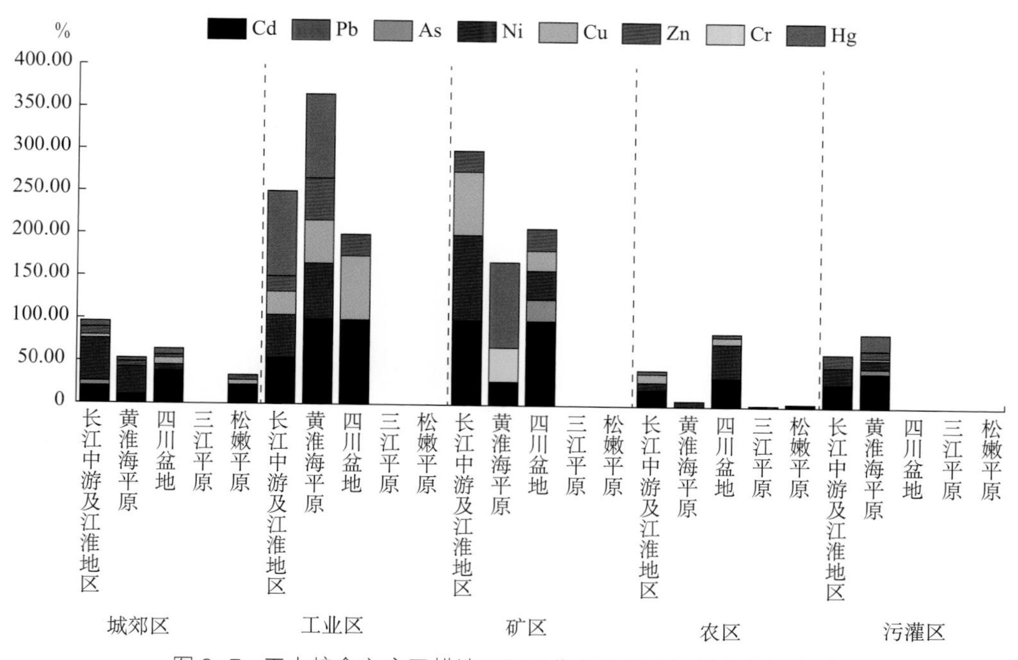

图3-7　五大粮食主产区耕地不同区位环境重金属污染超标比重

Cd、Hg、Ni、Cr、Cu污染，超标比重分别为66.67%，50.00%、50.00%、28.57%、23.53%。

冶金、化工、火力发电、染料、电子等涉重工业生产过程中，排放含多种重金属的“三废”，其随着废水、雨水、大气沉降等各种途径进入农田。城市工业区或城郊结合部正是这些涉污企业集中分布区，而这也是工业区附近和城郊耕地土壤重金属污染较重的主要原因之一。工业区或工业城市的涉污企业，规模较大，排放的“三废”量也较大，易造成其附近耕地的土壤重金属污染，尤其是Cd、Ni、Cu、Zn和Hg的超标点位较多，如四川盆地和黄淮海平原工业区附近耕地样点Cd均100.00%超标，长江中游及江淮地区和黄淮海平原工业区附近样点Hg皆100%污染；Cu在四川盆地的超标比重为75.00%，长江中游及江淮地区其超标相对较低，但也达到了27.27%；黄淮海平原和长江中游及江淮地区工业区附近耕地Ni超标也较严重，分别为66.66%和50.00%。

污水灌溉导致耕地土壤重金属污染。近年来，污水灌溉已成为缓解我国农业水资源短缺的一种有效措施，但长期过量利用污水灌溉会导致土壤中Zn、Pb、Cu、Cr等重金属的累积（Dère C等，2007）。据调查，约有四分之一的污灌污水中Hg、Pb、Cr、Zn、Cu不符合农田灌溉水质标准（辛术贞等，2011），即使不超标，长期灌溉也会造成土壤和作物中重金属的累积，而这也与本专题得出的污灌区耕地点位超标比重为47.62%的结果较为吻合。中国污灌农田主要集中在北方水资源严重短缺的海、辽、黄、淮四大流域（辛术贞等，2011；廖林仙等，2006），而南方地区污水灌溉面积相对较小，黄淮海平原污水灌溉除了导致耕地重金属多了As、Cu、Hg污染，Cd超标率还比长江中游及江淮地区高了12.34%。总之，因污水灌溉导致的北方主产区耕地重金属污染的种类及主要污染物Cd比重均高于南方，Cd、Ni和Zn是主要的污灌水污染物。

大气沉降、农业生产投入活动等也会造成一定的重金属累积。本专题中纯农区的土壤样点污染超标比重最低，仅为11.44%。虽然纯农区耕地距离工矿等显著污染源较远，但远距离传输的大气颗粒物降尘可携带多种重金属污染物（李山泉等，2014），如Hg、As、Cd、Pb、Cr、Ni等，这些污染物长期尘降累积效应可导致农区土壤重金属含量增加甚至污染；另外，化肥农药的过量施用、农用塑料薄膜的使用也给农田带来不同程度的重金属污染（肖明等，2014）。

综上可知，采矿业、工业区、污灌水、大气污染沉降是五大粮食主产区耕地土壤重金属主要的污染来源，且其影响远大于农业生产活动投入。其中，矿业开采主要造成了

Cd、Hg、Ni、Cr、Cu污染，工业污染三废导致Cd、Ni、Cu、Zn和Hg超标，污灌水灌溉易使Cd、Ni和Zn超标。

（二）耕地土壤重金属污染的成因分析

1．自然背景

土壤重金属污染的自然成因，主要包括土壤中某些重金属的高背景值，水力、风力等外营力作用，以及土壤中次生污染物质等。20世纪80年代国家土壤普查的结果表明，Cd、Hg、As、Pb在全国分布上表现出明显的区域性特征。如西南地区贵州、云南、广西等喀斯特石灰岩地区的内源型母质和自然成土过程所形成的重金属高背景值（骆永明、滕应，2018）；珠三角地区土壤中Hg、Ni污染严重，也与土壤母岩、母质有关。

2．工业“三废”和交通废物

据环境保护部环境统计公报，2015年我国工业固体废弃物产生量达32.7亿t，废物排放量比较大的行业主要涉及煤炭和金属矿采选业等；全国工业废气排放量68.5万亿m^3；全国废气中烟（粉）尘排放量1 538.0万t，其中工业烟（粉）尘排放量为1 232.6万t，占全国排放总量的80.1%。各种含有重金属元素的粉尘在大气驱动下由空中飘入农田，造成耕地土壤重金属累积。

随着汽车保有量的快速增长，交通排放也是土壤重金属的一个重要来源。含铅汽油、润滑油的燃烧，汽车轮胎的机械磨损都排放Pb、Zn、Cu、Cd等重金属，因此城市公路两侧土壤重金属累积严重。

3．污水灌溉

污水灌溉是指利用工业废水、排污河污水／城市下水道污水以及污染的地表水等进行农业灌溉（樊霆等，2013）。我国北方因水资源短缺，污水灌溉农田现象较为严重，主要集中在水资源严重短缺的海、辽、黄、淮四大流域，约占全国污水灌溉面积的85%（辛术贞等，2011；廖林仙等，2006）。污水灌溉将大量重金属带入土壤，造成农田土壤重金属污染。据调查，我国约有四分之一污灌污水中的Hg、Pb、Cr、Zn、Cu的含量超出农田灌溉水质标准，即使不超标，长期灌溉也会造成土壤和作物中重金属的累积。据农业部针对全国约140万hm^2污灌区的调查，遭受重金属污染的耕地面积占污水灌区面积的64.8%，其中轻度污染的占46.7%，中度污染的占9.7%，严重污染的占8.4%（崔德杰、张玉龙，2004；裴亮，2010）。本专题中污灌区耕地土壤重金属点位超标比重也高达47.62%，也表明污水灌溉是造成耕地土壤重金属污染的重要原因之一。

4．农用化学品大量使用

据统计，当前我国化肥年施用总量约为6 300万t，占世界总量的22%，且10多个省的平均施用量超过了国际公认的上限（225kg/hm²），有的高达400kg/hm²（骆永明、滕应，2018）。化肥中含有Cd、Pb、Hg、As等重金属，过量施用化肥，尤其是磷肥将导致耕地土壤中重金属污染（林忠辉、陈同斌，2000）。近30年来，我国通过磷肥施用进入耕地土壤Cd总量高达147～600t，且集中分布在在河南、山东、湖北、福建等中东部地区。同时，虽然东北、西部、西南地区磷肥施用量低于中东部地区，但化肥施用量呈快速增加的趋势。此外，来源于集约化养殖场的有机肥中含有的As、Cd、Cr和Pb等重金属，也是土壤重金属污染的一个重要来源。另有研究表明，氮肥的大量使用易导致土壤酸化，而土壤酸化环境加大了土壤重金属的活性，使得我国土壤重金属被农作物吸收的风险日趋增大（Guo等，2010）。

5．不合理人为活动叠合重金属可迁移性，致使耕地土壤污染面积扩大化

长期以来，矿区的土壤重金属点状污染，往往因粗放的管理方式、频发的生产事故等不合理的人为活动，经大气或河流运输扩散发展为流域或区域性的线状、面状污染。如江汉平原的Cd高值区，主要来源于其上游地区的神农架、恩施，属于磷灰石、闪锌矿等含镉丰富的石灰岩地，经洪水搬运迁移扩散进入江汉平原，使其土壤Cd污染较为严重。

6．大气沉降

大气沉降是造成土壤重金属污染的主要原因之一（蔡美芳等，2014）。工业废水、废渣、废气造成的土壤污染往往是局部的、严重的；而大气沉降带来的土壤污染则是大面积而持续的（郭修平、郭庆海，2016）。据研究，四川省成都经济区农田中的每年重金属大气干湿沉降通量平均值为17.76g/hm²，对土壤Cd污染的贡献率达到86%；北京农田土壤中As、Cd、Hg、Pb等元素的大气干湿沉降输入量占总输入量的50%以上，最高达99%（丛源等，2008）。

此外，大气中的重金属除了飘散于农田致使土壤重金属累积，更重要的是它可以被农作物直接吸收，威胁食物安全。如在土壤Cd含量在0.16～0.19mg/kg的田地，在Cd年沉降量为2.1g/hm²的情况下，大麦麦粒中41%～48%的Cd来自于大气（陈能场、郑煜基，2017）。虽然与Pb相比，土壤Cd是作物中镉的主要吸收途径，但在土壤

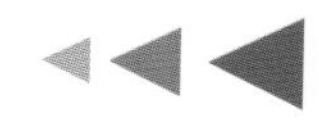

含Cd量低、大气含Cd量高，特别是大气Cd年沉降量在10g/hm^{2}的情况下，大气Cd就很可能是当地作物Cd的主要来源。如冶炼区、采矿区周边乃至高速公路两边的水稻，大气污染很可能是稻米Cd来源的总要途径之一。

7. 土壤酸化导致农田重金属活性增强

过去20年间，我国农田土壤pH下降了约0.5个单位，相当于土壤酸量（H^+）在原有基础上增加了2.2倍（Guo J等，2010）。土壤酸化易导致重金属活化，并减弱土壤对外来重金属进行“老化”的能力（陈能场，2016），这些过程导致土壤中重金属的有效性提高，农作物易吸收过量重金属而受到污染。特别对于Cd这个在土壤—植物系统中容易迁移的有害重金属，土壤酸化环境下Cd活化效应更为明显，这导致我国虽然制定了世界上最为严格的土壤环境质量标准，但依然会生产出镉超标的粮食。

8. 田间管理不善将增加作物对土壤重金属的吸收

田间管理对农作物吸收土壤中重金属有较显著的影响。如稻田水分管理和天气对于重金属的吸收与控制有着密切的相关性。日本学者曾发现连续15年稻米镉含量均不相同，变幅在0.1～0.8mg/kg，与田面没有水的“干田”天数显著相关（陈能场、郑煜基，2017）。此外，早稻和晚稻的镉含量也有很大差别。虽然早稻后期高温，但早稻后期降水多、田面淹水、叶片蒸腾量低、大气湿度大，稻米镉超标率低；晚稻后期天气干燥、田面易干涸、叶片蒸腾量大，稻米镉超标较高。因此，水稻的种植年份、季节及水田管理不善，也易引发镉大米污染。

三、耕地土壤重金属污染防治战略

（一）战略思路

以保障农产品质量安全为出发点，以改善土壤环境质量为核心，尽快掌握基于地块水平的耕地土壤重金属污染现状，明确重点污染区域、主要污染物、污染类型和原因；坚持以预防为主的方针，实施源头防控，严控各类新增污染，逐步减少存量；加强无污染耕地保护与重金属超标农田的安全利用，保护与利用相结合；强化科技支撑，实施分类别、分用途、分阶段，循序渐进，因地制宜地治理和修复耕地土壤污染，防止土壤二次污染；坚持示范先行，加强土壤污染治理的综合示范；创新市场带动机制，探索产业化修复治理模式；强化法治保障，构建耕地环境质量保护与建设的法律法规体系；最终形成政府主导、企业担责、公众参与、社会监督的土壤污染防治体系，以达到不断改善耕地土壤环境质量、实现耕地土壤资源永续利用的目标。

（二）实现耕地土壤重金属污染有效防治的战略性转变

1. 从单纯保耕地数量向保耕地数量、土壤环境健康并举的战略转变

我国虽然实行的是最严格的耕地保护制度，但长期以来耕地保护工作沿用的是一种重数量、轻质量尤其是轻土壤环境的失衡机制。在快速工业化、城市化的过程中，这种重数量、轻土壤环境的保护机制，以及农业上多年来重利用、轻保护的理念，导致工业“三废”、污灌水、农药化肥等大量进入耕地，致使耕地的土壤环境健康遭到严重破坏，耕地土壤污染比例已占到全国耕地的19.4%，且还处在继续恶化趋势之中，如果得不到有效遏制，将会引发耕地土壤健康危机，威胁国家食物安全与人体健康。

因此，在我国不断转变经济增长方式，实现科学、规范管理的要求下，也必须改变耕地保护重数量、轻土壤环境健康的管理机制，实现由重数量保护向数量、质量特别是土壤环境保护转变。社会经济可持续发展不仅要求耕地资源在数量上得到保证，同时在质量上特别是土壤环境健康上有所保证，这样才能保障人类能够获取足够的、安全的优质农产品，以及能够维持耕地永续利用的生态环境。因此，统筹耕地数量、质量、土壤环境健康的一体化管理，是耕地保护国策全面、正确落到实处的基本前提。

2. 从末端治理的思维定势转移到源头管控、预防、治理修复的全方位防治

摒弃末端治理的思维定势，确立从土壤重金属污染的预防、治理、修复到土壤环境保护的全方位规制。在预防、治理、保护的关系上，立足于“防重于治”的基本方针，严格贯彻“预防为主、保护优先”的要求，即根据污染来源实施“源头管控”，是避免和解决农田土壤重金属污染最切实有效的办法。对于已污染的耕地，首先应查明土壤重金属污染的来源、污染类型和污染程度，探明重金属污染物在土壤—作物系统中迁移转化的规律和影响因素，然后因地制宜，确立治理与恢复的目标和方法技术，对其实行综合治理。这样才能从整体上达到对未污染土壤的预防保护、污染土壤的风险管控及综合治理修复，实现耕地土壤重金属污染的源头管控、预防、治理修复的一体化全方位防治。

3. 耕地污染防治由一般层面上的管理向依据法律法规的管理转变

土壤污染防治立法工作是切实解决我国当前及长远土壤污染问题的前提和基础。我

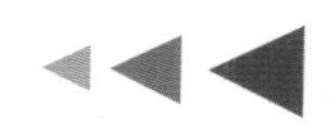

国土壤污染立法虽然取得了一定的成绩，如《中华人民共和国土地管理法》《中华人民共和国农业法》《基本农田管理条例》等法律法规对耕地质量管理作了一些原则性规定，但不具体、操作性不强，缺乏专门性立法、整体性保护、系统性预防和全面的责任设置。因此，耕地土壤环境保护不能只停留在一般性层面上，必须上升到法律法规层面来加以解决。当前我国第一部土壤污染防治领域的专门法律《中华人民共和国土壤污染防治法》已正式发布，并于2019年1月1日起施行。同时，要加快地方立法进程，制定或修订与土壤防治法相配套的土壤环境保护标准与规范，使我国区域土壤污染的预防、治理、控制及修复等工作有法可依，推动耕地污染防治由一般层面管理向依据法律法规管理转变。

四、耕地土壤重金属污染防治战略措施与途径

（一）启动地块水平的农田污染调查，建立污染耕地的动态信息库

目前我国已完成的全国土壤环境调查，只是初步掌握了土壤污染的基本特征与格局，但调查精度难以满足土壤污染风险管控和治理修复的需要，应尽快启动地块尺度的土壤污染数据调查工作，进一步摸清耕地土壤污染状况，准确掌握污染耕地地块尺度的空间分布及其对农产品质量和人群健康的影响，并探明土壤污染成因。具体途径如下：

在已有相关调查基础上，按计划、分步骤地开展地块尺度上农田土壤污染调查，建立污染耕地的地块数量、面积、污染种类、污染程度和环境风险等信息数据库。

统一规划、设置耕地土壤环境质量监测点位，逐步形成全国土壤环境质量监测网络，实现监测点位在全国所有区县的全覆盖，增加重点国控监测点位网络以及“米袋子”“菜篮子”等重要农产品产地省级预警监控点建设。同时，充分发挥行业监测网作用，支持各地各行业因地制宜自行增设监测点位，增加污染物监测项目，提高监测频次。

建立全国土壤环境质量状况定期调查制度，每10年开展一次。重点污染区域两年一查，构建全国范围完整的污染农田动态信息库。

（二）树立“以防为主”的土壤污染防治理念，严控污染源，遏制土壤污染恶化趋势

据环境保护部和国土资源部的调查数据以及专题研究结果，我国当前耕地土壤的点位污染超标率在20%左右，而且很多地区呈污染蔓延趋势。农田土壤污染物主要集中分布在矿山、相关污染企业、污灌区和工业密集区等污染源周边区域，广大的农田区污染相对较轻。因此，相比匆忙进行土壤污染修复，当务之急是进行相关污染源的控制，树立“以防为主”的土壤治理与修复理念，避免或禁止出现“边小块治理，边大片污染”现象。主要措施包括：

1．严控工矿污染源，重点监管企业污染排放

加强对涉重金属行业污染防控。继续大力改造或淘汰、关闭落后产能的涉重金属污染行业，提高重金属相关行业的准入条件，严格控制在耕地集中区域特别是永久基本农田新建有色金属冶炼、化工、石油加工、电镀、焦化、制革等重金属污染行业企业，禁止新建产能严重过剩或清洁生产工艺落后项目。现有与重金属污染排放相关的企业要加快采用新技术、新工艺，提标升级改造进程；在严格执行国家重金属污染物排放标准的同时，更要强调污染物总量控制指标，加大监督检查力度，对整改后仍不达标的企业，依法责令其停业、关闭，并向社会公开企业名单。

加强工矿废水、废渣、废气等废弃物的处理。严控耕地附近矿产资源开发时的“三废”排放，重点监控矿产资源开发活动集中区（江西、湖南、内蒙古、河南、湖北、广东、四川、广西、贵州、云南、甘肃、陕西），限定污染物排放标准与阈值，强制约束现有相关行业企业使用清洁生产工艺，降低污染物排放。

全面整治历史遗留尾矿库，完善污染治理设施。全面整治尾矿、工业副产石膏、煤矸石、赤泥、粉煤灰、冶炼渣、铬渣、电石渣、砷渣以及脱硝、除尘、脱硫等场所，并采用新工艺改造、完善防扬尘、防渗漏、防流失等设施，制定有效的整治方案并按步骤有序实施。同时，鼓励企业采用先进、环保的工艺针对工业固体废弃物进行综合利用，从源头减少污染物的排放。

2．控制农业污染源，强调农民对耕地质量的保护

严控灌溉用水污染源，加强灌溉水水质管理。定期对污灌水源进行水质监测，杜绝使用未达标的再生水灌溉。对因长期使用污水灌溉导致土壤污染严重、威胁农产品质量

 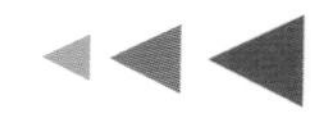

安全的耕地，及时休耕或调整成为非食用的农作物种植结构。

强调农民对耕地质量的保护，鼓励农民采用环境友好型耕作技术，采用护养相结合的耕作方式，逐步杜绝不良耕作行为引起的农田土壤重金属污染。对于为耕地质量保护或改善做出贡献的农业生产者，政府应给予适当的补贴或奖励。

实施化肥农药减量化。鼓励农民采纳科学的配方施肥方案，减少化肥使用量。科学合理施用农药，推广高效低毒低残留农药，推行农作物病虫害的专业化统防统治与绿色防控。大力发展清洁农业，建设农业废弃物资源化利用试点，形成一批可复制、可推广的农田面源污染的综合防治模式。严禁将城镇生活垃圾、污泥、工业废物等直接用作肥料，减少污染物入田。

强化畜禽养殖的污染防治。严格规范饲料添加剂、兽药的生产，制定相关用量标准，防止过量使用，以达到从源头控制、实施减量化的目标。鼓励企业加强对畜禽粪便的资源化综合利用，大力发展“种养结合”的农业循环生产方式，并在养殖大县全面推广应用。

（三）开展土壤重金属环境质量区划，分类管理受污染耕地

科学合理的区划是耕地土壤安全利用和粮食安全保障的重要手段。国家应根据全国农田调查数据，全面开展耕地土壤重金属污染风险评估，在此基础上完成土壤重金属环境质量区划。区划中可根据耕地土壤重金属污染程度将农田划为无污染农田、轻度和中度污染农田、重度污染农田等区域，明确其空间分布范围、污染特征和污染源。

对受到不同程度污染的农田进行分类管理。即按照农田污染程度分为优先保护、安全利用和严格管控三类，分别采取相应管理措施，保障农产品质量安全。

1. 优先保护无污染农田

国家应将未污染和轻微污染的耕地划为优先保护类农田，加大保护力度，维持和提升土壤环境质量，要求各级地方政府对行政管辖区内优先保护类耕地进行有效监控，对面积减少或土壤环境质量下降的区域进行预警提醒，并依法采取有效措施加以保护和调控。同时，依据国家标准和要求，尽可能将符合条件的优先保护类耕地划为永久基本农田，严格保护，保其面积不减少、土壤环境质量不下降。

2. 安全利用中、轻度污染农田

土壤重金属超标农田的利用是在我国耕地资源紧张、粮食安全形势十分严峻前提下

的一种迫不得已的选择。轻、中度污染农田的安全利用，应坚持以预防为主、保护优先，管控为主、修复为辅，因地制宜，示范引导为原则，大力发展实地监控技术，适当辅以阻控修复技术，形成法律法规、标准体系、管理体制、科学研究、公众参与和宣传教育为一体的农田土壤污染防治体系。

安全利用类耕地要结合当地作物品种和种植习惯，采取农艺调控与替代种植等措施，发展具有重金属低富集功能的农作物种植模式，科学管理水分，调节土壤理化性状和施用功能性肥料，尽量阻断土壤重金属与农作物之间的通道。如对轻度重金属污染的南方酸性水田土壤，淹水处理能够使稻米镉含量下降3.6%～26.3%（徐建明等，2018），或者增施磷肥等措施也可降低土壤有效态镉含量和稻米镉含量。此外，还需深入开展重金属超标耕地农业利用措施和技术研究，制定安全利用方案，以降低农产品污染物超标风险，这也是我国农业高效、安全和可持续发展的迫切需要。

3．严格管控重度污染农田

严格管控重度污染农田，首先要加强对其农业生产用途的管理，包括依法划定农产品禁止生产区，并立即停止重度污染农田食用农产品的生产活动；采用调整种植结构，如种植油菜、花生和甘蔗等低镉积累作物替代水稻，或种植棉花、红麻、苎麻和蚕桑等纤维植物，阻断土壤镉进入食物链（徐建明等，2018）；有计划地实施退耕还林还草、休耕等措施，提升重污染农田的生态景观价值，待条件成熟后再予以治理恢复。

其次，重点掌握涉重金属行业企业用地中的污染地块分布及其对周边农田产生污染的风险情况。集中排查历史遗留尾矿库、电子废物拆解、非正规垃圾填埋场、废旧塑料回收等土壤环境污染风险高的区域，建立风险管控名录，严格管控重度污染农田与具有高污染风险的农田。

此外，还需规范土壤中重金属高背景值区域的生产与开发，以防止重金属叠加污染与迁移扩散。

（四）因地制宜，分区治理和修复耕地土壤重金属污染

1．制定分区域的土壤污染防治行动计划路线图

我国地域辽阔，不同地区土壤类型、气候、水文等有较大差异。同时，不同区域的土壤污染类型、污染物、环境风险也存在明显差异，这导致我国耕地土壤修复技术和修复决策的选择更为复杂，应当引起管理层和决策层的关注。

在充分掌握耕地土壤污染和成因的基础上，以提高土壤环境质量为核心，推进联防联控与流域共治，制定土壤污染防治行动计划的路线图。根据区域、流域和类型差异分区施策，实施多种污染物协同控制，提高治理措施的针对性和有效性。

2．大力促进区域土壤污染与治理修复的基础研究和技术发展

国家应组织分区开展土壤污染形成机制、监测预警、风险管控、治理修复、安全利用等基础研究和应用技术研究，形成区域土壤污染防控与绿色可持续修复系统解决技术方案与产业化模式。同时，重点研究不同气候带农田土壤污染物的地球化学循环规律；探明重金属高背景区或地球化学异常区、高化学品投放区、污灌区、矿区及油田区等地土壤污染特征及其演变规律，以及区域土壤污染过程与多界面反应机理；在粮食主产区、经济快速发展区、矿区及油田区进行土壤污染防控与修复技术集成示范，形成一批可复制、可推广的土壤重金属污染防治的科学创新和技术推广模式与体制机制。

继续加强与土壤环境质量相关的国家科技创新能力建设，重点支持农田土壤污染防控与修复技术、污染场地安全修复技术等国家工程实验室，以及省部共建国家重点实验室、产学研工程中心等科技平台建设，分区推动建设国家级土壤环境保护技术创新中心，加强和完善与土壤环境相关的国家野外科学观测研究台站建设，为土壤污染修复产品本土化创造应用条件。

3．加强土壤污染治理与修复技术示范先行区建设

选择不同区域、不同耕地土壤污染类型开展治理与修复试点示范，探索耕地土壤重金属污染的源头控制、治理与修复、监管能力建设等各种综合防治模式与技术体系，因地制宜、循序渐进地开展耕地土壤污染防治，使受污染农田的持续安全利用成为可能。

根据国家“土十条”的总体工作部署，尽快构建“产学研用”协同创新联盟，充分发挥地方政府的实施主体作用，因地制宜地提出不同区域土壤污染治理与修复技术系统性集成方案，分区建设一批国家级污染农田土壤和工矿企业场地综合治理技术集成与示范区，为国家土壤环境综合治理提供科技支撑和宣教基地。

4．加快区域土壤污染治理与修复的科技成果转化工作

充分发挥国家生态文明先行示范区、国家可持续发展示范区、国家高新技术产业开发区、国家农业科技园区等载体作用，建设区域土壤污染治理与修复相关科技成果

的转化机制与转化平台，鼓励企业对重大集成技术和设备的研发投入，加快区域土壤治理修复技术、产品和装备产业化和工程化进程，推动土壤污染治理产业的快速发展。

（五）循序渐进，避免治理上急躁冒进产生的土壤二次污染

1. 避免不科学修复技术产生的二次污染

目前我国在治理耕地土壤污染的实践中出现急躁冒进的倾向，少数地区在土壤修复过程中造成二次污染的情况比较严重，还有一些地区存在风险隐患。实践中发现，一些土壤污染治理技术并不科学，比如土壤洗涤会破坏土壤结构，而且不进行水处理的话，会让重金属从土壤转移到水体。“15～20cm深耕翻土”只是常规耕作而不是其所谓的“深耕翻土”（郭修平、郭庆海，2016），由于镉等重金属吸附在黏粒上，在稻田犁底层没有被破坏的情况下，这部分重金属容易富集到土壤表面，如果翻耕土壤打破犁底层又会导致重金属元素随着水体下渗到地下水中。

2. 避免修复过程及修复材料的二次污染

在土壤修复过程中，除强调技术本身，一定要注意避免产生二次污染。修复过程中添加到土壤中的修复材料，热解吸、焚烧等产生的烟气，土壤淋洗产生的废水等，都可能造成二次污染，在项目实施过程中必须进行有效控制与处理。

需要特别指出的是，土壤污染修复中一定要建立相关标准以控制钝化剂的市场准入。钝化剂成分复杂，如源自畜禽粪便、工业废弃物、污泥等原材料制备的生物质炭，因其自身重金属含量就较高，对农田土壤重金属进行钝化修复时极易造成二次污染。因此正确应用钝化剂修复重金属污染土壤的前提和保障是必须明确钝化剂的适宜区域、使用量和使用时期，制定土壤重金属钝化材料市场准入标准和制度，杜绝可能产生二次污染风险的钝化剂进入农田生态系统。

3. 提高土壤污染修复企业与从业者的资格准入

在发达国家，土壤修复相关从业者需通过严格考试获取资格证书，土壤修复企业也必须获得相应资格，才能从事土壤修复工作。而我国目前很多匆忙上马的各种公司都来分抢土壤污染治理这块“大蛋糕”，一些公司的资质模糊，而且很多从业者缺乏土壤污染治理与修复的相关知识与技能，这样非但不能治理好污染的耕地土壤，还极易造成土壤的二次污染。

（六）开展耕地土壤与农产品协同监测与评估，降低土壤重金属的生物有效性

当前我国存在着土壤重金属超标而农产品不超标以及土壤重金属不超标但农产品重金属超标的诸多案例，迫切需要开展耕地土壤和农产品协同监测与评价。我国“镉大米”事件在南方频频发生，究其原因是我国南方土壤酸性环境使镉的植物有效性提高，与土壤中镉总量高低无直接关系。国内外大量试验也表明，pH4.5～5.5的土壤酸性环境下最易产生镉大米，甚至土壤中镉含量不超标其生产的稻米镉也会超标。由此可见，当前我国土壤重金属治理的关键问题不是如何快速降低土壤重金属总量，而是要解决土壤酸性较强环境导致重金属的生物有效性较高的问题。但当前我国还缺乏基于源解析技术和历史大数据的农田土壤和农作物的权威性污染源清单，土壤和农作物重金属含量的综合分析工作也有待加强。建议通过对粮食主产区耕地土壤及农产品的协同监测，建立农田土壤和粮食作物重金属监测大数据平台，可以为污染土壤的分区分类管控、安全利用及修复提供科学依据。

同时，建议国家不仅要关注土壤重金属含量的减少或固定，更要强调通过对土壤酸性环境的治理而实现降低土壤重金属生物有效性的目标，阻断土壤中重金属被农作物吸收过量的通道。建议酸性严重土壤每隔3～4年施用一次石灰，每亩施用100～150kg为宜；引导农户科学管理稻田水分，在灌浆期淹水降低稻米镉含量；建立并定期发布农产品抽查检验严格的质量监控制度与结果，倒逼生产者主动降低农产品污染；积极筛选重金属低累积品种，减少种植镉积累较多的籼稻。

（七）强化土壤重金属污染防治的科学技术支撑

加强耕地土壤重金属污染防治的科研创新研究，包括对应全污染链条各环节的完整技术体系。

1. 监测技术

传统的调查、监测方法和手段已不能适应当前土壤环境调查和监测的需求。鉴于土壤污染的探测、检测设备和模式向便携化、快速化、现场化方向发展（谷庆宝等，2018），应加大推进生物技术、传感器、遥感技术、地球物理勘探等微观和宏观探测技术在土壤污染监测中的应用，研发多功能、高精度、多参数、低扰动的土壤调查技术与在线监测分析技术与设备，制定规范的监测布点及采样方法，真正解决现场分析难题，以满足我国土壤环境调查、监测、风险评估和修复的需要。

2．源头控制技术

在源头控制上，重点研发废气、废水、废渣的清洁处理与资源化利用技术，从工矿企业污染源、农业污染源、生活污染源等方面提出土壤污染防控措施，探索土壤污染综合防治技术。从农艺调控、替代种植等方面研究轻、中度污染农田风险管控对策；从环境效益、社会效益、经济效益等方面建立退耕还林还草、休耕、种植结构调整等评价体系；从钝化剂使用安全性评价、治理与修复技术模式与技术类型选取等方面，提出土壤污染治理与修复措施。

3．污染传播路径控制技术

在污染传播路径方面，在研究我国农田重金属在土—水、土—气及根—土界面的迁移转化和传递积累关键过程及其驱动机制的基础上，结合工程措施研发以重金属污染关键过程控制为中心的农业最佳管理措施、农艺过程阻控、根际过程阻控、化学—生物学过程阻控等多元阻控技术；重点筛选高效阻控和消减污染物的特异功能生物资源，明确其生理生态和遗传分子机制，开发功能植物—微生物协同作用模式下农产品生境强化修复的重金属超标农田治理技术。通过相关技术应用，降低作物对重金属的吸收与利用，减少其向环境流失，促进农产品安全生产，保护农业生态环境。

4．重金属低积累农作物品种筛选技术

不同作物和同一作物不同品种或基因型，在对重金属吸收和积累上存在很大差异。通过筛选低积累品种降低作物对土壤重金属的吸收是完全可行的。但当前作物对重金属低累积的机制尚不清晰。已有研究表明，239份常规稻水稻品种对Cd、Pb和As的累积量存在极显著的基因型差异，其中秀水519和甬优538是两种低Cd和低As积累的水稻品种（蒋彬、张慧萍，2002）。而玉米和小麦重金属低累积品种筛选工作还鲜有报道。因此，需深入挖掘粮食作物遗传基因，筛选并培育重金属低累积作物品种，发挥作物自身对土壤重金属迁移的“屏障”和“过滤”作用，保障轻、中度重金属污染农田的安全生产。

此外，由于粮食作物区域特色显著，当前亟须构建不同种植区域、不同作物类型、不同重金属元素低累积品种资源库，并分类制订栽培调控措施与田间应用规范，确保实现农田安全利用与高产的双赢目标。

（八）示范先行，加强土壤重金属污染治理综合示范区建设

根据我国土壤重金属污染治理现状，可选择影响较大、危害严重的污染流域或典型区域，以成熟技术规模化工程示范为切入点，将生态、经济和社会效益统一，科学合理地设计污染修复体系，建设土壤重金属污染修复技术综合性示范区，构建土壤重金属污染修复的网络化监测体系，以及各类集成技术综合展示平台，探索“边生产、边治理”的修复模式，实现污染土壤的治理与安全利用。同时，示范区建设可对接地方规划与部门重大工程，以点带面，引领和推动区域耕地土壤重金属污染治理的修复工作。

（九）完善政策与市场，带动相关企业和社会资本积极参与

我国土壤污染治理的任务艰巨，同时，环境修复市场有着巨大的成长空间。大面积重金属污染土壤清洁与安全生产，需相关技术的规模化、工程化和产业化，特别是技术装备、产品、服务水平技术的提供，如土壤中重金属固化技术，低成本、高效率的生物修复技术，二次污染处理与资源化利用，修复治理工程化设计等。

应健全耕地土壤污染治理与修复的补偿和约束机制，污染修复的融资机制可在“谁污染，谁治理；谁投资，谁受益”的前提下，基于“污染者付费，受益者分担，所有者补偿”的原则，充分利用社会资金、土地产权交易、财政和税费杠杆、民营资本、国际基金等市场机制筹集修复资金，建立国家和地方耕地污染地块修复专项基金，构建多渠道与多元化融资平台和融资机制，对修复企业给予税收优惠政策。

要加快推广产业化工程示范应用，联合环保企业，共同发展可靠性高、稳定性好的修复产品；加强跨部门、行业联动，形成环境友好、成本低、市场竞争力强的土壤修复产品以及技术与设备。

基于国家和相关部门倾斜性政策，吸引社会多元投入，推进土壤污染控制、环境修复、污染物资源化利用等成套技术的转移转化，形成清晰的商业模式，实现技术成果的商品化与规模产业化，在修复过程中发展环境修复产业和服务业，通过产业发展实现对土壤重金属污染的有效治理与控制。

大力扶持和培育农田土壤污染修复治理企业与农产品深加工企业，依托科技将重金属超标农产品“吃干榨尽”，真正变废为宝、化害为利，不断提升农田修复治理和农产品综合利用的实效。

（十）建立健全耕地土壤污染防治的法律法规及相关标准体系

依法治理是发达国家过去几十年耕地土壤污染防治工作取得显著成效的重要手段，土壤污染的预防与修复，人们土壤保护意识的提高，都离不开健全的法律。当前我国尚缺乏土壤污染防治的专门法律法规，现有涉及土壤污染防治的法律法规还主要体现在《中华人民共和国环境保护法》《中华人民共和国农业法》《中华人民共和国土地管理法》《中华人民共和国农产品质量安全法》等法律法规之中，缺乏系统性与针对性，可操作性弱（彭本利、李爱年，2018），对耕地土壤环境质量提升的保障力度不够，即使发现破坏耕地环境质量的行为，各部门之间也会相互推诿，难以有效控制耕地环境破坏行为。

当前国家已经出台“土壤污染防治行动计划”（简称“土十条”），第一部土壤污染防治领域的专门法律《中华人民共和国土壤污染防治法》于2019年1月1日起施行。国家急需加快制定系统、具体、细致的土壤污染防治法实施细则，用法律手段推进土壤污染防控与治理的进程。

土壤污染立法应贯彻生命共同体理念，从土壤生态系统整体性出发，开展综合性立法。要将土壤污染防治与水、大气等循环结合，综合考虑其与相关污染防治、耕地保护、食品安全等制度间的关系。在土壤污染专门立法的同时，还要注意与相关法律法规的衔接，如与《中华人民共和国循环经济促进法》《中华人民共和国清洁生产促进法》等能源资源利用的规定衔接，与《中华人民共和国大气污染防治法》《中华人民共和国水污染防治法》等污染防治立法的衔接，以及与食品安全立法、农业生产等人体健康规定的衔接，形成全过程环环紧扣的制度体系。

建议加快地方立法进程，使区域土壤污染预防、治理、控制及修复等有法可依，实现耕地污染防治由一般层面上向依据法律法规管理转变（骆永明、滕应，2018）。这有助于控制进入土壤的尾矿渣、废弃物、污水、农药、肥料和污泥等污染源，以及加强对耕地、商业用地、矿区、工业用地与集中式饮用水源地等方面的有效监管。特别需要指出的是，要将土壤污染防治工作落实到各级政府政绩考核工作中。

积极研究制定土壤污染防治配套技术与标准体系。随着我国土壤环境管理能力的提升与社会公众的日益关注，原有标准已无法满足我国耕地土壤环境复杂多变、区域污染情况轻重不一的实际管理需要（张春燕，2018）。国外往往标准和立法同时公布，甚

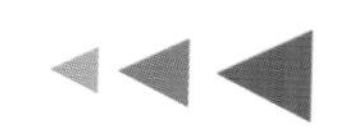

至是立法先于标准。因此，在实施《土壤环境质量农用地土壤污染风险管理标准（试行）》的基础上，还要加快农药、化肥、有机肥、农膜等农业投入品环境限量标准制定，构建农业清洁生产技术规范、良好的农业耕作方式标准体系。

五、实施耕地土壤重金属污染防治的若干工程

（一）耕地土壤和作物重金属污染协同监测网络工程

据环境保护部和国土资源部的调查数据，我国目前耕地土壤点位污染超标率达19.4%，三江平原、松嫩平原、长江中游及江淮地区、黄淮海平原和四川盆地五大粮食主产区耕地土壤点位污染率达到21.49%，且很多地区污染蔓延趋势尚未得到有效控制，亟待构建完整、有效运转的耕地土壤环境质量调查、监测体系。当前土壤污染监测存在的主要问题包括：各级政府部门和研究单位对农田土壤调查、采样、分析方法不统一，导致监测结果误差较大；现有国家级的土壤污染调查尺度相对较大，缺乏农田地块尺度的土壤污染权威性详查数据；土壤中的重金属是通过被农作物吸收而最终进入食物链影响人类健康的，而当前土壤与农作物重金属含量线性关系的不显著也增加了粮食质量保障的复杂性，污染土壤生产镉含量不超标水稻、小麦和蔬菜而不污染土壤生产镉超标水稻、小麦和蔬菜的现象广泛存在。另外，国家《土壤污染防治行动计划》提出了每10年开展一次全国土壤环境质量调查，但随着城市化和工业化的快速发展，耕地土壤重金属还会有一个快速累积的过程，10年一测的监测制度尚不能有效掌握国家粮食主产区耕地土壤重金属污染的短期动态，无法准确保证民众的口粮安全，亟须提高监测频次，而这也正是当前我国监测网络中缺少的未引起重视的部分。因此，在耕地土壤环境污染监测中构建农田地块水平的统一的采样、分析方案与标准，以及土壤和农作物重金属协同监测的完整体系，对于国家防治土壤重金属污染具有重要意义。

建议国家针对五大粮食主产区优先实施农田地块水平上的土壤和作物重金属污染监测网络示范工程，同时对于监测区内耕地土壤污染较严重的区域以及部分酸性土壤重金属含量不超标而农产品重金属含量易超标地区，采取较高频次的、土壤和作物重金属污染协同监测，取得经验后向其他区域推广应用，逐步形成覆盖全国的国家耕地土壤—农作物污染动态监测体系。工程具体措施包括：

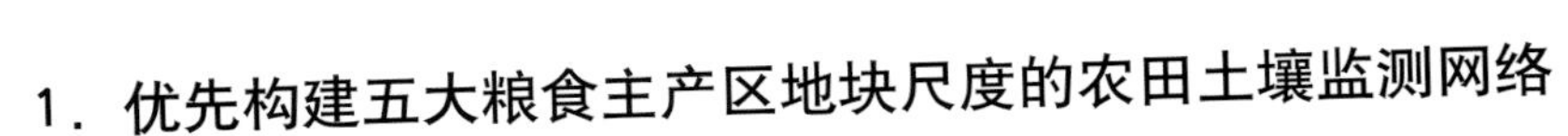

1．优先构建五大粮食主产区地块尺度的农田土壤监测网络

优先在五大粮食主产区构建土壤污染国控—省控—市控监测网络，保证农田地块尺度水平的土壤环境质量监测点位在区内所有县、市、区全覆盖，建立污染农田地块数量、种类、面积、污染程度和环境风险等信息档案库，并借助土壤监测点位实现数据的动态更新和部门共享，形成调查方法技术统一、数据标准规范的农田土壤污染监测网络，为以后建立全国范围的土壤环境数据库提供示范和数据支撑。

建议国家每5年统一开展一次五大粮食主产区耕地土壤重金属调查工作。

2．构建重点区域土壤与农作物协同监测体系

根据课题组的研究结果，选择出五大粮食主产区中耕地土壤重金属污染严重、农作物污染爆发区和南方土壤酸性较强的区域（表3–3）。建议针对这些重点市县区域，特别是矿山、相关污染企业、污灌区和工业密集区等污染源周边区域，增设农作物重金属监测点位，实现土壤与农作物重金属协同监测，并提高监测频次为两年一次，构建覆盖这些重点地区的国控土壤与农作物重金属协同监测网络及动态信息数据库。

表3–3　五大粮食主产区土壤与农作物重金属重点监测区域

粮食主产区	重点监测城市
三江平原	佳木斯市、同江市
松嫩平原	望奎县、肇东市、榆树市、哈尔滨市辖区、九谷区、昌图县
黄淮海地区	北京、天津市、保定市、衡水市、济南市、新乡市、焦作市、扬州市、徐州市、淮安市、镇江市、蚌埠市、连云港市、宿州
长江中游及江淮地区	扬州、合肥、滁州、淮安、益阳、常德、孝感、南昌、抚州、鹰潭、盐城、黄冈、安庆
四川盆地	成都、德阳、雅安、绵阳、重庆、眉山、内江、自贡、乐山、达州、广安

同时，建议在上述地区开展筛选重金属低累积作物品种实验研究以及不同环境下土壤与农作物重金属含量关系的研究，并随时监测各种重金属“去除”和“钝化”技术措施后的重金属含量，为建立针对不同种植区域、不同重金属元素、不同作物类型的重金属低积累品种资源库提供支撑，力争达到在服务农田安全利用的同时又获取较高产量的双赢目标。

3．加快土壤环境调查与监测技术装备的研发

建议工程实施中采用的监测技术手段要符合便携化、快速化、现场化的特点，以适

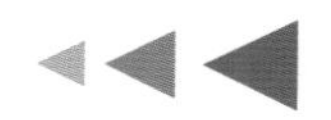

应当前土壤及作物重金属动态大数据的获取的需求。同时，应重点研发基于生物技术、地球物理勘查、电化学探测等综合技术的高精度、多功能、低扰动、多参数的土壤调查与监测技术与装备，以及专用的采样设备及在线监测分析仪器，满足国家日益发展的土壤环境调查、监测、风险评估和修复需要。

（二）耕地土壤重金属污染综合治理试验示范工程

长江中游及江淮地区和黄淮海平原是我国南北两大具有代表性的农产品主产区。据课题组研究，长江中游及江淮地区和黄淮海平原耕地土壤点位污染超标率分别达到30.64%和12.22%，其中长江中游及江淮地区以Cd、Ni、Cu、Hg污染较重，黄淮海平原以Cd、Ni、Zn、Hg超标较多。长江中游及江淮地区耕地污染程度高于黄淮海平原，且两者近20～30年污染皆呈扩展趋势。

土壤污染修复具有长期性、艰巨性、成本高的特点，而且在修复过程中易产生二次污染。因此，建议国家在具有南方代表性的长江中游及江淮地区和北方代表性的黄淮海平原开展耕地土壤重金属污染的综合治理与恢复试验示范工程。

根据现有的调查结果，分别在长江中游及江淮地区和黄淮海平原选取不同立地条件、不同耕地土壤污染类型和程度的区域，开展土壤重金属污染修复的试验示范工程。工程措施的重点首先是加强土壤重金属污染的源头控制；其次根据土壤重金属污染的类型和程度，采取不同的综合措施开展治理。如在重度污染区开展休耕试点，以种植非食用植物修复为主，或纳入国家新一轮退耕还林、还草实施范围；在轻中度污染区则以农艺调整为主，如在南方定期施用石灰改良酸性土壤，降低土壤重金属的生物有效性；水稻灌浆期淹水以降低稻米中镉含量；选育推广重金属低积累作物品种等。力争到“十三五”时期末探索出各类较成熟、安全的污染综合治理模式，并于“十四五”期间在两大区域循序渐进地规模化示范推广，基本控制耕地土壤重金属污染风险。

“十四五”期间，长江中游及江淮地区和黄淮海平原耕地土壤重金属污染治理推广面积达到500万亩。

（三）实施南方粮食主产区水稻田“降酸抑镉”工程

四川盆地和长江中游及江淮地区是我国耕地土壤重金属污染较重的粮食主产区，耕地点位污染超标率分别为43.55%和30.64%，其中镉为最主要的污染物，其点位超标率分别高达34.90%和21.88%。从全国范围看，当前“镉大米”污染事件多发生在南方粮食主产区。已有研究表明，土壤酸碱度可改变土壤中重金属的化学行为和形态，即酸化可使土壤镉的活性大大增强，增加水稻对镉的吸收和累积，是我国南方地区镉等有毒重金属进入食物链、危害人体健康的主要原因之一。近年来，我国南方地区耕地土壤酸性成明显上升趋势，致使农田土壤中重金属的生物有效性趋向增强（王昌全等，2007），而这也是我国虽然制定了世界上最为严格的土壤环境质量标准，但依然会生产出镉超标粮食的主要原因之一。由此可见，当前我国土壤重金属治理的关键问题不仅仅是如何快速降低土壤重金属总量，而且还要解决土壤酸性较强导致重金属生物有效性高的问题。

据课题组调查，四川盆地和长江中游及江淮地区近40%的土壤属于酸性土壤，其中11%的土壤pH为4.5～5.5，主要分布在眉山、内江、自贡、乐山、达州、广安、重庆以及抚州、鹰潭、盐城、扬州、常德、黄冈、安庆等市。而根据国内外大量实验结果，pH4.5～5.5的土壤酸性环境下镉活化效应最为明显，极易产生镉大米，甚至土壤中镉含量不超标其生产的稻米中镉也会超标。为此，在上述南方粮食主产区耕地土壤酸性较强区域实施“降酸抑镉”工程，对防止土壤重金属镉活化、阻断其被农作物吸收的通道具有重要意义。

根据土壤pH分布情况，分别在四川盆地和长江中游及江淮地区的水稻田，选取pH为4.5～5.5的区域，实施“降酸抑镉”，降低土壤镉污染农作物风险的工程。工程实施区域及其所属市县如表3-4所示。

表3-4　南方水稻田“降酸抑镉”工程面积统计

单位：万亩

粮食主产区	城市	面积
四川盆地	眉山	5.25
	内江	129.00
	自贡	56.40
	乐山	122.25
	达州	435.60
	广安	179.55
	合川	36.45
	重庆	258.45

（续）

粮食主产区	城市	面积
长江中游及江淮地区	南昌	158.55
	宜春	360.15
	新余	67.05
	吉安	0.30
	景德镇	84.45
	上饶	167.70
	抚州	71.55
	鹰潭	41.55
	盐城	12.90
长江中游及江淮地区	扬州	199.95
	泰州	258.60
	六安	48.00
	淮南	5.10
	滁州	192.00
	合肥	212.70
	荆州	10.80
	常德	201.30
	黄冈	154.20
	安庆	228.45
	岳阳	294.30
	咸宁	0.15

主要工程措施包括：

控制土壤酸性来源。除了通过政府制定严格的SO_2、NO_x排放标准控制酸沉降导致的农田土壤酸化，减少氮肥输入是调控土壤酸性的有效措施之一。已有研究表明，氮肥的过量施用是导致南方水田土壤酸性增加的原因之一（朱齐超，2017）。因此，在工程实施区，应全面推广测土配方施肥，特别是要控制氮肥的施用量，尽量选择土壤酸化作用弱的铵态氮肥，避免使用生理酸性肥料；采用合理的施肥方法，减少化肥面施，尽量采用氮肥深施、施后灌水等措施，防止养分在耕层或表层聚集；增施有机肥，尤其是增施呈中性或微碱性的土杂肥、藏肥、沼液、沼澄类有机物质，通过提高土壤缓冲容量、增强土壤对养分的保育能力，达到提升土壤pH的目的。

施用土壤改良剂抑制土壤酸性。最实用的措施是针对工程实施区的酸性土壤施用石灰，以白云石、方解石等生石灰效果较好，每隔3～4年施用一次，每亩施用100～150kg为宜。有研究结果表明，对设施蔬菜土壤施用一季生石灰、含腐殖酸水溶肥等改良剂，土壤pH比空白对照提高了0.07～0.83个单位，施用两季提高了0.14～1.70个单位。

工程实施过程中，特别应注重不同土壤改良剂的结合施用，即注重无机改良和有机改良相结合的综合改良技术。可将石灰等无机改良剂与有机肥、秸秆或秸秆生物质炭按一定的比例配合施用，不仅可以中和土壤酸度，同时还能提高土壤肥力，保持土壤养分平衡。或者引导农户科学管理稻田水分，在灌浆期淹水降低稻米镉含量；或积极筛选重金属低累积品种，减少种植镉积累较多的籼稻。需要指出的是，土壤酸化治理要注重表层与下层同步改良，如碱渣可用作酸性土壤改良剂，同时改良表层和表下层的土壤酸度；或将植物秸秆等农业废弃物与碱渣配合施用，对下层土壤酸度的改良效果更好。

初步匡算，"十四五"期间，四川盆地和长江中游及江淮地区耕地"降酸抑镉"工程实施推广面积可分别达到1 200万亩和2 800万亩。

六、重点粮食主产区耕地土壤重金属污染治理与防控

（一）三江平原

三江平原土地总面积10.9万km^2，耕地约5.2万km^2，农业人口人均耕地1.65hm^2，主要作物为水稻、玉米和大豆，水田、旱田比约为3：7，粮食总产1 477万t，人均约2t，粮食商品率高达80%，是我国重要的商品粮基地。

三江平原耕地土壤以清洁为主，污染极轻，土壤重金属点位超标率仅有1.67%，且Cd是唯一的超标重金属，主要分布在黑龙江的同江地区，污染程度为中度污染，其他地区点位均处于清洁和尚清洁水平。

近20年来，三江平原耕地土壤重金属点位超标率增长不足1个百分点，变化幅度较小，8种重金属含量主要在清洁水平范围内变化，仅Cd的超标率增加了0.44%，但总体上耕地土壤重金属浓度略有增加。

从整体上说，三江平原耕地土壤Cd污染及污染加重的主要原因是为了提高粮食产量而大量施用农药和化肥，导致重金属进入土壤累积。

三江平原耕地土壤重金属污染防治的主要措施与对策包括：

首要任务是优先保护三江平原无污染农田，严禁在农田集中区及其周边新建污染企业。可将集中连片的耕地划分为永久基本农田，以达到永久保护三江平原耕地土壤环境质量的目标。

实行化肥农药总量控制，推广草田轮作。在保证粮食产量的前提下，严控化肥、农药施用量，引进国外4R技术的精准施肥、精准施药，并通过优化农艺管理措施，如秸秆还田等增加土壤肥力，从源头上减少化肥农药用量。同时，大力推行草田轮作制，种植以苜蓿为主的豆科与禾本科牧草，既发展畜牧业，又提高土壤肥力，促进化肥施用减量化，进而减少施用化肥农药对土壤重金属的输入。

（二）松嫩平原

松嫩平原是我国著名的黑土带，土地总面积19.5万km^2，耕地11.8万km^2，农业人口人均耕地0.58hm^2，是国家重要的玉米带和水稻、大豆、牛奶产区，玉米种植面积比例高达72.6%，玉米产量占全国总量的21.0%，粮食商品率多年保持在60%以上。

松嫩平原耕地土壤重金属污染以中、重度污染为主，污染比重分别为3.97%和3.40%，占其总超标比重（9.35%）的42.42%和36.36%。污染物以Cd为主，尤其是哈尔滨、长春等工业城市和城郊的重度污染点位较多，其余7种重金属污染比重不足0.5%，且以轻度污染为主，仅Ni存在着极少数的中度污染点位。

20世纪80年代至21世纪初，松嫩平原耕地土壤重金属污染呈上升趋势，点位超标率从0.52%增至9.35%，约增长了9个百分点，主要是Cd的增加趋势显著，超标率从0增加了约9个百分点，其次是As、Ni、Cu和Zn，超标率也增加了0.20%～0.47%。增加的超标点位主要分布在区域东部和南部边界，增加比重分别在5%～30%。

土壤重金属超标及Cd、As、Ni、Cu和Zn浓度增加区域主要分布在工业企业尤其是化工厂附近及城郊结合部的耕地，在化工厂冶炼、电镀、染料的生产过程中，存在废弃物堆放、粉尘沉降、污水灌溉等情况，进而导致土壤重金属污染；城郊结合部的耕地重金属超标主要是大棚种植，尤其是与大棚蔬菜地集中施用大量磷肥和农药相关。

松嫩平原耕地土壤重金属污染防治的主要措施与对策包括：

重点控制长春、哈尔滨等地区城市工业尤其是化工行业污染源，其冶炼、电镀、染料等工业“三废”的排放是造成松嫩平原黑土Cd严重污染的主要原因之一。在黑土区重金属污染防治工作中，要重视对这些污染源的控制，必须严控相关企业的污染排放标准，对污染源集中的地方要适时监控，促使工业企业向全过程清洁生产转移。同时，还要严格限制新进化工企业的准入条件。

严控城乡结合部的农业污染源，磷肥和农药的大量施用是松嫩平原耕地土壤重金属超标的主要原因之一。需降低单位面积施肥和施药的频率与数量，推广精准施肥，尤其是城郊结合部的大棚产业，并同步加大有机肥推广力度及其相关补贴政策，降低农业生产活动带来的土壤重金属累积。

重点针对哈尔滨、长春一线的重金属超标黑土区开展污染防治与修复工作。污染防治与修复的主要内容包括：严控周边工业企业排放“三废”污染物，避免产生新的污染；在重度污染的黑土区开展休耕试点，以种植非食用植物修复为主，或纳入国家新一轮退耕还林还草实施范围；在轻中度污染区则以农艺调整为主，选育推广重金属低积累作物品种等，基本控制黑土地的土壤污染风险。

（三）黄淮海平原

黄淮海平原土地总面积约44.3万km^2，耕地面积约2 500万hm^2，农业人口人均耕地不足0.1hm^2。该区以占全国19%的耕地，生产了约占全国55%的小麦、30%的玉米、36%的棉花、32%的油料、30%的肉类和24%的水果，是我国重要的粮、棉、油、肉类和水果等农业生产基地，尤其是冬小麦的主要产区。

黄淮海平原耕地土壤重金属污染较严重，点位超标率为12.22%，以轻度和重度污染为主，超标比重分别为5.78%和5.11%，约占其总超标比重的47.27%和41.82%。Cd污染最为严重，超标比重为10.75%，以轻度污染（4.65%）和重度污染（4.82%）为主；其次是Hg、Zn和Ni，超标比重在3%左右，均以轻度污染为主，分别占其超标比重的55%、65%和66%。其他4种重金属（Pb、As、Cu和Cr）污染较轻，污染比重均在1%范围内，但As和Cr分别存在着0.28%和0.17%的重度污染点位。重度污染点位主要分布在黄淮海平原的北部、中部和东南部地区，如山东丘陵区、豫北平原、京津唐地区、黄泛平原等。

20多年间，该区耕地土壤重金属污染上升趋势显著，点位超标率从3.06%增至

12.22%，增长了近9个百分点。主要是Cd超标率增加了近10个百分点，其次是Hg超标率增加了近3个百分点，Ni、Cu和Cr超标率也小幅度增加了不足1个百分点。从空间上看，黄淮海平原东南地区的徐淮低平原、皖北平原和中部的黄海平原超标点位增加显著，增加比重在30%以上，部分地区增加比重在50%以上。

黄淮海平原耕地土壤重金属污染较重及增加趋势显著的点位主要分布在化工厂、冶金厂、纺织厂、金属制造厂、电镀厂等附近的耕地，点位超标率为100%；靠近养殖场不达标废水或污灌附近的耕地也污染严重，如本研究中污灌水灌溉的耕地重金属超标率高达48.18%；大中城市周边的耕地土壤点位超标率也在11%左右。

黄淮海平原耕地土壤重金属污染防治的主要措施与对策包括：

实施京津冀耕地土壤重金属治理修复示范工程。京津冀污染源点多面广，单位面积涉水工业污染源密度是全国平均水平的5.4倍，在京津冀一体化协同发展进程中，优先制定农产品产地环境污染防治方案及相关技术标准、规范、指南，针对工业污染源和环渤海污灌污染源分别开展示范工程，重点治理修复Cd、Hg、Zn和Ni污染，并防治修复过程中产生的二次污染，取得经验后向其他地区推广。

严控工业企业污染源，推进工业节水及清洁生产。严控山东丘陵区、豫北平原、京津唐地区、黄泛平原的工业污染源，继续淘汰涉重行业落后产能，完善涉重行业准入条件，严格执行重金属污染物排放标准并落实相关总量控制指标，并引导城市、绿色低碳、集约紧凑发展，扩大绿色生态空间，优化生态系统格局。

加强灌溉水水质管理，统筹防治地表水、地下水、近岸海域等各类水体污染。在厉行节水、减少地下水超采的前提下，加大对再生水或污灌水的质量控制，定期对污灌水源进行水质监测，降低农业灌溉用水中重金属的含量，杜绝使用未达标再生水灌溉，从源头控制土壤重金属污染。对因长期使用污水灌溉导致土壤污染严重、威胁农产品质量安全的农田要及时休耕，或调整种植结构，即由食用农产品种植调整至非食用农产品种植。

强化畜禽养殖的污染防治。采取清洁养殖技术，从源头控制以减少畜禽养殖过程中的粪污排放量，严格规范饲料添加剂、兽药的生产，防止过量使用，从源头实施减量。加强畜禽粪便的综合利用，建设畜禽粪便处理利用设施，开展“四位一体”畜禽养殖废弃物分质资源化试验示范，实现村镇环保、农业、生态和社会环境可持续发展。

鼓励农民增施有机肥，加快推进果菜茶有机肥替代化肥行动，精准施肥，减少化肥使用量，提高测土配方施肥技术推广覆盖率，推广高效低毒低残留农药，推行农作物病虫害的专业化统防统治与绿色防控，建设农业废弃物资源化利用试点，形成一批可复制、可推广的农业面源污染防治模式。

（四）长江中游及江淮地区

长江中游及江淮地区土地总面积23.2万km^2，耕地面积7.26万km^2。该区稻米产量约占全国稻米总量的16%，棉花约占24%，淡水养殖占80%，一年二熟或三熟，是我国重要的粮、棉、油、肉、渔商品生产基地。

该区耕地土壤重金属污染重于北方粮食主产区，点位超标率高达30.64%，以轻度污染为主，约占其总超标比重的70.54%，同时重度污染点位比重在五大粮食主产区中最大，达7.11%。Cd和Ni是该区污染最重的重金属，超标比重分别为21.88%和16.46%，其中Cd重度污染点位超标比重高达5.21%；其次是Cu、Zn和Hg，超标比重为3%～8%，但均以轻度污染为主；此外，Pb、As和Cr污染比重为0.14%～2.06%，但均存在少量的重度污染点位，尤其是Pb污染点位，均为重度污染等级，而As重度污染比重占其总污染比重的44.66%。从空间分布上看，几乎每个地区都存在重金属超标点位，其中重度污染点位主要分布在该区的西北、南端和北部，如江汉平原东北部、鄱阳湖平原南部、巢湖西部平原、洞庭湖平原和淮河中下游等地区。

长江中游及江淮地区的耕地土壤重金属污染趋势明显，污染点位超标率从20世纪80年代的19.38%增至2000年以来的30.64%，增长了约11个百分点。其中，Cd浓度增加趋势最为显著，超标率从5.41%增至21.88%，上升了近16个百分点，其次是Cu、Ni和Zn，点位超标率也分别增加了8%、4%和4%。从空间上看，该区北部沿线的淮南沿海平原、江淮丘陵以及西部的洞庭湖平原重金属污染增加趋势最为显著，超标比重变化量在50%以上。

该区土壤重金属污染与快速发展的有色金属矿产开采、工业化、城市化以及集约化发展的农业相关。该区工矿业较为发达，矿产开采、电镀、冶炼、电子等行业产生的重金属污染经过简单处理或未经处理就直接排放到周围环境中，最终进入土壤，导致土壤重金属累积。据课题组研究发现，矿区附近耕地土壤重金属点位超标率为100%，而工业区附近的点位超标率也接近50%，且全部为重度污染。其次是污灌用水，工业“三废”的排放也造成了南方水系水质污染，加重了土壤重金属的积累。最后是农药化肥过

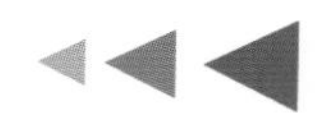

量施用、养殖不达标废水排放等造成的污染。同时，该区土壤酸化趋势明显，如江西大部、湖南中东部等地区土壤酸化严重，大幅提升了这些地区耕地土壤重金属活性，增加了农作物吸收重金属污染物的风险。

长江中游及江淮地区耕地土壤重金属污染防治的主要措施与对策包括：

1．优先控制工矿污染源

优先控制工矿污染源，特别是有色金属矿污染，实时监控重点企业污染排放，强制企业实行全过程清洁生产，是降低该区耕地土壤重金属污染的重中之重。

一是建立工矿风险管控名录，掌握重点工矿企业用地中的污染地块分布及其对周边农田的环境风险情况。开展历史遗留尾矿库、电子废物拆解、废旧塑料回收等土壤环境问题集中区域的风险排查，建立风险管控名录，对重度污染农田及重大风险污染农田实施严格管控。

二是优化产业结构和沿江工矿企业布局，在生产过程中，减少引入含有重金属污染物的程序，使用环保材料，采取替代方案，强制采用全过程清洁生产，降低重金属污染物的产生。

三是加快绿色、集约型工业化转型发展，减少污染物排放，并对废弃物中重金属进行回收循环使用，提高利用效率。

四是加强对进入土壤的工矿行业的尾矿渣、废弃物、废水等污染源控制与使用管理，严格执行相关行业排放标准。

2．实施长江沿岸带土壤重金属治理修复示范工程

当前该区土壤环境污染形势严峻，Cd、Ni、Cu、Zn和Hg等重金属污染问题最为突出，污染范围广，治理难度大、成本高。选择长江经济带的洞庭湖、鄱阳湖等典型重金属污染区开展试点示范，以环境质量改善为核心，大力开展增容减排工作，坚决休耕污染严重的农田，建设以种养有机结合、实施科技创新与工程示范相结合的发展战略，因地制宜地构建融“预防—修复—监管”为一体的土壤质量提升管理体系，形成系列可推广绿色生产模式、“防控治”集成创新技术和监管平台，分区建设一批国家级污染耕地土壤综合治理技术集成与示范区，全面推进绿色发展，切实改善长江中游及江淮地区耕地环境质量。

3．实施酸性水稻田重金属污染修复技术工程

工程内容主要分为两方面：一是对轻中度污染农田采用定期施用石灰降低土壤酸

性、水稻灌浆期淹水以及种植重金属低富集品种等措施，降低土壤重金属生物有效性，保证农产品安全。污染防治重点区域为洞庭湖平原和鄱阳湖平原低洼区。

二是防治土壤酸化。土壤酸化会加剧土壤重金属到农产品的转移，为了保证食品安全，要防治土壤酸化。氮肥过量施用是该区土壤酸化的重要原因之一，亟待依据科学配方减量施肥，改进施肥方式，提升氮肥利用率，同时可减轻化肥过量引发的面源污染。在土壤酸化严重区定期施用石灰，施用量以100kg/亩左右为宜；或将石灰、碱渣等无机改良剂与有机肥、秸秆或秸秆生物质炭按一定的比例配合施用。

（五）四川盆地

四川盆地土地总面积17.9万km^2，耕地面积11.8万km^2。区内农作物为水稻、甘薯、油菜、大豆、蔬菜与水果，粮食产量占全国总量的15.3%，甘薯、油菜、大豆分别占15.2%、9.3%和6.5%，蔬菜与水果占11.8%；以生猪为主的肉类产量占14.3%。多数地区一年三熟，是我国重要的农产品综合生产基地。

四川盆地的耕地重金属污染最为严重，超标率高达43.55%，但整体以轻度污染为主，达34.57%，约占其总超标比重的79.37%，中度和重度污染比重分别占其总超标比重的12%和8%。其中，Cd和Ni污染最为严重，超标率为34.90%，以轻度污染为主，分别占其总超标比重的78%和97%，其次是Cu、Hg和Zn，超标率分别为9.34%、3.02%和2.67%，其轻度比重占其总超标比重的80%上下。Pb、As和Cr重金属污染极轻，污染比重均小于0.60%。

20多年间，该区耕地土壤重金属污染增加趋势显著，超标比重从17.68%增至43.55%，增长了近25个百分点。其中，Cd和Ni超标比重变化量最大，分别增加了34个和19个百分点，其次是Cu，增加了近9个百分点。四川盆地西部的成都平原绵阳、雅安、眉山、乐山等地区，以及中部盆中丘陵南部地区增加趋势最为显著，重金属点位超标率增加了50%以上，而在东南部盆东低山丘陵也增加了30%～50%。

四川盆地耕地土壤重金属污染主要受人为活动影响，尤其是Cd、Cr和Hg分别有84.90%、61.33%和60.70%的点位受到人为活动影响，特别是矿山的开采、冶炼、重金属尾矿、冶炼废渣和矿渣堆放等随着矿山排水和降雨使之带入河流等水环境或直接进入土壤，间接或直接造成矿区周边耕地土壤重金属的污染，矿区附近的点位重金属超标均为100%。其次是位于城市工业区和城郊区的冶金、化工、火力发电、染料、电子等涉重工业生产过程中，排放含多种重金属的“三废”引起的污染。据课题组研究，四川盆地工业区附近耕地样点Cd元素100%超标，Cu超标比重也高达为75%。此外，化肥农药、农用塑料薄膜等农业投入品不合理使用、畜禽养殖粪便等也给农田带来不同程度的重金属污染。

未来四川盆地耕地土壤重金属污染防治的主要措施与对策包括：

1. 明确监管重点，强化监管执法

一是严格控制在优质耕地集中区域新建有色金属矿采选与冶炼、天然（页岩）气开采、石油加工、化工、焦化、电镀、制革、电子拆解、铅蓄电池、农药、危废处置等行业企业。严格现有相关行业企业污染排放标准及环境监管，加快技术升级与改造，确保清洁耕地不受污染。

二是重点监测Cd、Ni、Cu、Hg和Zn等主要污染物，监管涉重行业、工业园区、城郊区重金属排放，确定区域土壤环境重点监管企业名单。

三是加强土壤环境日常监管执法，严厉打击非法排放、倾倒、填埋有毒有害物质、违法违规存放处置危险废物和危化品、不正常使用污染治理设施、监测数据造假等环境违法行为，严厉查处相关领域职能部门、从业单位及个人的违法违规行为。

2. 加强矿产资源开发、工业企业的污染防控

四川盆地矿区附近耕地的点位重金属超标均为100%。在矿产资源开发活动集中区域，如西南矿产富集区执行重点污染物特别排放限值。深化矿山“三废”污染治理，在部分矿山、建材开采废弃场地开展污染综合整治与生态恢复试点。全面推进矿产资源开发所形成的尾矿库、矿山排土场和渣场的安全监管和污染防控，完善污染治理设施，重点加强尾矿库“头顶库”综合治理工作。

3. 安全利用轻中度土壤重金属污染耕地

四川盆地耕地土壤重金属中轻度污染比重较高，几乎每个城市均有点位分布，亟须重视轻度和中度污染耕地的安全利用。各污染分布县市要结合当地主要作物品种、种植习惯，制定实施受污染耕地安全利用方案，采取替代种植、农艺调控等措施，降低农产品超标风险。强化对土壤与农产品质量的协同检测，并加强对农民合作社、农民的技术指导和培训。

4. 建立成都平原耕地土壤治理修复示范区（酸化土壤示范区、矿区修复示范区）

四川盆地重度污染点位主要分布在成都平原中部，而且在成都平原绵阳、雅安、眉

山、乐山等地区，以及中部盆中丘陵南部地区重金属点位超标率增加了50%以上。因此，亟须以成都平原为中心，建立土壤重金属治理修复示范区，严控重度污染耕地的用途管理，划定特定农产品禁止生产区域，严禁种植食用农产品；在土壤酸化区、西南矿产富集区和盆周矿产富集区等重点区域开展重金属污染耕地修复及农作物种植结构调整试点，制订实施重度污染耕地种植结构调整或退耕还林还草计划，将严格管控类耕地纳入国家新一轮退耕还林还草实施范围。

（执笔人：尚二萍　张红旗）

专题报告四

农用地膜污染防治战略研究

农用地膜覆盖栽培技术始于20世纪50年代初的日本，后在世界各地得到广泛应用。农膜覆盖技术在我国主要应用于北方的棉花、玉米、蔬菜等农作物种植，在南方地区蔬菜、水果种植领域的应用面积也逐年增加。近年来，我国农作物地膜覆盖面积迅速增长，2016年达到2.76亿亩，成为世界上地膜覆盖栽培面积最大的国家。但是，农用地膜在提高作物产量的同时，也引发了一系列环境问题，如土壤残膜污染、区域水循环障碍、农田土壤次生盐渍化加重等，其中地膜残留导致耕地土壤污染已成为我国北方地区主要的面源污染问题。本专题在分析农用地膜利用和污染态势及其成因的基础上，提出了地膜污染防治战略及措施。建议从地膜标准化生产控制、地膜田间科学合理使用、残膜高效回收以及推广可降解地膜四个方面大力实施农田净土工程，并在我国新疆、陕西、甘肃、宁夏、山西以及山东和部分南方地区因地制宜推行差异化地膜污染防治模式，构建从工业标准化生产直至地膜污染分区防治的完整体系，确保我国耕地质量安全和可持续利用。

一、农用地膜利用与污染态势分析

（一）农用地膜利用现状与趋势

截至2016年底，我国农用地膜覆盖面积高达1 840.12万hm^2，地膜使用量为147.01万t。其中，新疆、甘肃和山东地膜覆盖面积和使用量居全国前列，三省总地膜覆盖面积和使用量分别占全国地膜覆盖面积和使用量的37.33%和32.42%；其次是内蒙古、河北、云南、河南、四川、湖南、江苏7省（自治区）的地膜覆盖面积和使用量各自都占全国总量的3%以上；西藏、北京、上海、海南、天津、青海6省（自治区、直辖市）的地膜覆盖面积相对较低，各自占全国地膜覆盖面积的比例为0.03%～0.40%，地膜使用量也相对较低（图4-1）。

从全国变化趋势上看，全国农用地膜覆盖面积从1992年的593.35万hm^2增长到2016年的1 840.12万hm^2，递增了2.11倍，年均增长率为8.76%，平均每年增加51.95万hm^2（图4-2）。全国农用地膜使用量从1992年的38.03万t增长到2016年的147.01万t，增加了2.87倍，年均增长率为11.94%，平均每年增加4.54万t。目前我国农用地膜使用量已占到世界地膜使用总量的50%以上。

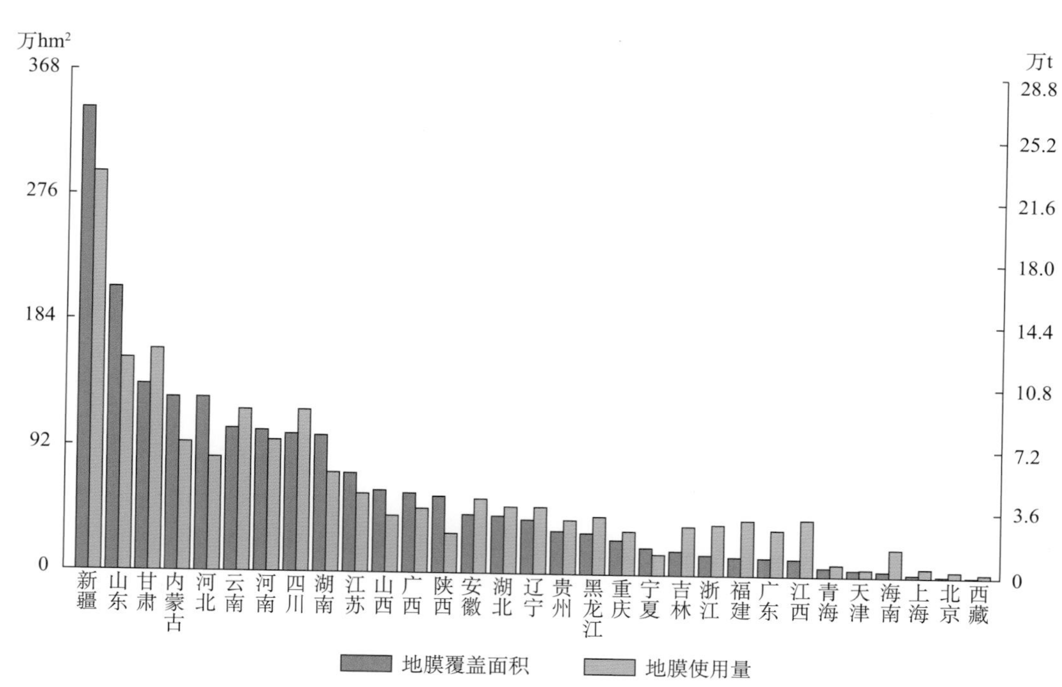

图 4-1　2016 年全国各省份农用地膜覆盖面积和地膜使用量

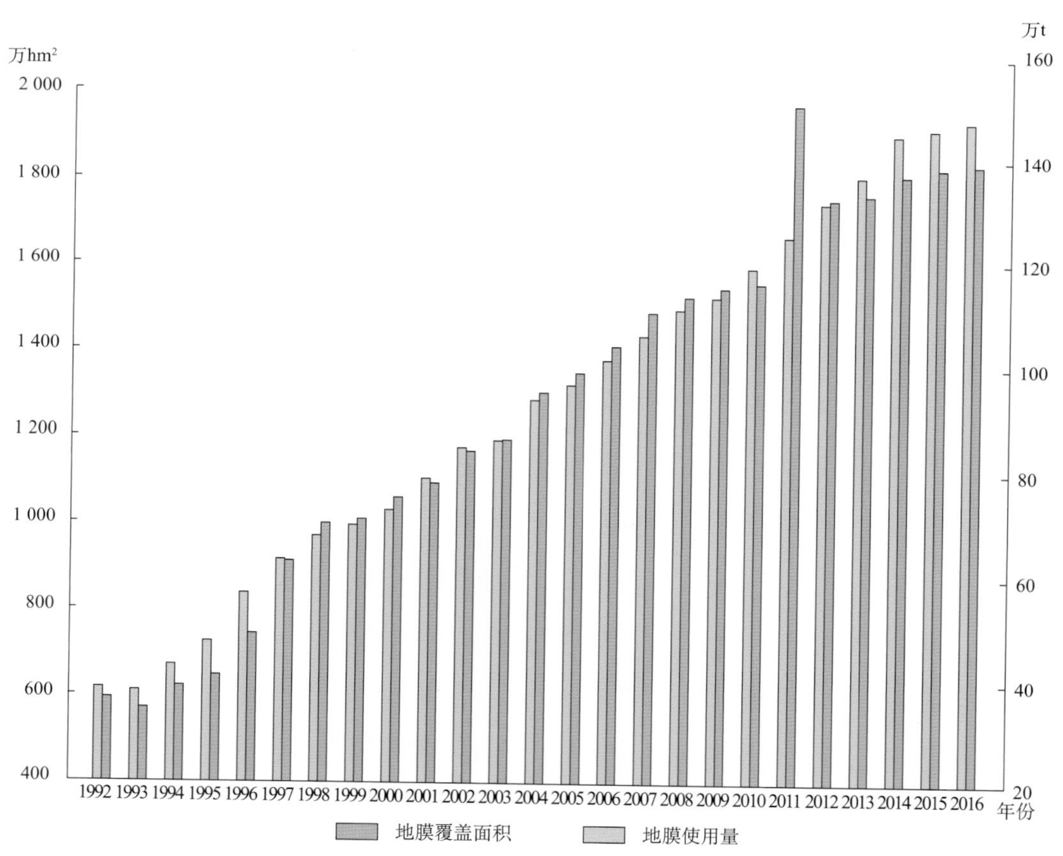

图 4-2　1992—2016 年全国农用地膜覆盖面积和使用量变化趋势

对各省覆膜面积的变化统计表明，1992年山东、四川、新疆、湖北是四个主要的覆膜大省（自治区），其中山东农田覆膜面积为72.60万hm^2，四川为66.18万hm^2，主要应用于蔬菜栽培；新疆农田覆膜面积为61.67万hm^2，湖北为51.25万hm^2，其余各省农田覆膜面积均在35万hm^2以下。川鲁地区的地膜覆盖栽培面积远超过西北地区。至2016年，覆膜面积超过50万hm^2的省份增加到12个，其中超过100万hm^2的省份为8个，以山东、甘肃、内蒙古、河北、河南为代表的中原地区覆膜栽培大省已经形成；云南、四川成为西南地区覆膜栽培的主要种植区。超过150万hm^2的覆膜栽培大省为新疆和山东，分别达到了340.52万hm^2和209.17万hm^2。地膜覆盖栽培技术从我国中部向西北、东北、南方地区扩展，已覆盖全国所有省份。

汇总我国各省份1992—2016年地膜年使用量统计数据表明，我国地膜使用量随覆膜面积的增加而递增。1992年全国各省的地膜使用量均低于5万t，2016年全国地膜使用量大于5万t的省份达到9个。其中，新疆地膜使用量超过15万t，甘肃、山东二省用量接近15万t，三省用量占到全国地膜总用量的32.42%，江苏、安徽二省的用量已接近5万t。西藏、北京、天津、上海、青海等省（自治区、直辖市）农业比重小，地膜使用量相对较低。

我国地膜覆盖面积和地膜投入量均居世界第一，单位面积地膜覆盖系数从1992年的6.41%增至2016年的7.99%，呈小幅度上升趋势。单位面积覆膜系数指地膜用量与覆膜面积之比，反映了单位面积上地膜覆盖程度，间接反映了地膜残留的风险。对该数据1992—2016年变化分析表明，除海南、贵州、辽宁、宁夏、北京、天津、甘肃、山东、河北9省单位面积覆膜系数降低了0.01%～17.39%，其他省份均呈增加趋势，增加量为0.06%～20.03%，且上海、西藏和江西增加量较大，均在17%以上；其次是吉林、湖北、四川、青海和浙江，增加量在4%～10%。

单位面积覆膜系数亦表明了单位面积上膜的累积用量，其比例越高，农膜残留的风险也越高，建议在单位面积覆膜系数增量迅速地区，开展地膜残留的实地调查，结合当地生产实际，制定适宜的措施，降低地膜残留风险。

此外，从地膜覆盖作物种类变化来看，我国地膜覆盖由单一的玉米、棉花，逐渐扩展到蔬菜（露地、设施）、果树等30多个类别。大面积及超量的地膜应用，已在我国农田土壤中形成了污染态势，不利于农田生态环境的健康。

（二）农用地膜污染现状分析

目前，我国残膜回收技术较落后，农膜的连续使用现象普遍，加之农民的环保意识相对薄弱，致使农膜大量残留于土壤中。研究表明，我国地膜残留总量近200万t，回收率不足2/3，耕地土壤平均残留量为60kg/hm²（汪军等，2016）。

西北干旱绿洲区是北方地区农膜使用量最大的区域，耕地农膜残留污染也最为严重，其中新疆是地膜污染的典型地区。当前新疆地膜覆盖总面积已超过5 000万亩，占新疆耕地面积的一半。据新疆农业厅2012年对20个县的调查数据，农田地膜残留量平均达到255kg/hm²，超225kg/hm²的农田占80%。某些植棉大县残膜污染更为严重，如北疆昌吉玛纳斯、呼图壁等主要植棉县耕地土壤平均地膜残留达265kg/hm²；南疆阿克苏地区阿瓦提县、柯坪县等植棉大县残膜含量均在300kg/hm²以上，个别地块最高的地膜残留量甚至超过600kg/hm²，相当于农田铺了10层地膜。

调查显示，新疆有12种作物采用覆膜栽培模式，地膜残留差异较大。相比棉田的地膜残留，马铃薯、制种玉米的地膜残留量略低，但平均值也达到了38kg/hm²和36kg/hm²。主要原因是：一方面，不同作物累积覆膜时间不同，如棉花在新疆的覆膜历史已超过30年，而制种玉米的覆膜时间较短，造成棉田的残膜量远大于制种玉米田残膜量；另一方面，不同作物根系生理特性差异，如棉花地上部分较高，增加了地膜回收和适时揭膜的难度，而马铃薯、制种玉米等作物根系较简单，地上部分矮小，有利于地膜回收和适时揭膜。

我国其他地区耕地残膜污染也较严重。实地调查发现，甘肃陇东地区平均地膜残留量为139kg/hm²，陕西地区平均地膜残留量为110kg/hm²，华北平原覆膜棉区平均地膜残留量为80.5kg/hm²，湖北恩施烟田平均残留量为71.9kg/hm²，北京、河北、山东等地蔬菜的地膜平均残留分别达到了48kg/hm²、58kg/hm²、40.5kg/hm²，河南等地的花生种植区平均地膜残留已达到66kg/hm²，残膜累积污染特征明显（严昌荣等，2014）。

当前我国地膜回收率较低，残膜污染累积特征非常明显，农用地膜污染呈不断加重和扩散趋势。以新疆石河子垦区调查数据为例，连续覆膜20年和10年棉田中的地膜残留量分别为326kg/hm²和278kg/hm²，其中连续20年覆膜种植棉花—加工番茄土壤中残留量高达358kg/hm²。即使在南方地区，地膜累积也非常明显，如调查湖北省地膜玉米种植区时发现，连续种植5年，残留地膜也达到140kg/hm²。可见，在农膜回收率无法大幅提高的前提下，耕地残膜污染加重的态势不可避免。随着地膜使用量和农田覆盖面积从我国西北、中部地区向东北、南方地区的扩展，农用地膜污染也将不断扩散。

（三）农用地膜污染特征与危害

1．耕层土壤是地膜累积的主要区域，大量碎片化残膜形成人为障碍层

由于我国使用较多的是厚度小于0.008mm的超薄膜，这种农膜强度低、耐用性差、老化快、易破碎为小片，其碎片面积约为1～25cm^2，小于25cm^{2}的片数超过总片数的80%以上，数量为1 000万～2 000万片/hm^2，与耕层（0～20cm）土壤混合在一起，机械回收非常困难。随着覆膜年限的增长，累积层逐渐增厚，可达到30cm，占到总残膜量的90%，形成了地膜累积障碍层，导致作物根系生长困难和作物减产。同时新疆棉田监测数据显示，单位面积残膜数量和残膜重量每年分别以40.02万片/hm^2、13.66kg/hm^{2}的趋势递增，形成了地膜覆盖区域的土壤人为障碍层。

2．残膜导致土壤环境和农作物受损

地膜是由高分子聚乙烯化合物及其树脂制成，其光分解性和生物分解性均较差，具有非透气透水、不易腐烂、难以消解的特征。随着残留地膜在农田土壤中的累积量越来越大，对土壤的透气性、水肥运移及土壤微生物活动等都有较大影响，导致土壤结构破坏、耕地质量下降，进而带来作物减产、农事操作受阻以及次生环境污染等一系列问题。

（1）土壤理化性质恶化

残留在土壤中的地膜会对土壤含水量、渗透性、容重孔隙度、养分和pH等理化性质产生影响（董合干等，2013）。据研究，当农田残膜量为225kg/hm^{2}时，土壤容重比无残膜处理增加18.2%、土壤孔隙度降低13.8%（肖军、赵景波，2005）。有试验表明，残膜影响土壤水分运移。随着土壤中残膜量的增加，玉米收获期时0～120cm土层的土壤含水率减小、土壤水分下渗速度变慢、整个生育期内土壤贮水量减少；滴灌土壤湿润锋运移相同距离需要的时间显著增加，相同渗入时间内累积渗入量、蒸发速率和累积蒸发量都显著减小，说明残留地膜改变了土壤原有的结构、水分的入渗及持水性能，对土壤中水分和其他溶质的转移影响严重（李仙岳等，2013；王赤超等，2015）。此外，残留地膜阻碍水分下渗还有可能造成土壤的次生盐碱化。

残膜对棉田土壤养分也有不同程度的影响，通过对长期连作的棉田研究后发现，连作10年、15年和20年之后，土壤中的碱解氮含量为种植1年的1.58倍、1.78倍和2.52倍；而土壤中有效磷含量的变化则相反，仅为种植1年的70.86%、77.91%和61.66%；

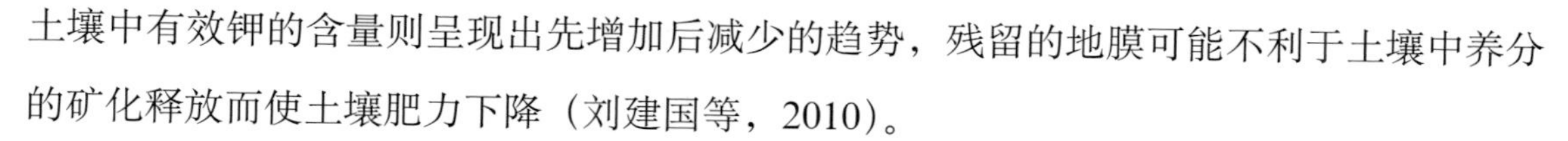

土壤中有效钾的含量则呈现出先增加后减少的趋势，残留的地膜可能不利于土壤中养分的矿化释放而使土壤肥力下降（刘建国等，2010）。

残留地膜降低了土壤的通透性，在耕作层内形成的薄膜隔离还对土壤微生物的活动产生影响。通过研究邻苯二甲酸酯（DEHP）对土壤微生物群落结构多样性的影响后发现，DEHP对土壤中的细菌、真菌和放线菌均表现为抑制作用，并且对土壤中微生物的功能多样性和代谢活动也具有一定的抑制作用（夏庆兵，2016；尉海东等，2008）。

（2）作物生长受阻，品质、产量下降

农用残膜不但会改变土壤理化性质和微生物种群数量，还会直接影响作物的生长，阻碍作物根系下扎，使作物根系弯曲变短，影响植物对水、肥的吸收能力，并且易被风吹倒，而播种在残膜下的种子则很难穿透残膜出苗（李明洋、马少辉，2014；张保民、王兰芝，1996）。据新疆生产建设兵团农七师130团测定，连续覆膜3～5年的土壤，小麦产量下降2%～3%，玉米产量下降10%左右，棉花产量下降10%～23%。目前地膜污染已造成新疆兵团棉田籽棉平均减产11.5%，最高减产39%（王序俭等，2010）。另有研究表明，当土壤中的地膜含量达到60kg/hm^2左右时，蔬菜减产14.6%～59.2%（唐仕华等，2016）。地膜覆盖年限越长，残留量越大，对作物的影响也越大（王频，1998）。此外，地膜中的重金属、酞酸酯等还会对植物的生长发育造成影响，可能破坏叶绿素和叶绿素的合成，使农作物生长缓慢、枯黄化甚至死亡。

（3）聚乙烯地膜降解物致使环境污染风险增加

残留地膜在土壤中可释放出无机污染物和有机污染物两大类，其中无机污染物主要是地膜在生产过程中添加的一些重金属盐类稳定剂，以Pb和Cd的化合物居多，由于这些重金属稳定剂与高分子化合物之间主要是以范德华力相连，会不断地从残留地膜中溶出，在土壤中不断累积，从而对土壤性质和农作物的生长造成影响，最终可以通过食物链影响人体健康（赵铁铭、李亚松，2015）。残留地膜中含有的增塑剂、抗氧化剂和阻燃剂是导致土壤有机物污染的主要原因，其中增塑剂多为酞酸酯类化合物，随着时间的推移会逐渐释放到环境中，对空气、水和土壤等造成污染（Stales C A等，1997）。这些游离出来的重金属或者酞酸酯等污染物通过土壤富集到作物、蔬菜甚至动物体内，从而影响食物安全和人体健康。

部分地区回收地膜过程中有一部分残膜会采取焚烧处理，燃烧过程中释放出氯化氢、二噁英等有害物质，造成更严重的大气污染。还有部分清理出的残膜被弃地头、水渠、林带中，未能及时处理，大风刮过后，残膜被吹至田间、树梢，影响农村环境景观，造成“视觉污染”。

二、农用地膜残留污染成因

（一）普通PE地膜材料降解难，累积逐年加重

农用地膜都是由高分子的聚乙烯（PE）化合物及其树脂制成的，这些物质具有分子质量大、性能稳定、耐化学侵蚀、能缓冲冷热等特性，很难在自然条件下进行光降解和热降解，也不易通过细菌和酶等生物方式降解，一般情况下，残膜可在土壤中存留200～400年。材料的难降解性，决定其存在累积污染的风险性，特别是当残膜不能得到及时有效的回收，年复一年，必将造成农田土壤中的累积污染。地膜残留量随覆膜年限的增加而增加。应用模型研究表明，新疆棉田若按照当前的地膜残留发展态势，到2051年土壤中地膜残留量预计可达到1 000kg/hm^2（董合干等，2013），将导致非常严重的区域农业面源污染。

（二）可降解地膜工艺尚不成熟，近期难以替代PE地膜产品

使用降解地膜可在源头解决地膜残留污染问题，但目前其产品研发仍处于起步阶段。由于不同作物对降解地膜的宽度、延展性以及裂解起始期、裂解速率、降解率、产品特性等需求差异较大，可降解地膜材料与农艺生产的配套性差。田间应用需求的多样化，使降解地膜产品指标归一性弱，其产品标准的制定较为困难，因此目前还没有满足所有作物种植要求的降解地膜产品。

据课题组对新疆昌吉回族自治州降解地膜使用调查，当前降解地膜产品应用过程存在以下几个方面的问题：一是降解地膜材料本身延展性与播种机械不能配套，打孔器在地膜上打孔后，地膜粘连在打孔器上被拉伸，致使种子不能进入播种孔洞中，播在膜面上，造成约30%的播种失败，后期只能又进行了人工补种，人工及种子成本增加。二是同一降解地膜在不同气候条件下，裂解的起始期不同，使地膜增温保墒的效应存在地区差异。如在昌吉回族自治州东部奇台县，降解地膜裂解起始期发生于覆膜后60d左右，在昌吉回族自治州北部的呼图壁县，其起始裂解期发生于覆膜后38d。使用过程中存在

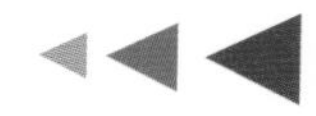

的问题，也制约了降解地膜的大面积推广，短期内还不能全部替代普通PE地膜。

（三）地膜质量标准不达标，回收困难，再利用效率低

为了避免残膜污染问题，美国和日本等发达国家生产的地膜厚度要求不低于0.020mm，且使用后进行强制回收。按照1992年我国轻工业部颁布实施的《聚乙烯吹塑农用地面覆盖薄膜标准》（GB 13735—1992），规定聚乙烯地膜最小厚度为0.008mm，但在实际应用过程中，地膜厚度主要集中在0.004～0.008mm，这是因为我国地膜市场的实际情况是以量定价，而不是以质定价，如果用厚度为0.008mm的地膜，每公顷需要47.5～60kg，但如果用0.005mm的地膜，每公顷则仅为30.0～37.5kg，减少近一半的成本投入。因此，地膜生产厂家为迎合市场需要，更多的是生产不符合国家标准的超薄型地膜。这种超薄型地膜由于强度不够，在使用一季甚至不到一季就破成碎片，回收十分困难。研究表明，地膜厚度与地膜残留强度密切相关。在同等条件下，地膜越薄，越易老化破碎，回收越困难，残留强度越大。我国现用地膜厚度低是造成残膜污染严重的主要原因之一。

原料也是影响地膜质量一个最重要因素。熔体流动速率（MFR）是衡量原料优劣的重要指标，生产优质的地膜产品应该用MFR<2的地膜专用树脂，但多年来由于缺乏合适的专用树脂母料，我国地膜生产企业一般都用MFR为7的通用型树脂母料代替地膜专用生产母料，从而导致地膜质量的不稳定。在田间覆盖时，由于地膜强度不够，短期内几乎全部破裂成碎片，造成的地膜残留污染加剧。

农业部联合调研组2015年调研了甘肃省地膜回收情况，发现回收加工企业由于市场不景气、税收重等问题经营困难，导致废旧农膜需求下降，影响整个回收机制的运转。2015年，再生颗粒的市场销售价格是7 500元/t，而目前是4 200～4 800元/t，下降了近一半，生产成本却高达约4 000元/t，废旧农膜加工企业的市场利润率不足2%。除了市场原因，政策原因也不容忽视，《甘肃省废旧农膜回收利用条例》明确规定，从事废旧农膜回收利用的企业可以享受农用电价格优惠政策，但在实际操作中，加工企业往往难以享受该项政策。一家年生产再生颗粒1 000t的废旧地膜初加工企业，每吨电费成本高达1 000元。而且企业税收负担重，农膜回收中，农户及流动商贩都没有出具发票的资格，企业没有原材料进项发票，难以合理抵扣销项税额。加工企业经营困难，地膜回收价格下跌50%，商贩年收入下降了一半，农民捡拾农膜获利也下降一半，使地膜

回收机制的动力不足。

（四）生产管理体系混乱，地膜污染控制缺乏严格的监管机制

由于缺乏完善的市场管理体系以及市场准入规范，我国目前的地膜生产企业过多、过杂、过乱的局面十分严重。据不完全统计，全行业拥有大小规模不等的地膜生产企业约800家，其中年生产能力在3 000t以上的中型企业约203家。这些中、小企业特别是小企业难以形成规模，且从原料采购到产品生产都很少按照相应的标准和规范来进行。目前，大半地膜企业已经相继停产、半停产或转产，与我国巨大的需求形势形成很大的反差。由于产业政策、价格体系和供求关系等方面的原因，国产地膜专用树脂很少，进口的农用树脂品牌多、乱、杂，货源不稳定，使一些地膜厂家不得不用通用型树脂来吹制地膜产品，从而导致市场许多地膜产品质量低劣，严重影响了地膜的使用和回收。

同时，国家对农田地膜污染治理也缺乏相应的法律法规来监督和约束，基本处于放任自流的状态，部分农民将地表残膜简单回收一下，有的则直接翻入土壤中。地膜回收点不足，农民捡拾的残膜也不能得到有效回收，基本都是焚烧或在田间地头堆置，往往造成地膜的二次污染。相应的法律法规的缺失是导致这种局面形成的重要外部因素。

三、农用地膜污染防治战略与措施

根据十九大报告关于“推进绿色发展”的总纲领以及中央农村工作会议、中央1号文件“推进农业清洁生产，加快推进农业绿色发展，保护农业生态环境，加快建设资源节约型农业生产”的总要求，加强农膜污染治理，提高废旧农膜资源化利用水平，要紧紧围绕“一控两减三基本”的目标，从政策和技术两个层面努力。在政策层面，国家应加强立法，使残膜防治制度化、标准化，将残膜防治纳入政府考核，制定地膜生产、残留标准，严格查处非标准地膜生产；设立财政专项资金，加大对残膜防治技术研发与示范、残膜回收与再利用的支持力度。在技术层面，加强新型可降解地膜原材料或替代品的研发力度，加大实用型残膜回收机具的研发，推广适期揭膜技术，优化耕作制度，探索残膜回收再利用新途径。

以降低地膜残留为目标，以控制地膜生产质量为切入点，从法律法规层面，进一步推进地膜标准化生产，确保农田使用地膜质量达标；完善不同区域地膜科学使用方式，

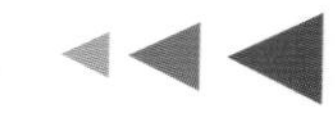

确保降低地膜使用量；依据区域生产实际，研发经济适用地膜回收机械，确保地膜回收率达到85%以上；借鉴国际可降解地膜研究成果，结合我国气候、种植模式，创新技术集成新型低成本可降解地膜，确保地膜源头控制。以上“四位一体”战略的实施是我国地膜使用高效、科学，实现农业可持续发展的重要保障。

（一）推进地膜标准化生产，从源头遏制不合格地膜进入农田

《聚乙烯吹塑型农用地面覆盖薄膜》（GB 13735—1992）标准规定地膜厚度指标为(0.008±0.003)mm，而一些地区在农膜使用中这样的标准也未能达到。据课题组在新疆棉田中调查，0.004～0.006mm的超薄地膜使用面积更大。究其原因，使用厚膜增加了地膜用量，成本升高。农户采用0.008mm标准厚度地膜，每公顷地膜用量为65kg，投入成本845元；使用0.006mm地膜，每公顷用量为45kg，投入成本585元，成本相差260元，农户更倾向选择成本较低的超薄地膜（表4—1）。这一需求引发了地膜生产企业生产低于国标的不合格地膜产品，因此，通过法律法规强制推进地膜标准化生产和规范农户使用达标地膜迫在眉睫。

表4—1 新疆棉花不同厚度地膜铺设用量及投入成本

地膜厚度（mm）	地膜使用量（kg/hm^2）	成本（元/hm^2）
0.006	45	585
0.007	57	741
0.008	65	845
0.009	70	910
0.010	78	1 014
0.012	92	1 196

注：地膜平均单价为13元/kg。

据研究，地膜厚度若从0.008mm增加到0.010mm，其抗拉强度将增加25%，同时增加地膜厚度可有效提高残膜的回收率。为此，2017年工业和信息化部发布了《聚乙烯吹塑农用地面覆盖薄膜》（GB 13735—2017）的新标准，标准中规定地膜厚度最低不得小于0.01mm。

国家与各地区须做好农膜生产和使用新标准的宣传和引导工作，对农膜生产企业实

行强制性的行业标准和统一的市场准入制度，质监、工商等部门需加大对农用地膜在生产、流通和使用中执行新标准的监督检查力度，对违规生产销售不符合新标准的低劣薄膜的企业给予严厉的处罚，追究相关法律责任。同时对于农户违规使用低质农膜，破坏土壤环境的行为进行行政处罚，严重者追究个人法律责任，并设限制约其农产品的销售渠道，从源头遏制不合格地膜产品生产和使用。

在推进地膜生产标准化过程中，各地应积极制订符合本区域实际情况的地方标准。例如，新疆早在2014年就颁布了《聚乙烯吹塑农用地面覆盖薄膜》地方强制标准（DB65T/3189—2014），标准中明确了农田地膜的最小公称厚度为0.01mm，并且耐候期必须大于180d，也就是保证新标准地膜在一个生产周期内不能破裂成碎片，生产结束后便于回收再利用。2016年新疆又颁布了《新疆维吾尔自治区农田地膜管理条例》，从标准到立法层面对农田地膜科学使用给予了规定。新标准还增加了0.012mm、0.014mm、0.20mm三个公称厚度。同时增加了推荐使用天数：厚度0.010mm、0.012mm为180d；厚度0.014mm、0.020mm为360d。新的标准以“可回收”为目标，充分考虑新疆气候特点（紫外线强、温差大、风沙大）和农业生产方式（膜下滴灌、机械作业），兼顾农企利益，兼顾现实利益和长远利益，确定的农膜厚度指标和物理机械性能指标，更适合新疆农田地膜使用和回收，实现从源头控制残膜污染。

（二）优化地膜覆盖方式，推广适时揭膜等技术

优化地膜覆盖方式，推进地膜科学使用，是减少农田残膜污染的重要环节。开展地膜在不同作物和不同栽培模式下的科学合理施用，因地、因作物、因气候选用覆膜方式，在保证增温、保墒、压草、提高产量的前提下，减少无效的超宽地膜覆盖，降低地膜覆盖率，有效减少地膜使用量。有研究表明，华南地区（广东、广西），冬春季反季节瓜菜种植过程中，采用50cm、100cm和150cm三种不同宽度的地膜覆盖栽培，100cm宽度的地膜西瓜生长和产量均优于50cm和150cm，这主要是由于冬季低温旱季，需要增温保墒，春夏季多雨，肥料养分易于淋失，需要保肥。100cm宽度的地膜在作物早期对土壤的增温保温、干旱保水能力优于50cm宽度地膜，促进植株根系正常生长；而在作物生长中后期，恰是高温多雨阶段，与150cm宽度地膜相比，其土壤水肥调节、保肥、通气的协调保障作用强，从而保证了作物稳健生长。因此从促进作物高产和减少残膜污染的角度考虑，100cm宽度的地膜是比较适宜的。选择适宜宽度的地膜，也能有效

降低单位面积地膜使用量，减少农田残膜积累。

推广适时揭膜技术。在地膜发生破碎老化前，及时将地膜清除出农田，也是减少地膜残留的有效措施。适时揭膜技术不但能提高地膜回收率，节省回收地膜用工，而且还能使作物增产。欧美和日本等发达国家由于使用的地膜产品比较规范、韧性好、抗老化能力强，因此，一般都在作物收获后进行回收，而我国的地膜厚度薄，易老化、碎裂，基于这一现状，研发适时揭膜的农艺技术，即根据区域气候和作物生长特点，将作物收获后揭膜改变为灌第一水前或收获前揭膜，并选择雨后初晴或早晨土壤湿润时揭膜，可提高地膜的回收率。近些年来河北、新疆等地区开展的棉花灌头水前揭膜技术，由于地膜尚未老化，韧性好，不易破碎，回收率可达90%以上。在山西地区玉米覆膜栽培中，揭膜适宜时间为拔节期揭膜，即玉米出苗后45d左右，能大幅度提高地膜的回收率；而在海拔1 000m以上的玉米种植地区，适宜的揭膜时期延迟到大喇叭口期，能够保证85%的回收率且可促进作物增产。

除开展地膜优化使用和适时揭膜技术，建议各地区根据实际情况开展农作物轮作倒茬，也可将覆膜作物与裸地栽培作物优化配置，减少地膜单位面积覆盖率，减轻残膜污染危害，使治理技术与田间管理有机结合，实现经济和生态效益的提高。

（三）加强残膜回收机械研发与推广，提高地膜机械化回收力度

普通PE地膜在一定时期内仍是我国主要的地表覆盖材料。农田残膜人工捡拾成本高且效率低下，研发机械化回收地膜装置是降低残膜污染的重要手段，也是当务之急。由于我国使用的地膜厚度薄，回收过程中拉伸强度较低，地膜破损严重，因此残膜回收机械部件研发应着重于起膜、收膜、脱膜、收集膜等关键零件。此外，地膜与土壤的分离部件以及地膜与秸秆碎屑等的分离构件也需要进行重点研发。重点开发能回收耕层0～20cm残膜的回收机械，特别是一机多用的联合机械。

目前，国内残膜回收机主要分为两大类，即苗期残膜回收机和收获后残膜回收机。按照农艺要求和残膜回收时间，残膜回收机械可分为苗期揭膜机械、秋后回收机械、耕层内清捡机械和播前回收机械等不同类别，其中一些机型已经比较成熟，如新疆研制的卷膜式棉花苗期残膜回收机残膜回收率达85%～94%，生产效率也已经达到较高水平。但由于额外增加作业成本，并未得到大面积的应用。今后应重点攻关研制兼顾常规农事操作与残膜回收的农机具及其配套技术措施，在不增加作业成本和农民负担的前提下，

实现地膜的高效回收。

残膜回收机的研发应与种植模式相适应。以地膜残留较为严重的新疆为例，残膜回收机械以大型、宽幅为特点，主要应用于地膜棉田，分为播前、苗期和秋后三个回收时期。播前回收常与整地结合进行联合作业。如新疆农垦科学院研发的整地与残膜回收联合作业机，在常规整地上加装1个或多个齿钉辊，钉齿长度5～15cm，直径为8～15mm，适用于整地作业时对0～5cm耕层中的片状残膜进行回收。机械改造简单，易于实现，效率高。存在的缺点是从钉齿上退膜困难。苗期回收作业主要在第一次灌水前，地膜铺设时间短，较为完整，易于回收，工作流程主要为起膜和卷膜，代表性机械主要有新疆农垦科学院压制的MSM-3型苗期残膜回收机、新疆农垦科学院农机化所研制的MSM-1型苗期残膜回收机和中国农业大学研制的柔性弹齿起膜轮。但如在新疆棉花苗期起膜后，缺少了地膜的增温保墒压草效应，棉花减产严重，因此苗期地膜回收机械目前使用较少。当前应用较多的是秋后地膜回收机械，也是研发难度大的设备。经过一季生长，地膜老化，碎片化严重，残膜粘在地表和根茬底部。通过课题组对秋后残膜回收机械发展过程分析发现，秋后残膜回收机械研发经历了弹齿式立秆搂膜单项作业、茎秆粉碎残膜回收联合作业、茎秆拔除残膜回收联合作业等几个阶段。单项作业机可完成搂膜、脱膜和卸膜工序，结构较为简单，但作业效率低，当前应有较少。

秸秆粉碎或拔出与残膜回收联合作业机，代表机型包括新疆农垦科学院4SJ-1.6型和4SJ-2.0型。秸秆还田残膜回收机，残膜与秸秆混合后难以分离，机具结构也相对复杂，造价较高。且在运行过程中，机械高速运转条件下难以保障残膜的回收率，这也是联合作业机研发的重点和难点。甘肃和内蒙古地区残膜回收机研发的重点是小型机械，主要应用作物为玉米和马铃薯。如河北神耕机械研发的1MC-70型起茬残膜回收机，采用铲式结构，机械前部加装土铲，将根茬与地膜铲土震动栅条和滚筒筛，使土与地膜分离，将地膜收集至后部框中。在甘肃、内蒙古和山西玉米种植中应用较为广泛。该种机械幅宽较小，工作效率也较低，适宜于条田面积较小的区域（赵岩等，2017）。

综合分析，发展高效能残膜回收机械是一项系统工程，应加强以下几个方面：

一是研发功能和种类多样的残膜回收机械。因地制宜，机艺融合，发展收获后的残膜回收机械技术。在地膜与杂质（土、秸秆）分离、耕层残膜的回收和边膜回收方面进

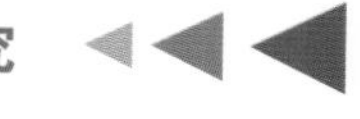

行重点突破，以提高残膜的回收效率；同时在提高田间作业速度和作业效率方面能有所创新，打破瓶颈，形成新的技术模式。

二是形成成套的机械化残膜回收标准体系。在作物栽培方面，改进农艺作业措施，减少作业中地膜破裂，满足机械回收地膜的基础条件。从残膜捡拾和装运机械化方面提供技术效能，减少田间劳动强度和二次污染。此外，在残膜再利用方面能够形成新型技术，如焚烧发电等。

（四）研发低成本、高效能、可降解地膜，实施可降解地膜替代工程

研发、推广易降解、无污染的新材料地膜是从源头解决农膜污染的重要措施。20世纪70年代以来，可降解材料的研究和开发引起了世界各国的关注，并且在混溶型淀粉塑料和接枝型淀粉塑料等研究和应用方面取得了较大进展。但是淀粉降解的材料或产品仍然存在技术问题，主要包括：由于淀粉结构和功能的缺陷，只有淀粉成分降解，而其中的合成树脂成分（如聚乙烯、聚丙烯、聚苯乙烯等）并未降解，仍然有残留污染；这类塑料强度、韧性相对较差，达不到普通PE地膜的强度指标，铺设过程中易于断裂；成型工艺要求高且制品粗重，往往需要特殊的成型机械（如流延成型等）和条件，不利于大规模生产；耐水性差，不抗老化等。

除以上淀粉降解膜材料，降解地膜材料按其引起降解的环境条件分为光降解、生物降解、化学降解、组合降解等。光降解地膜依靠吸收太阳光、引起光化学反应而分解；生物降解地膜是其成分中含有易于被土壤中微生物作用的物质，借助于土壤中微生物将材料分解为二氧化碳、水、蜂巢状多孔材质和盐类；化学降解地膜是通过空气中的氧气或者土壤中水分的作用而分解，包括氧化降解和水解降两种类型。

世界主要生产降解地膜的国家有美国、日本、德国、意大利、加拿大、以色列等，品种有光降解、光/生物降解、崩坏性生物降解、完全生物降解塑料等。其中，生物降解地膜在可降解地膜中最具发展前途。据Freedonia公司报告，2005年，在北美地区降解塑料总需求达500余万t，由于较高的价格，其中降解塑料农用膜需求仅16万t，只占降解塑料的5%。尽管如此，完全降解塑料的年平均增长率仍在14.8%以上。再如已有商品问世的“Mater-Bi”“Novon”及“Biopol”，其价格均分别比普通塑料农用膜高3～4倍。生产每吨Biopol，约需耗费3～4t葡萄糖。据美国和日本的地膜价格数据

显示，与现行地膜相比，崩坏性降解地膜价格高15%左右，完全降解地膜价格则要高2～4倍。据日本最近报道，完全降解农用膜的目标成本价为200日元/kg（约合人民币20元/kg）以下，约为普通聚乙烯膜的2倍，而目前降解和力学性能较好的PCL和淀粉共混塑料农用膜价格仍在380日元/kg（约合人民币30元/kg）左右。

国外生物降解地膜企业生产的降解产品主要是全生物降解地膜。从产品性能来看，目前国外生物降解地膜产品力学性能和生物降解性能优良，这些生物降解产品在行业中正发挥着重要的作用，未来的发展趋势是进一步扩大生产规模，提高产品性能，以规模效应降低成本。另外，国外对聚乙烯（PE）类光降解聚合物也有研究，这是由于PE降解成为相对分子质量低于500的低聚物后可被土壤中的微生物吸收降解，如美国DuPont公司、UCC公司、DOW公司和德国Bayer等公司工业化生产的乙烯/CO共聚物。

国内研制成功的完全可降解塑料较少，但可以在不同程度上实现降解的塑料产品方面报道却很多。总体来看，我国对降解地膜研究仍处于试验和探索阶段，尚不能精准确定不同环境条件下地膜降解的时间和降解程度，产品降解不完全或力学性能和耐水性较差等都是当前降解地膜材料研发和使用过程中的难题。除了技术制约，成本过高也是降解地膜推广困难的原因之一。普通PE原材料价格为12 000～13 000元/t，加工成地膜后价格为13 000～14 000元/t；而全生物降解原材料26 000～30 000元/t，加工成膜29 000～33 000元/t，每千克地膜价格30元以上，每公顷地膜平均用量为60kg，仅地膜一项投入成本就达1 800元，是普通地膜的2～3倍，过高的价格使得种植户对降解地膜“望而却步”。

综合上述分析，课题组建议，我国降解地膜研发应主要从以下方面开展：

一是研发完全降解地膜，其降解物质不会再造成二次污染。如含氧生物降解地膜，以最终降解产物为CO_2和水为最优。政府应鼓励相关企业加快易降解、无污染的新材料地膜的研发。

二是研发适应不同区域和要求的可调控降解期的地膜。应根据区域生态气候特点，并与作物生育期配套，在不同区域开展降解地膜的试验示范工作，摸清不同区域不同农作物农用地膜裂解及降解规律，为新产品的研发提供依据。课题组在新疆棉花、玉米、加工番茄三种作物上开展的降解地膜裂解试验表明，地膜裂解率达单位面积的20%时，将失去增温保墒效应。通过地膜裂解动态监测和田间填埋试验结果显示，三种地膜裂解

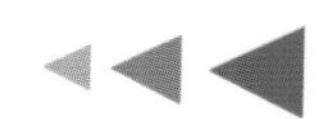

面积达到20%所需天数存在显著差异，普通PE地膜需要1 061d，0.01mm厚度降解膜需要136d，而0.012mm厚度降解地膜需要111d（表4-2）。因此，地膜厚度较大的降解膜裂解时间早于较薄的地膜，地膜生产中可选择0.01mm厚度。

表4-2　不同类型地膜裂解变化

单位：d

膜种类	达到不同裂解率所需时间					
	20%	35%	50%	65%	80%	100%
普通 PE 膜	1 061	1 384	1 642	1 863	2 062	2 296
0.01mm 降解膜	136	167	192	214	233	256
0.012mm 降解膜	111	137	158	176	191	210

在关注地膜裂解的同时，地膜的腐解也是其重要的性能指标。课题组也对上述地膜开展了为期三个月的地膜土壤填埋试验，以明确降解地膜转化为无污染物所需时长（图4-3）。数据显示，降解地膜腐解率为1.55%～16.43%，总体而言，黑色降解膜腐解率高于白色膜，腐解速率随时间增加递减，表明目前降解地膜的腐解率并非当年能够完全腐解，存在滞后效应。

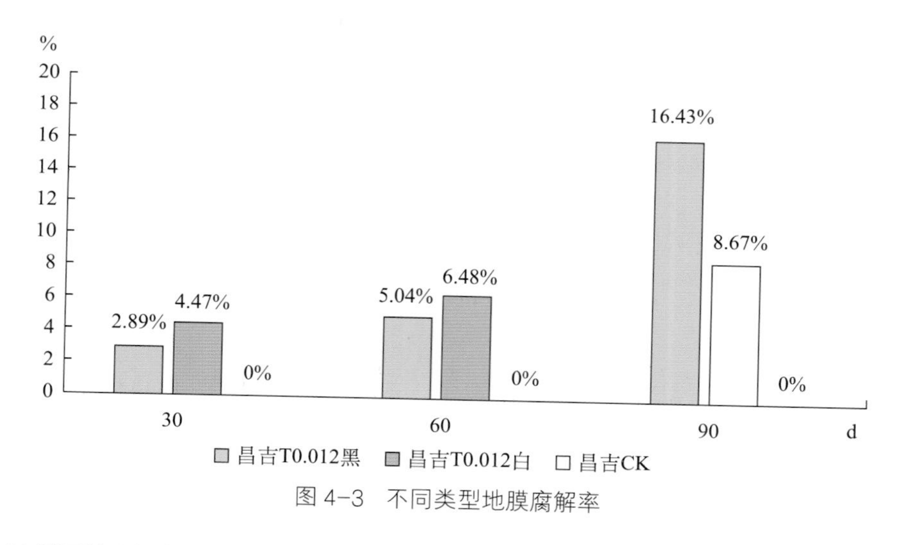

图4-3　不同类型地膜腐解率

综合地膜裂解和腐解特性，课题组建议在降解地膜新产品研发中，应研发起始裂解率期晚，同时在地膜翻入土壤后又能快速腐解的产品，以保证地膜增温保墒长效、土壤中地膜残留少。

三是应加大对低成本高效能降解地膜研发投入，降低成本，尽快走向市场推广应用。

（五）健全政策保障体制、机制，促进残膜回收与再利用

政策保障是减少地膜污染的重要措施，从国家层面制定预防和奖惩政策、机制，使地膜污染治理制度化、法制化，有效提高全民对地膜污染的防控意识。主要包括以下几个方面：

1．明确责任主体，扶持建立残膜回收再利用企业，建立回收奖补机制，健全回收网络

明确责任，平衡利益，建立“谁利用，谁受益，谁治理”“谁生产，谁回收”“谁污染，谁治理”的回收管理政策体制，用法律来明确土地残膜的污染治理主体。开展农田残膜污染综合治理，必须走资源化利用的可持续发展道路。要调动残膜回收、加工利用企业的积极性，需要制定一些优惠政策鼓励其发展。根据地膜使用及污染情况，统筹规划、合理布局，切实加大对残膜回收加工企业的扶持力度，鼓励建立相应的农田残膜回收机构、残膜处理加工厂，增加农村废旧地膜收购站的数量，大力开展废旧塑料制品的综合利用。对具有一定生产规模、诚信好的残膜回收加工企业建设项目给予信贷贴息、土地利用、税收优惠及回收加工机械购置补贴等方面的重点支持，扶持其发展壮大，带动周边地区残膜及废旧塑料制品的回收利用。同时要制定合理的回收价格，对利用残膜为原料进行加工生产的工厂和残膜回收机构，国家要制定相关的支持政策。

建立地膜生产、销售企业和地膜消费者回收管理制度，要求地膜生产和销售部门以及地膜消费者自行回收利用，对于回收和再利用者给予相应的补偿。对参与残留地膜回收工作的农户、企业按照回收量给予补贴，防止二次污染，还可增加农民部分收入。在重点村建立回收残留地膜交接、贮存点，为残留地膜回收工作开辟绿色通道，各级财政应加强对废旧地膜回收体系建设的支持，只有网络健全，方便了群众，让群众见到实惠，才能真正促进地膜回收利用工作。

2．设立财政专项资金，支持残膜防治技术研发和示范

重点开展两方面工作：一是支持残膜防治技术研发与示范，在残膜污染较重的代表区域开展试点示范，逐步形成地膜污染防治长效机制；二是开展地膜回收再利用技术的研究，提高残膜的回收率。残膜在农田中是污染物，但它同时也是一种宝贵的资源，有广泛的用途，如用残膜生产塑料管、防渗材料。因此，十分有必要加强残留地膜循环再利用的技术攻关，变环境的污染物为可再利用的资源，以此带动和促进地膜回收，减少

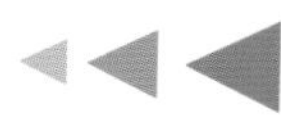

残留在农田中的地膜数量。

3. 建立残膜污染防治工作的长效机制

建立残膜污染防治工作考核机制，把残膜污染防治工作的成效作为相关政府部门工作业绩考核目标之一，使该项工作规范化、常态化，切实加强残膜污染防治工作力度。加强组织领导，由各级政府牵头，相关部门共同参与，协调解决废旧地膜污染综合治理中的各类问题，完善各部门的协调机制，明确分工、落实责任、加强配合、建立地膜污染综合治理长效机制。

4. 加强环保宣传教育，提高认识

防治地膜污染是一个系统工程，需要各部门、各行业和广大农民群众的共同努力、支持和参与。多数农民认为土壤存有少量残膜对农业生产及自然环境影响不大，注重当年效益而忽视了长远效益，致使对残膜清理的积极性不高，清除、捡拾土壤残膜不彻底。各级政府要加大对废旧地膜污染危害和防治污染重要性的宣传力度，采取有力举措，通过广播、电视、报纸、网络等媒体，采取办专题讲座、研讨会、新技术推介会、经验交流会、印发科普及宣传资料等方式，向广大农民、基层干部和企业宣传地膜污染危害的长远性、严重性和恢复困难性，普及残膜危害及清理残膜的好处、方法，充分调动农民群众和社会各界的积极性，提高地膜回收的自觉性。

（六）因地制宜开展残膜差异化防治措施

我国北方和南方生态类型和农业种植模式多样，在农用残膜防治中应采用差异化的管理措施。建议在新疆棉花、甘肃马铃薯、山东花生等大面积作物连片种植区域，对已存在地膜污染的农田大力推行残膜机械回收，回收率可达到80%以上。目前已研制出残膜回收机型十几种，但广大农民认为机械回收增加了农机成本，使回收机械推广困难，因此，课题组认为今后应加大对低成本、高回收率残膜回收机的研制投入，重点兼顾能够完成多项农事操作，使农民容易接受，易于推广。残膜机械回收应多年持续进行，一般经过3～5年的回收，可使残膜重污染的土壤恢复至轻污染土壤。对于回收后的废旧地膜，应进行再利用，如可用湿法造粒工艺生产再生颗粒。此项技术在新疆阿瓦提县已有一定面积的推广，其再利用工艺流程为回收地膜→机械破碎→清洗→脱水→高温熔融→造粒。造粒后的产品成为木塑复合的原料，同时也可制成设施大棚的骨架，与普通大棚骨架相比，成本下降30%以上。在普通PE地膜替代产品选择方面，建议选择裂解

期为100d左右的降解地膜，在源头上减少地膜用量。

针对南方地区玉米、蔬菜等作物地块面积小，大型地膜回收机械推广难度大问题，建议首先应指导农户科学合理使用地膜，建立相应的技术规程，采用培训与田间示范相结合的模式，推广选择适宜宽度的地膜和适期揭膜技术，将地膜在碎裂前移除出农田，减少地膜残留。此外，小面积栽培也更有利于推广降解地膜应用，建议研发对南方高温、多雨抗裂解性强的降解地膜，同时要兼顾南方一年两季或三季高强度种植的生产实际，研发在生育期结束将地膜埋入土壤后，能够快速腐解的地膜材料。据课题组调研，同时满足上述两种条件的材料目前仍在筛选，因此降解地膜研发应是材料科学与农业科学的融合，应加大投入力度。基于目前市场上已有的降解地膜产品性能，推荐针对玉米和蔬菜作物选用裂解期在60～70d的降解地膜。

（七）构建农用地膜防治的法律法规体系

目前我国关于农用地膜环境污染控制、农用地膜生产标准、土壤残留标准等的法律法规尚不健全，土壤残膜污染在某些方面仍处于法律监管的“真空”状态。

建议制定和健全残膜超标法律法规，使残膜防治有法可依。制定残膜残留量超标整治措施，充分体现“谁污染、谁治理”的原则，将残膜污染防治工作纳入法制管理轨道。我国目前尚未建立农用地膜环境方面的法规及农用地膜土壤残留标准，土壤残膜污染实际上处于放任自流状态。日本法律明确规定，不论使用何种农用地膜，农作物收割后都不允许有残膜存在，否则将被罚款；同时，日本也积极开展回收业务，使残膜得以再生和再利用。

统一并完善地膜生产、残留量标准，规范产品质量，加大查处力度。残膜回收困难的一个重要原因是地膜生产厚度不够。实验表明，如果将目前广泛使用的0.006～0.008mm厚的地膜增加到0.012mm，并添加一些抗老化物质，不仅可以延长地膜的使用寿命，提高其增温、保墒效果，而且有利于干净回收。同时，研究适合不同地区种植模式的地膜宽度，宽幅地膜可以有效地减少地膜在土壤中的残留量，60cm窄膜较140cm宽膜残留土壤中的概率大2.17～2.57倍。

规范和调整现有企业的农用地膜生产，实行严格的标准化，保证农用地膜产品的质量，使地膜产品达到国家厚度标准和拉伸强度。为从源头控制地膜污染，建议提高针对农用地膜厚度的强制性国家标准的规定，解决我国现行地膜生产标准中允许误差

0.002～0.003mm的问题，即农用地膜厚度由现在的0.008mm提高至0.01mm，禁止生产、销售厚度小于0.01mm标准的农用地膜。同时建议取消再生地膜生产标准，禁止农田使用再生地膜，提高地膜回收率。这样有利于残膜的回收，减少土壤中的残留量，而给农民增加的成本费用可以从回收的废膜中抵扣，以降低农民的生产成本。

（执笔人：许咏梅　马晓鹏　房世杰　朱倩倩）

专题报告五

耕地利用和农业生产分区

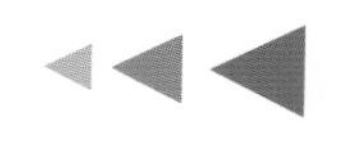

随着社会经济和农业的快速发展，中国农业资源环境问题日益突出。耕地资源减少，土壤质量堪忧，农田灌溉水短缺，用水效率低下，农产品产地受到污染等，影响我国耕地的可持续利用。本专题依据农业水土资源与环境地域分异，依据耕地利用和农业生产状况将全国划分为10个一级区、57个二级区，通过分析全国各区域农业生产条件、资源类型及其组合的特点、环境生产条件和存在的问题，提出保护和合理利用耕地及农业生产的空间布局、发展方向与途径，以进一步维护和改善我国耕地及农业系统健康和可持续性。

一、中国耕地利用和农业生产分区方案

（一）分区原则

基于自然分异规律和因地制宜的指导思想，耕地利用和农业生产分区遵循以下基本原则：

1．分区以主导因素与综合分析相结合，强调耕地利用和农业生产主导和限制因素

区别不同地区耕地利用和农业生产的关键指标和要素，强调和突出耕地资源与环境制约因素与问题的区域差异性和主导性，进行选择和分区。同时，还需要综合考虑地区内部的不同耕地资源环境问题，进行综合判断。

2．制图单元以行政边界（县域）为主，自然界线（地形、流域）为辅

由于农业生产活动的组织均以行政区为主体，保持行政区完整的区划才更有实用价值，更便于收集相关研究数据资料，有利于区划方案的实际应用和被普遍接受。同时，分区过程中自然因素的差异会造成不同区域显著的农业资源禀赋和生态环境问题差异，因此，制图单元需要考虑地形、气候等自然界线辅助作为划分边界。

3．评价指标以自然因素与人为因素相结合，自然因素为主，人为因素为辅

我国地域辽阔，气候、地形等自然环境条件差异显著，社会经济发展水平也存在明显不同，因此，需要结合自然和人为两方面的因素，根据相对的区域差异和空间分布特征进行划分。

4．耕地利用和农业生产问题的一致性和空间连续性

耕地利用和农业生产系统内的环境问题制约着系统的平衡和发展，如不解决，可能会导致系统功能的降低乃至整个系统崩溃。针对问题提出对策，加以改造，实现系统功能的正常发挥、良性循环和持续利用。同时，分区主要反映在毗连地域系统之间的互相作用，除极少数行政划线原因导致的不连续，应该尽量减少飞地的出现。

（二）分区方案

区划工作已有诸多经典范例，如中国综合农业区划、中国1：100万土地资源图以及中国地貌区划等，是我们主要的参考资料。本专题在耕地资源和农业生产结构的分区基础上，进行耕地利用和农业生产一级区和二级区的分区。各级区划分依据如下：

1．一级区：以气候条件和大地构造为主

一是大地构造基本格局。

二是资源禀赋，即农业生产潜力，主要是水热条件及匹配关系，结合耕地分布和农业生产投入水平。

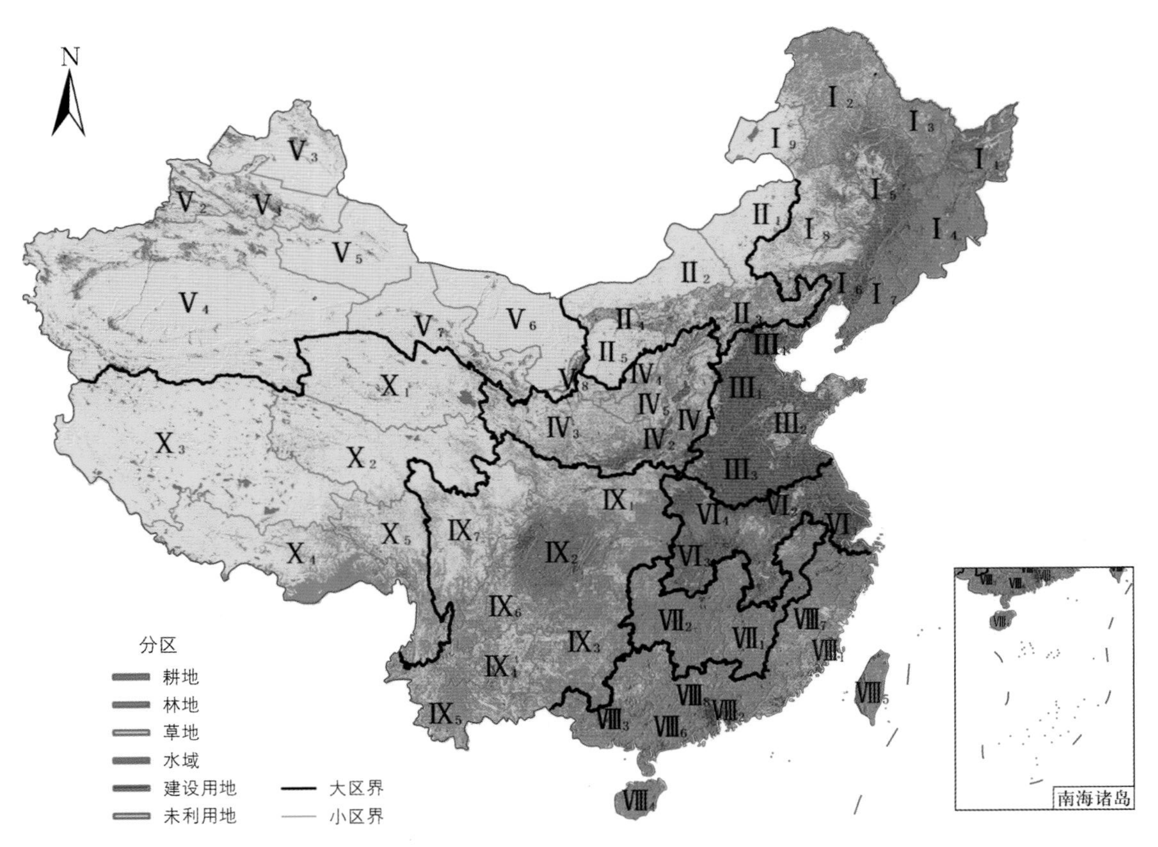

图5-1 中国耕地利用和农业生产分区

2．二级区：以耕地资源因素与环境问题为主

一是耕地资源因素，包括耕地组成、资源匹配及限制因素。

二是耕地环境质量，包括土地要素质量及主要退化、污染问题。

三是中地貌类型，包括山地、丘陵、平原及其组合。

（三）分区结果

中国耕地利用和农业生产分区以县域为制图单元，采取二级分区方法，根据耕地本身质量情况以及支撑耕地可持续利用的水资源和农产地环境等因素进行分区。依据气候条件和大地构造的地域分异划分为10个一级区，包括东北区、内蒙古及长城沿线区、黄淮海区、黄土高原区、西北干旱区、长江中下游干流平原丘陵区、江南丘陵山区、东南区、西南区和青藏高原区，分别用罗马数字表示。在一级区内，根据耕地资源禀赋、利用限制和土壤污染的差异，划分出57个二级区，用阿拉伯数字表示（图5–1、表5–1）。

表5–1　中国耕地利用和农业生产分区概况

编号	分区名称	面积（万 km^2）	人口（万人）	人口密度（人 /km^2）	主要地形组成（%）	耕地面积（万 km^2）
Ⅰ	**东北区**	**122.75**	**12 112.53**	**98.68**	**山地（39.87），平原（32.15）**	**36.68**
$Ⅰ_1$	三江平原区	10.11	760.32	75.20	平原（54.72），山地（24.30）	5.22
$Ⅰ_2$	大兴安岭山区	23.56	226.26	9.60	山地（72.99），平原（13.61）	1.79
$Ⅰ_3$	小兴安岭山区	11.91	414.90	34.84	山地（48.07），丘陵（24.76）	2.58
$Ⅰ_4$	长白山山区	18.31	2 036.59	111.23	山地（60.31），台地（16.78）	4.67
$Ⅰ_5$	松嫩平原区	18.42	3 509.85	190.55	平原（64.67），台地（29.91）	11.88
$Ⅰ_6$	辽宁丘陵山地区	9.11	2 297.68	252.22	山地（43.72），丘陵（26.55）	3.83
$Ⅰ_7$	辽中南地区	2.80	1 841.21	657.58	平原（54.42），山地（38.57）	1.27
$Ⅰ_8$	西辽河流域区	20.11	936.70	46.58	平原（39.92），山地（30.08）	5.09
$Ⅰ_9$	呼伦贝尔草原区	8.42	89.02	10.57	平原（42.08），台地（18.30）	0.35
Ⅱ	**内蒙古及长城沿线区**	**53.62**	**2 781.65**	**51.88**	**平原（45.46），山地（16.16）**	**7.59**
$Ⅱ_1$	锡林郭勒东部草原区	12.20	78.93	6.47	平原（41.98），丘陵（23.10）	0.48
$Ⅱ_2$	锡林郭勒西部荒漠草原区	16.19	105.46	6.51	平原（68.05），丘陵（17.59）	0.86
$Ⅱ_3$	阴山两麓—长城沿线区	14.14	1 689.62	119.49	山地（51.64），平原（23.13）	4.86
$Ⅱ_4$	呼包河套区	2.70	652.85	241.80	平原（77.51），山地（14.27）	0.94

（续）

编号	分区名称	面积（万 km²）	人口（万人）	人口密度（人 /km²）	主要地形组成（%）	耕地面积（万 km²）
$Ⅱ_5$	鄂尔多斯高原区	8.39	254.79	30.37	平原（34.41），黄土梁卯（3.96）	0.45
Ⅲ	**黄淮海区**	**44.37**	**30 931.61**	**697.13**	**平原（77.14），山地（11.16）**	**30.96**
$Ⅲ_1$	华北平原区	13.97	8 866.98	634.72	平原（84.12），风积地貌（24.83）	10.14
$Ⅲ_2$	山东丘陵区	9.65	6 415.17	664.78	平原（46.74），山地（27.87）	6.13
$Ⅲ_3$	黄淮平原区	16.31	11 100.78	680.61	平原（88.35），风积地貌（40.18）	12.17
$Ⅲ_4$	环渤海湾区	4.44	4 548.68	1024.48	平原（80.23），山地（13.97）	2.52
Ⅳ	**黄土高原区**	**49.68**	**10 475.39**	**210.86**	**山地（34.89），平原（16.84）**	**18.20**
$Ⅳ_1$	晋豫土石山区	10.64	3 018.85	283.73	山地（58.59），平原（19.60）	3.89
$Ⅳ_2$	汾渭谷地区	6.71	3 628.38	540.74	山地（37.19），平原（32.58）	3.41
$Ⅳ_3$	黄土高塬沟壑区	20.14	2 822.76	140.16	黄土梁卯（34.72），山地（32.37）	6.71
$Ⅳ_4$	陕北宁东丘陵沙地区	4.43	280.72	63.37	黄土梁卯（36.06），平原（20.41）	1.38
$Ⅳ_5$	黄土丘陵沟壑区	7.76	724.68	93.39	黄土梁卯（48.89），山地（26.89）	2.81
Ⅴ	**西北干旱区**	**220.90**	**3 143.4**	**14.23**	**平原（41.06），山地（22.18）**	**9.45**
$Ⅴ_1$	天山北坡区	22.37	684.01	30.58	平原（48.65），山地（22.02）	1.93
$Ⅴ_2$	伊犁河流域区	5.80	202.67	34.94	山地（47.64），平原（21.93）	0.83
$Ⅴ_3$	额尔齐斯—乌伦古河流域区	12.75	159.62	12.52	平原（37.37），山地（22.46）	0.91
$Ⅴ_4$	塔里木河流域区	108.63	1 047.41	9.64	平原（34.57），山地（29.05）	3.37
$Ⅴ_5$	东疆地区	21.97	123.13	5.60	平原（60.38），丘陵（17.55）	0.22
$Ⅴ_6$	阿拉善—额济纳高原区	24.81	23.83	0.96	平原（41.97），丘陵（13.96）	0.05
$Ⅴ_7$	河西走廊区	22.74	495.09	21.77	平原（53.26），山地（19.60）	1.57
$Ⅴ_8$	银川平原区	1.83	407.64	222.75	平原（59.03），山地（21.07）	0.57
Ⅵ	**长江中下游干流平原丘陵区**	**37.56**	**22 318.96**	**594.22**	**平原（46.58），山地（18.20）**	**20.90**
$Ⅵ_1$	长三角地区	5.15	7 885.44	1 531.15	平原（71.62），山地（11.37）	2.57
$Ⅵ_2$	江淮地区	9.93	5 289.34	532.66	平原（54.96），台地（31.34）	6.83
$Ⅵ_3$	长江中游平原区	13.90	6 435.11	462.96	平原（45.88），台地（20.09）	7.37

（续）

编号	分区名称	面积（万 km^2）	人口（万人）	人口密度（人/km^2）	主要地形组成（%）	耕地面积（万 km^2）
Ⅵ$_4$	豫皖鄂平原丘陵区	8.58	2 709.07	315.74	山地（36.68），平原（22.35）	4.13
Ⅶ	**江南丘陵山区**	**35.81**	**9 694.04**	**270.71**	**山地（66.03），丘陵（17.28）**	**8.88**
Ⅶ$_1$	赣江流域中上游区	17.65	4 167.26	236.11	山地（68.11），丘陵（15.95）	4.23
Ⅶ$_2$	湘江流域中上游区	18.16	5 526.78	304.34	山地（64.01），丘陵（18.57）	4.65
Ⅷ	**东南区**	**65.35**	**25 447.95**	**389.41**	**山地（64.13），平原（15.43）**	**14.38**
Ⅷ$_1$	浙闽粤沿海平原丘陵区	9.04	6 533.54	722.74	山地（65.95），平原（22.72）	2.09
Ⅷ$_2$	珠三角地区	3.95	5 434.90	1 375.92	平原（44.70），山地（36.22）	0.90
Ⅷ$_3$	粤西桂南丘陵区	14.04	2 842.05	202.43	山地（47.21），丘陵（20.03）	4.31
Ⅷ$_4$	海南岛区	3.34	911.00	272.75	台地（47.45），山地（25.89）	0.94
Ⅷ$_5$	台湾岛区	3.56	2 349.21	659.89	山地（63.42），平原（24.00）	0.65
Ⅷ$_6$	粤桂沿海丘陵区	4.59	2 076.09	452.31	山地（48.54），丘陵（26.21）	1.00
Ⅷ$_7$	浙—闽丘陵山区	12.96	2 296.85	177.23	山地（90.98），丘陵（4.11）	2.06
Ⅷ$_8$	粤北桂北丘陵山区	13.87	3 004.31	216.60	山地（77.68），丘陵（11.37）	2.43
Ⅸ	**西南区**	**133.37**	**21 997.47**	**164.94**	**山地（80.95），丘陵（7.05）**	**31.51**
Ⅸ$_1$	秦岭、伏牛、川东山区	29.03	3 365.52	115.93	山地（92.49），黄土梁卯（2.39）	5.98
Ⅸ$_2$	四川盆地区	18.10	9 101.74	502.86	山地（49.76），丘陵（38.42）	11.81
Ⅸ$_3$	黔桂岩溶丘陵山区	19.49	3 613.35	185.40	山地（78.69），黄土梁卯（16.78）	4.80
Ⅸ$_4$	云南高原区	10.90	2 104.61	193.08	山地（63.6），黄土梁卯（21.37）	2.39
Ⅸ$_5$	滇南丘陵山区	16.46	1 542.28	93.70	山地（81.11），黄土梁卯（14.09）	2.93
Ⅸ$_6$	长江上游山区	12.86	2 007.13	156.08	山地（92.92），台地（2.26）	3.11
Ⅸ$_7$	甘孜—阿坝高原区	26.53	262.84	9.91	山地（92.54），平原（6.02）	0.50
Ⅹ	**青藏高原区**	**196.59**	**908.21**	**4.62**	**山地（62.64），平原（26.39）**	**1.41**
Ⅹ$_1$	柴达木盆地区	32.59	75.85	2.33	平原（46.93），山地（37.99）	0.16
Ⅹ$_2$	三江源及周边地区	37.02	118.82	3.21	山地（62.26），平原（25.79）	0.19
Ⅹ$_3$	藏北高原区	75.53	61.36	0.81	山地（55.47），平原（30.34）	0.01
Ⅹ$_4$	藏南一江两河区	31.75	171.75	5.41	山地（86.29），平原（11.06）	0.35
Ⅹ$_5$	横断山区	19.65	480.43	24.45	山地（93.56），平原（3.10）	0.71

注："主要地形组成"一栏，地形类型括号内数字为分区内该地貌类型面积占全区面积比例。

二、中国耕地利用和农业生产分区评价

（一）总体评价

根据中国耕地利用和农业生产分区结果可知，各分区土地限制因素各异，土壤养分状况和障碍因素具有典型地带性分布，地形限制因素主要分布在我国的二、三级阶梯，土地荒漠化问题也集中在中西部。

地形限制二级分区有31个，占54.39%，面积为537.7万km^2，约占56.0%，这些分区山地和丘陵面积比重大，平原面积比例低，农业资源环境条件较差，土层浅薄贫瘠，水土耦合匹配性差，可用耕地资源少。适宜农业生产的广阔平原地区集中分布在东北区、黄淮海区、长江干流中下游干流平原丘陵区和西南区的四川盆地区。

土壤障碍二级分区有36个，占63.16%，面积为749.9万km^2，约占78.1%，分布范围较为零散；土壤障碍空间差异很大，包括东北区的黑土土层变薄和有机质下降，南方红壤的土壤酸化等，各分区有障碍因子的土壤类型包括东北区的白浆土、沼泽土和苏打盐碱土，黄淮海区的砂姜黑土、潮土和滨海盐碱土，西北地区的黑垆土、黄绵土和次生盐渍土，南方丘陵区的红壤和紫色土，长江中下游的冷浸田、黄泥田和白土等。

土地荒漠化二级分区有38个，占66.67%，面积为758.9万km^2，约占79.1%，多分布在中西部的黄土高原区、西北干旱区、西南区等生态脆弱地区。土壤水蚀问题较严重的二级分区有22个，面积为336.7万km^2，约占35.1%，除西北干旱区和东南区限制低，其余大区皆有一定的分布，黄土高原区水蚀等级最高，范围最广；土地沙化较严重的二级分区有20个，面积为498.8万km^2，约占52.0%，主要分布在北方地区和青藏高原区；土地盐碱化和土地石漠化限制范围较少，分别有12个和6个二级分区，土地盐碱化主要分布在北方地区和青藏高原区，土地石漠化则集中在西南区。

（二）分区评价

1. Ⅰ东北区

东北区包括辽宁、吉林、黑龙江三省以及内蒙古东部部分地区，土地面积约为

122.75万km^2，约占国土面积的12.79%，2015年人口为1.21亿人，人口密度约98.68人/km^2。全区耕地面积36.68万km^2，占全国20.38%，人均耕地面积4.56亩；耕地广泛分布于各区，主要分布在平原地区，占耕地总面积的84.60%，并有14.70%的耕地分布在丘陵地区；旱地占耕地面积的85%左右。耕地的主要土壤类型为草甸土、黑土黑钙土和暗棕壤等。玉米、水稻和大豆产量占全国36.44%、11.15%和40.15%。黑龙江省、吉林省粮食商品率在70%以上，是目前我国唯一能调出大量商品粮的地区，在保障国家粮食安全中发挥着举足轻重的作用；同时，该区还是我国森林资源分布最集中的重点林区，农业和林业生产在我国占有重要地位。

农业自然条件的主要特点是：土地、水、森林资源比较丰富，而热量条件不够充足。土壤以土层深厚、自然肥力高的黑土、黑钙土和草甸土为主。年降水500～700mm，无霜期北部为80～120d、南部为140～180d，≥10℃积温不到3 000℃，大部分地区农作物只能一年一熟，低温危害较大。该区农业生产状态相对较好，区内松嫩平原和三江平原耕地质量高，大兴安岭、小兴安岭和长白山是我国最大森林区。存在的主要问题：一是局部区域水土流失严重。松嫩平原区黑土退化、农田肥力下降，表现为黑土层厚度减小、有机质含量下降和物理性状恶化，其退化是农业生产可持续发展的重大障碍。二是耕地灌溉不足。水利设施建设滞后，有效灌溉率仅为32.66%，大量农田"靠天吃饭"，生产不稳定。三是局部土地荒漠化严重。西辽河流域区、呼伦贝尔草原区的土地沙化和松嫩平原西部土地盐碱化问题突出。随着人口增长，过度放牧、农垦和樵采，破坏了沙丘上的天然植被，导致沙丘活化、土地沙化，威胁着当地的农业生产。

（1）I_1三江平原区

三江平原区位于黑龙江省东北部，北自黑龙江，南抵兴凯湖；西起小兴安岭东麓，东迄乌苏里江。土地面积约10.11万km^2，2015年人口约760万人，人口密度约75.20人/km^2。土地利用以耕地为主，面积5.22万km^2，占区域总面积的51.58%；林地排第二，占区域总面积的28.28%。作为国家商品粮生产基地，既能从事无灌溉的旱作农业，也具有发展水田种植业的良好水源条件，人均耕地面积约为10.35亩，是全国平均水平的5倍，人均粮食产量约2t，粮食商品率高达80%；旱地和水田面积比重分别为70.10%和29.90%；耕地主要分布在三江平原地区，比重达到90.91%，并有8.97%耕地分布于丘陵地区；主要的耕地土壤类型为草甸土、白浆土、黑土和沼泽土，土壤肥力高，较适宜农业的发展。玉米、水稻和大豆分列主要作物前三位，种植面积比例分别为50.69%、35.82%和11.20%。

该区气候为温带湿润、半湿润大陆性季风气候，夏季炎热潮湿、多雨，冬季寒冷，土地平坦辽阔，土壤肥力高，适合种植业发展。存在的主要问题：一是水土流失、黑土退化与农田肥力下降。原来一望无际和难以通行的“北大荒”湿地已被农田替代，湿地生态系统遭受破坏，引发土地荒漠化问题，轻度以上等级土壤水蚀面积比重达到28.96%，水土流失加剧和用养失调导致土壤退化，土层厚度减小，有机质含量下降和物理性状恶化。二是耕地有效灌溉不足。该区耕地有效灌溉率较低，仅为55.64%，农业抗旱能力低，滞后的农田水利建设导致近年来旱灾频发，农田水旱灾害频繁。

(2) I_2大兴安岭山区

大兴安岭山区是兴安岭的西部组成部分，位于黑龙江省、内蒙古自治区东北部，是内蒙古高原与松辽平原的分水岭。北起黑龙江畔，南至西拉木伦河上游谷地，东北—西南走向。土地面积约23.56万km^2，2015年人口约226.26万人，人口密度9.60人/km^2，地广人稀。作为中国重要的林业基地之一，土地利用中林地面积最大，达到16.2万km^2，比重高达68.80%。耕地面积1.78万km^2，比重仅为7.55%，主要分布在该区东南部与松嫩平原区相邻的山前丘陵地区；耕地基本为旱地，比例高达98.40%；57.37%的耕地分布在丘陵地区，并有少量的坡耕地；主要的耕地土壤类型是暗棕壤、黑土和草甸土。该区以种植玉米和大豆为主，面积比例分别为39.03%和35.43%。

该区土壤肥沃，气候湿润，生物资源丰富，适合林牧业的发展，种植业相对不发达。存在的主要问题：一是耕地资源少。山脉纵横交错，地形限制明显，山地面积比重达72.99%，土层厚度中低适宜等级面积高达94.82%，地形、温度和土层限制导致可供农业生产的耕地资源少。二是耕地灌溉不足。水资源利用不合理，水利设施建设不足，农田有效灌溉率仅为11.42%。

(3) I_3小兴安岭山区

小兴安岭山区是东北地区东北部的低山丘陵山地，是松花江以北的山地总称。位于黑龙江省中北部，西与大兴安岭对峙，西北接大兴安岭支脉伊勒呼里山，东南到松花江畔张广才岭北端。该区土地面积约11.91万km^2，2015年人口约414.90万人，人口密度约34.84人/km^2。这里是中国主要林区之一，种植业比重较低，属于以林为主的林农交错地带。土地利用以林地为主，面积达到7.38万km^2，比重高达61.89%。耕地面积2.58万km^2，仅占区域总面积的21.58%，主要分布在南部与松嫩平原区相邻的区

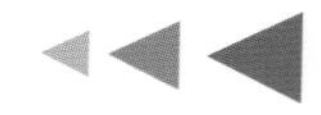

域；85.74%耕地分布在平原地区，14.24%位于丘陵区；耕地以旱地为主，比重达到91.00%；主要耕地土壤类型是草甸土、暗棕壤和黑土。主要作物包括大豆、玉米和水稻，种植面积比重分别为40.90%、28.42%和19.37%，并且，该区大豆产量贡献了全国总产量的9.81%。

该区林地资源丰富，种植业较不发达。存在的主要问题：一是耕地资源有限。地势东南高、西北低，地貌表现出明显的成层性，低山丘陵地形限制明显，全区山地和丘陵面积比重分别为48.07%和24.76%，耕地主要集中在有限的平原地区。二是耕地灌溉不足。该区农田水利建设严重滞后，农田有效灌溉率仅为16%。

（4）I_4长白山山区

长白山山区于我国东北地区吉林省东南部的中朝交界处，是东北地区松花江、鸭绿江和图们江三大河流的主要发源地。土地面积约18.31万km^2，2015年人口约2 036.59万人，人口密度约111.23人/km^2。作为我国重要林区之一，林地分布广泛，面积最大，达到12.42万km^2，比重高达67.81%。同时，该区也是东北的农业特产区，鹿茸、人参等珍贵药材的产地，耕地面积4.67万km^2，比例为25.47%，空间分布上较为零散；主要的耕地类型是旱地，但水田也有一定的分布范围，面积比例达21.30%；70.22%和26.13%的耕地分布于平原和丘陵地区，3.64%的耕地分布于坡度较陡的山区；主要耕地土壤类型是草甸土、暗棕壤和白浆土。玉米、水稻和大豆种植面积分列前三位，比例为57.42%、20.19%和14.19%，其中，玉米和大豆产量各占全国总产的5.19%和7.10%。

该区气候随海拔变化较大，山脚为典型的暖温带气候，山顶却表现出复杂多变的近极地气候。存在的主要问题：一是地形限制明显。以长白山为中心，呈起伏状向四周逐渐降低，全区山地面积比重达到60.31%，平原面积比重仅为9.21%，低温和地形限制导致可高效进行农业生产的耕地资源有限。二是土壤障碍限制明显。白浆土占耕地土壤面积的18.52%，土壤质地黏重，耕层结构不良，通水透气性差，易受旱涝影响。

（5）I_5松嫩平原区

松嫩平原区位于大、小兴安岭与长白山脉及松辽分水岭之间，主要由松花江和嫩江冲积而成。国土面积约18.42万km^2，2015年人口约3 509.85万人，人口密度高达190.55人/km^2。该区是我国著名黑土带，也是国家重要的玉米带和水稻、大豆、牛奶产区，粮食商品率多年保持在60%以上。主要土地利用类型为耕地，面积达到11.88万km^2，面积比重高达

64.51%；耕地类型以旱地为主，面积比重超过90.00%；松嫩平原地势平坦，面积大，96.44%的耕地分布于平原地区；主要的耕地土壤类型包括黑土、黑钙土和草甸土。该区是我国重要的玉米种植带，玉米种植面积比例高达72.67%，其产量占全国20.98%。

该区具有天然的优势农业资源，土地广阔、地力肥沃、水系发达、光照充足，适合种植业、畜牧业生产。存在的主要问题：一是水土流失、黑土退化与农田肥力下降。水土流失加剧和用养失调导致黑土退化，表现在黑土层厚度减小，有机质含量下降和物理性状恶化。二是耕地灌溉不足。农业抗旱能力低，农田水利工程基础设施建设不足，农田有效灌溉率仅为31.54%。三是土地荒漠化问题突出。松嫩平原盐碱化面积达16.36%，主要分布在中西部，同时，该区还分布有松嫩沙地，严重威胁着当地的农业生产。四是土壤污染威胁农业生产。土壤重金属轻、中、污染面积比重分别为5.13%、5.64%和1.59%，主要分布在吉林市和齐齐哈尔市周边，农产地土壤污染严重制约农业可持续发展。

（6） I_6辽宁丘陵山地区

辽宁丘陵山地区位于辽宁省的辽河中下游地区，土地面积约9.11万km^2，2015年人口约2 297.68万人，人口密度约252.22人/km^2。该区是辽宁省重要的粮食生产基地。土地利用以林地和耕地为主，面积分别为4.13万km^2和3.84万km^2，各占分区面积的45.33%和42.15%，但人口密集，人均耕地仅为2.51亩。旱地和水田面积比例分别为91.30%和8.70%；耕地分布在平原和丘陵地区的面积比例分别为70.04%和28.94%，并有少量的坡耕地；主要的耕地土壤类型为棕壤、草甸土和潮土。玉米种植面积最大，比例高达62.01%；油料和水果种植面积比例分别列第二、三位，各为11.59%和10.27%。

该区为温带大陆性季风气候，四季分明，寒冷期长，雨量集中，东湿西干。存在的主要问题：一是土壤水蚀严重。轻度以上等级水蚀面积比重达56.68%，水土流失加剧土地退化和土地生产力下降，主要分布在辽西山地丘陵和辽北漫川漫岗地区。二是重金属污染耕地。土壤重金属的轻、中、重污染面积比重分别为4.99%、0.57%和0.27%，主要分布在锦州市周边，影响区域农业生产发展。三是地形限制明显。山地和丘陵面积比重分别为43.72%和26.55%，农业生产主要分布在有限的山前平原丘陵地区。

（7） I_7辽中南地区

辽中南地区位于辽宁省中南部，濒临渤海与黄海，主要城市有沈阳市与大连市

等。土地面积约2.80万km²，2015年人口约1 841.21万人，人口密度约657.58人/km²，人口稠密，是我国重要的经济区和重工业基地之一。土地利用以耕地为主，面积达到1.27万km²，面积比重达45.34%，但人均耕地仅为1.04亩，为东北区各分区最低；水田面积较大，比例达到40.80%；89.30%的耕地集中分布在平原地区，10.59%的耕地分布在丘陵地区；主要的耕地土壤类型包括草甸土、棕壤和水稻土。玉米种植面积最大，比例高达55.95%；水稻、蔬菜和水果种植面积分别列第二到四位，面积比重均在15.00%左右。

该区属于温带季风半湿润气候，气候温和，雨热同季，光照充足，中北部是松辽平原，土壤肥沃，地势平坦。存在的主要问题：一是土壤污染问题严重。经济活动比较活跃的地区耕地土壤也有不同程度的重金属污染。土壤重金属轻、中、重污染面积比重分别为6.82%、0.91%和0.89%。二是耕地资源减少。作为东北重要的社会经济区，伴随着人口增长和社会经济发展，建设用地大量挤占农业用地，蚕食耕地资源，对农业生产造成严重威胁。

(8)　I_8西辽河流域区

西辽河流域区辽河的上游流域，地处大兴安岭南麓和燕山北麓夹角地带。土地面积约20.11万km²，2015年人口937.70万人，人口密度约46.58人/km²。该区有"北方粮仓"之称，是我国重要的粮食产地。土地利用中草地面积最大，为7.52万km²，占分区面积的37.38%，耕地面积比例为25.31%，列第二位；耕地以旱地为主，水土面积比例仅为4.20%；耕地在平原分布比重最大，达到73.01%，有超过四分之一分布在丘陵地区；主要的耕地土壤类是型栗钙土、潮土和风沙土。主要种植玉米、油料和薯类，其中玉米种植面积最大，比例达53.07%，占全国总产量的9.11%；其次是油料和薯类，各占全国总产量的4.45%和5.80%。

该区是中原农耕区与北方游牧区的交错区域，主要为温带半湿润气候，气候干旱，暴雨集中，土质肥沃，适宜发展农业和畜牧业。存在的主要问题：一是土地退化严重。草原植被因过度放牧而普遍退化严重，天然草地面积减少，质量下降；土地沙化面积比重达24.24%，有5.27%达到强度及强度以上等级；土壤侵蚀严重，轻度及轻度以上等级土壤侵蚀面积比重高达46.01%。二是土壤障碍明显。耕地土壤包括黄土性土壤、栗钙土、潮土、沙土等类型，土层较薄，土壤质地疏松，保肥保水能力差、排水不畅。

(9)　I_9呼伦贝尔草原区

呼伦贝尔草原区位于内蒙古自治区东北部，西部与西南部同蒙古国为界，北部及西北部与俄罗斯相邻，南面与内蒙古兴安盟、东部与黑龙江省接壤。土地面积约8.42万km^2，2015年人口约89.02万人，人口密度约10.57人/km^2。呼伦贝尔草原是世界著名的三大草原之一，是我国典型的畜牧业经济区。土地利用以草地为主，面积5.85万km^2，比重高达69.52%，耕地面积0.45万km^2，比重仅为4.24%；耕地类型皆为旱地，在平原地区比重为40.36%，超过50.00%的耕地分布在丘陵地区，并有7.00%左右的大于25°的坡耕地；主要耕地土壤类型包括黑钙土、草甸土和栗钙土。主要种植薯类和小麦，种植面积比重分别为31.52%和25.17%。

该区是温带大陆型气候，夏季湿凉而短促，秋季气温骤降、霜冻早，冬季寒冷、漫长，草甸草原土质肥沃，降水充裕，牧草种类繁多，适宜牧业发展，种植业不发达。存在的主要问题：一是草原退化、荒漠化严重。受全球气候变暖及过度放牧等自然及人为因素的影响，出现草原植被盖度降低、优良禾草平均下降和初级生产力下降等现象，伴有土地沙化、退化、盐渍化。二是湿地面积缩小。呼伦湖湿地、辉河湿地、莫尔格勒河湿地和尔卡湿地四个主要湿地面积急剧缩减和被破坏。

2. Ⅱ内蒙古及长城沿线区

内蒙古及长城沿线区位于长城、贺兰山以东，阴山以北，包括北京、河北西北部、内蒙古中北部、辽宁西部，土地面积约53.62万km^2，占国土面积的5.59%，2015年人口约0.28亿人，人口密度约51.88人/km^2，地广人稀。该区几乎全部位于草原地带之内，以温性草原为主，耕地面积为7.59万km^2，仅占全国4.22%。耕地以旱地为主，水田面积比例很低；耕地地貌类型以平原为主，比例达68.80%，约30%的耕地分布在丘陵地区；栗钙土、褐土和栗褐土是主要的耕地土壤类型。薯类、油料和小麦是主要的种植作物，面积比例分别为34.65%、32.50%和23.65%。

该区农业资源环境具有明显的过渡性，以干旱草原为主体，水热条件较差，年降水量200～500mm，≥10℃积温约2 000～3 000℃，无霜期100～150d，农作物只能一年一熟。该区草原辽阔，是中国重要的牧区之一，阴山两麓—长城沿线区和呼包河套区是区内主要农区。农业水土资源环境限制明显，存在的主要问题：一是土地荒漠化威胁农业可持续发展。近年来，土地荒漠化面积呈减少态势，荒漠化程度也有所减轻，但局部生态系统极不稳定。锡林郭勒西部荒漠草原区、鄂尔多斯高原区的土地沙化和呼包河套区的盐碱化分布面积大。二是耕地灌溉不足，抗灾能力较弱。旱作农业不稳定，年际变化大，春旱严重，尽管该区水资源开发利用率已经超过100%，但农田有效灌溉率仅为

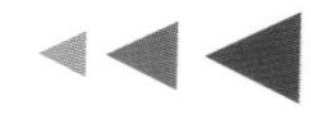

47.93%。三是草原退化趋势仍未得到有效控制。2000年以后实施了一系列退耕还草、退牧还草、草原保护和恢复措施，局部地区生态状况有所好转，但还没有得到实质性的转变。

（1）$Ⅱ_1$锡林郭勒东部草原区

锡林郭勒东部草原区位于锡林郭勒草原的东部，土地面积约12.20万km^2，2015年人口约78.93万人，地广人稀，人口密度约6.47人/km^2。该区是国家和内蒙古自治区重要的畜牧业生产基地。土地利用以草地为主，面积10万km^2，比重高达81.99%。耕地面积0.48万km^2，比重仅为3.9%，皆为旱地，基本分布在广阔的平原区域，主要耕地土壤类型包括栗钙土、黑钙土和草甸土。玉米、薯类和水果是主要种植作物，面积比例分别为38.9%、16.08%和15.69%。

该区属中温带半干旱、干旱大陆性季风气候，以草原草甸分布为主，主要是低山丘陵、高平原与宽谷平原地形，适宜畜牧业发展，种植业不发达。存在的主要问题：一是土壤养分贫瘠，养分不足。土壤土层较薄、有机质含量较低是农业生产的一大限制因素。二是土地荒漠化导致土地生产力下降。草原发生土地沙化、盐碱化的范围广，土地沙化面积比重达50.76%，并有7.50%的土地面积受盐渍化威胁，超载过牧导致草场退化严重，威胁农业生产。

（2）$Ⅱ_2$锡林郭勒西部荒漠草原区

锡林郭勒西部荒漠草原区位于锡林郭勒草原的西部，土地面积约16.19万km^2，2015年人口约105.46万人，人口密度约6.51人/km^2，人烟稀少。该区为荒漠草原亚带，土地利用以草地为主，面积为11.86万km^2，占分区面积比重高达73.26%；耕地面积很小，为0.86万km^2，仅占5.3%。耕地主要分布在该区的南部，皆为旱地，集中分布在平原区域，比重达到98.09%，栗钙土、灰褐土和草甸土是主要的耕地土壤类型。种植作物以玉米和油料为主，面积比例分别为56.41%和29.97%；蔬菜种植面积排第三位，比例为6.23%。

该区气候干旱，热量较为丰富，降水量少，蒸发强烈，地势平坦，沙地植被分布广，农业生产条件恶劣，主要发展畜牧业，种植业不发达。存在的主要问题：一是土地荒漠化威胁农业生产。土地沙化广泛分布，无沙化土地面积仅为9.45%，强度等级以上土地沙化面积比重超过75.00%，仍有6.06%的土地发生盐碱化。二是草原退化严重。2000年以后实施了一系列草原保护和恢复措施，局部地区生态状况有所好转，但过牧超载、不合理的农垦，使得草原退化现状并没有得到实质性的转变。三是耕地灌溉不足。水资源严重匮乏，资源性缺水明显，易受干旱威胁，农田有效灌溉率仅为31.00%。四是土壤障碍限制明显。分布的栗钙土、盐化或碱化的草甸土等耕地土壤类型，平均有机质含量仅为1.15%，土层较薄，养分贫瘠。

(3) II_3阴山两麓—长城沿线区

阴山两麓—长城沿线区地处农牧交错带内蒙古阴山中部地区。土地面积约14.14万km^2，2015年人口约1 689.62万人，人口密度约119.49人/km^2。该区是我国典型的农牧交错区，土地利用以耕地、林地和草地为主，三者面积分别为4.86万km^2、4.57万km^2和3.80万km^2，各占分区面积的34.37%、32.33%和26.92%。耕地以旱地为主，面积比重达97.20%，有少量水田；耕地在平原和丘陵等地貌皆有分布，面积比重分别为49.86%和49.94%；主要耕地土壤类型是栗钙土、褐土和栗褐土。玉米、油料和薯类是主要种植作物，面积比例分别为68.83%、13.83%和7.21%。

该区属中温带半干旱大陆性季风气候，光资源丰富，热量不足，干旱频繁，是旱作农业区中自然条件、生态环境较为脆弱的地区。存在的主要问题：一是土地荒漠化严重。垦荒规模不断扩大，由于垦荒将原始的草原植被完全破坏，轻度以上土壤水蚀面积比重高达71.52%，轻度以上土地沙化面积占15.33%，严重威胁农业生产。二是耕地灌溉不足。区域水资源匮乏人均水资源量仅为595.27m^3，加之农田水利设施建设不足，耕地有效灌溉率仅为47.98%。三是地形限制明显。该区山地面积超过50%，南坡山势陡峭，北坡则较为平缓，平原仅占全区面积的23.13%，大量耕地分布于丘陵地区。

(4) II_4呼包河套区

呼包河套区地处内蒙古西部，位于阴山山脉以南，黄河以北，西起巴彦淖尔磴口县，东至呼和浩特。土地面积约2.70万km^2，2015年人口约652.85万人，人口密度约241.80人/km^2。该区是全国乃至亚洲最大的大型自流灌区，被誉为“塞上粮仓”。土地利用以耕地面积最大，为0.94万km^2，占分区面积的35.02%。耕地皆为旱地，超过99%的耕地分布在平坦的河套平原地区，潮土、灌淤土和盐土是主要的耕地土壤类型。玉米种植面积最大，比例达76.03%；蔬菜和油料种植面积排第二、三位，比例分别为6.28%和6.18%，其中，玉米产量占全国总产量的5.54%。

该区地势平坦，土地肥沃，渠道纵横，农田遍布，非常适宜农业发展。存在的主要问题：一是土壤次生盐渍化威胁大。大水漫灌和沟渠水渗漏，抬升了地下水水位，诱发土壤盐渍化，13.92%的地区发生土地盐渍化。二是农业水资源超载。该区多年平均降水量为130～150mm，而蒸发量高达2 200mm，多年来引黄灌溉维持农业生产，水资源开发利用率高达401.1%。由于近年来灌溉面积的增加和引水量的下降，水资源供需矛盾大。三是耕地质量下降。发生土壤水蚀和风蚀沙化的土地面积比例分别为27.71%和38.49%。土壤平均有机质含量仅为1.28%，高强度种植使地力疲劳，自然耕地质量下降，土壤障碍因子增加。

（5）II_5鄂尔多斯高原区

鄂尔多斯高原区西、北、东三部分被黄河河湾怀抱，行政区划上包括鄂尔多斯市和乌海市。土地面积约8.39万km^2，2015年人口约254.79万人，人口密度约30.37人/km^2。该区是“河套文化”的发祥地，西北部为沙漠区，东部是农业区。草地是该区的主要土地利用类型，面积达5.13万km^2，占分区面积的61.13%，耕地面积0.45万km^2，比重仅为5.36%。耕地皆为旱地，分布于平原和丘陵地貌的面积比例分别为76.16%和23.84%，主要耕地土壤类型为风沙土、栗钙土和潮土。主要作物为小麦和油料，面积比例分别达54.18%和36.39%。

该区属于我国北方西部内陆气候与东部季风气候的过渡带，四季分明，属于旱半干旱高原气候，农牧镶嵌分布，生态环境脆弱，农业不发达。存在的主要问题：一是土地荒漠化强烈。未利用地为第二大土地利用类型，面积2.35万km^2，比重达28.01%，土地荒漠化以风蚀沙化为主，超过90%的土地发生沙化，且强度等级以上土地沙化面积达到55.43%，毛乌素沙地分布于该区，还有7.61%的土地发生盐碱化。土地生态系统极为脆弱，极易发生土地沙漠化过程。二是土壤贫瘠。从发育程度而言，大部分地区属于“初育土”，耕地土壤质地轻，蓄水保墒能力差，土壤有机质含量极低，仅为0.70%。

3. Ⅲ黄淮海区

黄淮海区位于长城以南、淮河以北、太行山以东，包括天津、山东、北京南部、河北东南部、河南东北部、安徽、江苏北部，土地面积约44.37万km^2，约占国土面积的4.62%，2015年人口约3.09亿人，人口稠密，密度高达约697.13人/km^2。该区是中国最大的平原，主体由平原构成，有华北平原、山东丘陵和黄淮平原。耕地面积30.96万km^2，占全国17.21%，人均耕地1.51亩；以旱地为主，比重达到94.30%；90.50%耕地分布在广阔的平原地区，9.40%的耕地分布于丘陵地区；主要耕地土壤类型有潮土和褐土。该区是我国重要的粮、棉、油、肉、果等农业生产基地，尤其是冬小麦的主要产区。小麦、玉米、棉花、油料、水果、蔬菜、肉、蛋和奶产量约占全国产量的63.65%、25.73%、27.66%、27.46%、22.09%、34.09%、26.53%、45.82%和30.43%。

农业自然条件的主要特点是：年降水500～800mm，无霜期175～220d，≥10℃积温4 000～4 500℃，海拔多为50～100m，坡降仅为万分之一到千分之一，光热组合较好，雨热同期，农作物可两年三熟或一年二熟。以旱作灌溉农业为主，农机动力、化肥和农用电等农业技术装备综合发展水平较高。存在的主要问题：一是城镇化威胁耕地资源。随着城镇化的发展，大量占用耕地，导致耕地面积数量逐年下降，并且被占用耕地多是有灌溉设施、熟化程度好、生产能力高的优质耕地；相反，开发复垦增加的耕地及新开垦荒地的质量较低。二是水资源短缺，超采地下水，严重制约农业生产。该区人均水资源占有量仅357.68m^3，是我国水资源供需矛盾最为尖锐地区。水资源开发利用率均达103.08%，地下水开采利用率达到105.20%，较大地下水漏斗有20处，面积达4万km^2，成为世界最大的区域性漏斗。三是土壤污染制约农业生产。该区约有15.84%的土壤重金属含量超标，污染农产地严重影响食品安全，严重土壤重金属污染主要分布在黄淮海区和环渤海湾区的发达城市边缘。

（1）Ⅲ$_1$华北平原区

华北平原区南界黄河，北至燕山，西邻太行山，东濒渤海，北京及天津、保定、石家庄、邯郸、沧州等大中城市均坐落平原上。土地面积约13.97万km^2，2015年人口约8 866.98万人，人口密度约634.72人/km^2。该区是我国的重要粮棉油生产基地。土地利用以耕地为主，面积达10.14万km^2，占分区面积的72.53%；超过99.00%的耕地为旱地，水田面积很小；耕地集中分布在广阔的华北平原地区，面积比重达到96.00%，并有少量坡耕地；主要耕地土壤类型是潮土和褐土。华北平原区在我国农业生产有举足轻重的地位，以小麦和玉米为主，比例分别达到35.94%和33.13%；蔬菜种植面积排第三位，比例也高达11.07%。小麦、棉花、蔬菜、玉米、水果和油料等农作物产量分别占全国总产量的22.24%、16.77%、11.09%、10.97%、7.24%和5.88%。

华北平原区属于暖温带湿润或半湿润气候，冬季干燥寒冷，夏季高温多雨，春季干旱少雨；蒸发强烈，春季旱情较重，夏季常有洪涝。地势平坦，土壤肥沃，是以旱作为

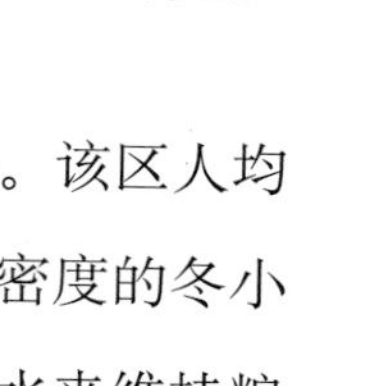

主的农业区。存在的主要问题：一是水资源极度匮乏，制约农业可持续发展。该区人均水资源量只有245.25m^3，全国最低，粮食生产耗水占总耗水的70.00%，高密度的冬小麦和夏玉米轮作模式导致作物耗水量远超过本地产水量，只能依靠超采地下水来维持粮食生产，地下水开采利用率达到105.20%，该区是世界上最大的区域性漏斗。二是土壤污染严重影响区域农业生产。土壤重金属含量超标10.35%，主要污染指标为汞、铬、镉、铅等，分布在保定、石家庄和焦作等地区。

（2）$Ⅲ_2$山东丘陵区

山东丘陵区位于黄河以南，大运河以东的山东半岛上，是中国三大丘陵之一。土地面积约9.65万km^2，2015年人口约6 415.17万人，人口密度约664.78人/km^2。该区是我国蔬菜、水果、肉类、水产品的主要产地。土地利用以耕地为主，面积达6.14万km^2，占分区面积的63.56%；耕地以旱地为主，面积比例达99.50%；平原和丘陵地貌的耕地面积比重分别为67.07%和32.93%；棕壤和褐土为主要的耕地土壤类型。主要种植作物包括小麦、玉米、蔬菜、油料和水果，小麦和玉米的面积较大，比例分别达到30.60%和29.75%。其中，该区小麦、油料和水果产量分别占全国总产量的8.03%、8.36%和7.89%；此外，生姜、大蒜生产在全国几乎具有垄断性地位。

该区气候属暖温带季风气候类型，降水集中、雨热同季，适合农业发展。存在的主要问题：一是局部地形起伏限制明显，耕地资源分布受限。该区三分之一区域为山地丘陵，山地和丘陵面积比重分别为27.87%和24.56%，且易发生水土流失，轻度以上等级土壤水蚀面积比重达26.66%。二是农产地污染严重。随着地膜技术的发展和农村产业结构的调整，山东省各地都在实施“白色工程”，搞大棚蔬菜，推广地膜种植覆盖，农业薄膜的“白色污染”成为严峻问题。同时，局部区域土壤重金属超标，主要是济南、泰安和黄河口区域的重金属含量较高。

（3）$Ⅲ_3$黄淮平原区

黄淮平原区位于河南省东部、山东省西部黄河以南及安徽省、江苏省淮河以北。由黄河、淮河下游泥沙冲积而成。土地面积约16.31万km^2，2015年人口约11 100.78万人，人口密度约680.61人/km^2。该区是我国重要的农产品产区。土地利用以耕地为主，面积达到12.17万km^2，占分区面积的74.56%；旱地和水田面积比例分别为88.60%和11.40%；耕地集中在平原地区，比重为96.89%，少量分布在丘陵地区；主要耕地土壤类型包括潮土、黄褐土和砂姜黑土。小麦、玉米和蔬菜为该区的主要种植作物，面积比例分布达39.23%、21.96%和13.79%。该区小麦、大豆、蔬菜、油料、棉花、玉米和水稻等产量占全国总产量比重均较高，分别为32.07%、14.15%、12.61%、12.06%、8.29%、8.16%和4.86%，在我国农业生产中有举足轻重的地位。

该区地形平坦，光照充足，雨热同期。存在的主要问题：一是农田防灾减灾能力弱。该区处于我国南北气候过渡地带分界线，干旱、洪涝频繁发生。尽管经过50多年的治淮建设，流域整体防洪、抗旱条件有所改善，但防灾减灾设施和措施仍然薄弱。二是土壤重金属污染严重，损害农业生产环境。局域土壤重金属含量超标，轻、中和重等级土壤重金属污染面积比重分别为9.77%、6.96%和5.91%，主要分布在徐州市、淮北市、苏州市、淮阴市和连云港市附近。

（4）Ⅲ_4环渤海湾区

环渤海湾区位于海、滦河流域下游，是我国沿海地区四大城市群聚集区之一，包括北京、天津、唐山等工业城市。土地面积约4.44万km^2，2015年人口约4 548.68万人，人口密度约1 024.48人/km^2。该区是我国政治、经济及文化中心，也是我国最重要的城市群之一。土地利用以耕地为主，面积达2.53万km^2，占分区面积的56.80%；建设用地面积次之，该区城镇化水平高，比重高达20.49%。旱地和水田面积比例分别为89.90%和10.10%，耕地集中分布在平原地区，潮土、褐土和棕壤是主要的耕地土壤类型。主要农作物包括玉米、蔬菜、小麦和水果，种植面积比例分别达37.40%、21.90%、14.61%和10.69%。

该区地势平坦，自然资源丰富，适宜农业及渔业发展。存在的主要问题：一是建设用地大量占用农业用地。该区是我国政治、经济及文化中心，人口集聚，城市人口压力将越来越大。工业化、城镇化快速推进，与粮食生产相互争地的矛盾日渐突出，导致土地要素流出粮食生产领域。二是土壤重金属污染严重。土壤重金属超标面积比重达23.23%，以轻度和中度的重金属污染为主，主要分布在工矿业密集发展的地区周边。三是农业水资源短缺。该区人均水资源量仅为350.64m^3，过量开发利用水资源，导致地表水不断萎缩，地下水位持续下降。并且，城市和工业在与农村和农业的水资源争夺中占据明显的优势地位，粮食生产面临水资源短缺瓶颈。

4．Ⅳ黄土高原区

黄土高原区位于太行山以西，青海日月山以东，秦岭以北，长城以南，包括山西、河南西部、陕西大部、甘肃东北部、青海东部、宁夏东南部。该区土地面积约49.68万km^2，

占国土面积的5.18%，2015年人口为1.05亿人，人口密度约210.86人/km^2。该区地表多为黄土覆盖，是世界上黄土分布最集中、覆盖厚度最大的区域。耕地面积18.20万km^2，占全国10.11%，人均耕地2.62亩。汾渭谷地和黄土高原沟壑区是该区的重要农区。耕地以旱地为主，面积比重为99.30%，有少量水田；在丘陵地貌上分布的耕地面积最大，比重达到54.50%，平原地貌的耕地面积占比为45.40%；主要耕地土壤类型包括黄绵土和褐土。玉米、小麦、水果和薯类是该区的主要农作物，种植面积比例分别为31.82%、21.36%、17.36%和10.05%，薯类和水果产量占全国总产量的10.52%和17.20%。

农业气候资源特点为光热条件优越，昼夜温差较大，降水量小、蒸散量大，农田水分亏缺严重。年降水量大部分区域为400～600mm，属中温带向暖温带及半湿润区向半干旱区过渡地带，无霜期120～250d，≥10℃积温3 000～4 300℃。该区有悠久的种植历史，一年一熟、少部分地区有两年三熟。存在的主要问题：一是土壤障碍限制明显。区域土壤肥力普遍较低，黄绵土、风沙土等土壤养分贫瘠，退化严重。二是土壤侵蚀制约区域农业发展。该区水土流失虽已有明显改善，但仍是我国土壤侵蚀最严重区域。强度等级以上侵蚀面积占36.43%，陕北宁东丘陵沙地区和黄土丘陵沟壑区剧烈等级土壤水蚀面积大。三是土壤地形限制明显。除汾渭谷地，主要以山地丘陵为主，平原面积比重为16.84%，地势不平坦，不便于实现机械化。四是耕地灌溉不足。人均水资源量仅为447.59m^3，水资源贫乏，且农田水利建设不足，农田有效灌溉率仅为28.54%。

（1）IV_1 晋豫土石山区

晋豫土石山区为太行山地的主要分布区，行政范围包括晋东、豫西和冀西等地区。土地面积约10.64万km^2，2015年人口约3 018.85万人，人口密度约283.73人/km^2。该区是黄土高原重要的水源涵养区。土地利用以耕地面积最大，达3.89万km^2，占分区面积的36.62%。耕地以旱地为主，比重达到98.80%；耕地在平原和丘陵地貌皆有分布，面积比例分别为55.18%和44.82%；褐土、黄绵土和潮土是主要的耕地土壤类型。玉米种植面积最大，比例达51.40%；小麦种植面积排第二位，比例也高达19.45%；蔬菜和水果种植面积并列第三位，比例达到8.48%。

该区耕地生产力低，限制因素多。存在的主要问题：一是可用耕地资源有限。山地面积高达58.59%，坡度平均高达6.9°，地形限制明显，导致大量耕地分布于丘陵地区。二是土壤障碍多。土壤碎石比例高，农业生产适宜性很低，耕地土壤包括黄绵土和潮土等，有机质含量低、养分缺乏、理化性质差。三是水土流失制约农业生产。土壤侵蚀面积分布广，轻度以上土壤水蚀面积比重达到81.61%，以中低等级侵蚀为主，强度以上侵蚀等级占9.80%。

(2) $Ⅳ_2$汾渭谷地区

汾渭谷地区由汾河平原和渭河平原组成，汾河平原位于山西省中部和南部，北接忻定盆地，南接渭河平原，渭河平原位于陕西省中部，介于秦岭和渭北北山之间。土地面积约6.71万km^2，2015年人口约3 628.38万人，人口密度约540.74人/km^2。该区是黄土高原区的优质农区，土地利用以耕地为主，面积达3.4万km^2，超过分区面积的一半，但人口密集，人均耕地仅为1.42亩；耕地类型以旱地为主，比例达99.30%；汾河平原、渭河平原等是耕地的主要分布区，平原地区的耕地面积比重为85.14%；耕地土壤类型包括褐土、黄绵土和潮土。种植作物以小麦和玉米为主，比例分别为34.49%和34.22%；水果和蔬菜也有一定比例，比例分别为16.46%和9.89%，其中，水果产量占全国总产量的7.59%，小麦和玉米产量分别占全国的3.99%和2.84%。

该区属暖温带半干旱半湿润气候，地势平坦，耕地集中连片，土层深厚，水土流失较轻。存在的主要问题：一是土壤次生盐渍化威胁农业生产。由于地势低平，部分地区排水不畅，灌溉方式不合理，有次生盐渍化现象。二是农业抗灾能力较差，干旱和洪涝为害严重。该区农田有效灌溉率仅为49.00%，农田水利设施不足，渭河平原中东部为严重旱灾风险区。

(3) $Ⅳ_3$黄土高塬沟壑区

黄土高塬沟壑区位于黄土高原西部，行政区划包括宁夏南部、青海东南部、甘肃中东部和陕西中部等地。土地面积约20.14万km^2，2015年人口约2 822.76万人，人口密度约140.16人/km^2。土地利用以草地为主，面积达9.73万km^2，占分区面积的48.33%，耕地面积次之，为6.71万km^2，比例为33.32%。耕地类型以旱地为主，水田比例很低；丘陵地貌的耕地面积最大，比例达到68.55%，31.44%的耕地分布在平原区域；耕地土壤主要类型包括黄绵土、黑垆土和灰钙土。农作物种植结构多样性高，玉米、小麦、水果和薯类种植面积较大，比例分别为20.69%、19.65%、18.36%和16.59%，其中，薯类和水果产量占全国总产量的比重分别达6.37%和5.86%。

该区光热资源丰富，昼夜温差较大，塬面广阔平坦、沟壑深切。存在的主要问题：一是土地荒漠化严重威胁农业生产。该区轻度以上等级土壤水蚀面积比重达89.95%，

且强度以上等级面积占44.45%；土地沙化面积比例达24.01%；沟壑内崩塌、陷穴、泻溜等重力侵蚀也比较严重，容易蚕食耕地资源。二是地形限制明显，可供农业生产土地资源有限。黄土梁卯和山地面积比重分别为34.72%和32.37%，平原面积仅为11.82%，大量丘陵地区的土地被开发为耕地。三是耕地灌溉不足。区域人均水资源量为682.11m^3，水资源开发利用率已经高达78.64%，而农田有效灌溉率仅占25.00%，资源性缺水是制约农业发展主要问题。

(4) IV_4陕北宁东丘陵沙地区

陕北宁东丘陵沙地区与鄂尔多斯高原相邻，行政区划涉及榆林、银川和吴忠等地。土地面积约4.43万km^2，2015年人口约280.72万人，人口密度约63.37人/km^2。该区是黄土高原的沙地和沙漠区。土地利用以草地为主，面积达2.13万km^2，占分区面积的48.17%；耕地面积次之，为1.38万km^2，比例为31.21%。耕地中旱地面积比例高达98.00%，水田面积小；丘陵是耕地的主要分布地貌类型，面积比重达到59.59%，平原地区的耕地比例为40.39%；主要耕地土壤类型包括黄绵土、风沙土和新积土。以玉米和薯类种植为主，比例分别为31.84%和31.24%；水果种植面积排第三位，比例达16.01%。

该区虽降水量相对较高，但灌溉条件较差，属雨养农业区。存在的主要问题：一是风蚀沙化剧烈，土地沙化严重。区内气候干旱、降水稀少，蒸发量大，沙尘暴频繁，且由于长期过牧滥牧造成比较严重的草原退化和沙化，相当部分固定、半固定沙丘被激活形成移动沙丘。仅有约四分之一的土地未受沙化影响，强度以上等级沙化面积比重达30.43%。二是耕地灌溉严重不足。区域人均水资源量仅为751.84m^3，且农田水利设施落后，农田有效灌溉率仅为24.58%。三是土壤养分贫瘠。该区以黄绵土、灰钙土、风沙土为主，水土流失剧烈、土壤退化严重，土壤有机质含量仅为0.70%，土地生产力低下。

(5) IV_5黄土丘陵沟壑区

黄土丘陵沟壑区位于陕西和山西交界地区，是黄土高原典型的地貌类型单元。土地面积约7.76万km^2，2015年人口约724.68万人，人口密度约为93.39人/km^2。该区土地利用以草地为主，面积达3.1万km^2，占分区面积的39.95%，耕地面积排第二位，面积为2.81万km^2，比例为36.31%。耕地类型皆为旱地，无水田分布；丘陵沟壑地区是耕地的主要分布区，面积比重为87.28%，仅有12.71%的耕地分布在平原地区；黄绵土和栗褐土是主要的耕地土壤类型。水果、玉米和薯类是主要的作物类型，种植面积比例分别为34.82%、24.52%和17.22%。

该区黄土分布广泛，质地疏松，降水集中且强度较大，成为全国乃至全球水土流失最严重的地区，干旱、水土流失以及落后的耕作方式，使这一地区的农业产量低而不稳。存在的主要问题：一是水土流失极为严重。轻度以上土壤水蚀面积比例高达94.41%，且剧烈侵蚀比重达30.38%，年侵蚀模数大于5 000t/km^2、粒径0.05mm以上、年粗沙模数大于1 300t/km^2的多沙粗沙区主要分布于该区。二是土壤贫瘠。该区土壤有机质含量仅为0.98%，分布的黄土质地疏松，养分含量不足，不利于农作物生长。三是农田灌溉不足。该区人均水资源量仅为637.76m^3，且水利设施滞后，农田有效灌溉率仅为4.65%。

5. Ⅴ西北干旱区

西北干旱区位于贺兰山以西，昆仑山、祁连山一线以北，包括新疆、甘肃中西部、内蒙古西部和宁夏西北部，土地面积约220.90万km^2，约占国土面积的13.29%，2015年人口约0.31亿人，地广人稀，人口密度约14.23人/km^2。该区气候极端干旱，农作物生长完全依靠高山降水和融雪水补给，形成典型的绿洲灌溉农业。耕地面积9.45万km^2，占全国的5.26%，人均耕地4.53亩；旱地和水田面积比重分别为94.20%和5.80%；耕地集中分布在平原地区，比例达96.70%，少量分布在丘陵地区；草甸土、盐土、潮土和灌淤土是耕地土壤的主要类型。该区是我国最大的优质棉花基地，棉花产量占全国总产量的50.88%。

该区年降水量在100～200mm，无霜期北部为80～120d、南部为140～180d，≥10℃积温为2 600～4 300℃。存在的主要问题：一是灌溉面积无序扩张，开发超载。耕地面积快速扩张，导致水资源开发利用过度，地下水超采严重，大大超过水资源自身承载力。超量的灌溉导致新疆农业用水严重挤占生态用水，导致河流断流、湖泊萎缩、下游天然绿洲衰退、土地沙化。二是土地沙化和盐碱化威胁农业生产。土地沙化面积达到58.74%。中国最大的沙漠塔克拉玛干沙漠以及古尔班通古特沙漠、巴丹吉林沙漠、腾格里沙漠、乌兰布和沙漠、库布齐沙漠、毛乌素沙地等都分布在该区，导致该区成为我国主要的风沙源区和加强源区之一，与干旱、风沙和盐碱作斗争是该区农业建设和发展生产的一项基本任务。三是土壤肥力低。绿洲耕地土壤成土母质较粗，以物理风化为主，土壤养分贫瘠，盐分含量高，有机质积累慢，土壤有机质含量仅为1.30%。

（1）V_1天山北坡区

天山北坡区位于以乌鲁木齐、石河子和克拉玛依市为轴心的新疆准噶尔盆地南缘天山北坡中段。土地面积约22.37万km²，2015年人口约684.01万人，人口密度约30.58人/km²。该区是西部大开发的重点地区，亦是新疆农业最为发达的核心地区。土地利用以裸岩和沙漠戈壁为主的未利用地面积最大，达9.97万km²，比重高达44.57%，耕地面积2.16万km²，比重达9.65%。耕地类型几乎皆为旱地，水田面积比例仅为0.80%；平原是耕地分布的最基本地貌类型，面积比重达99.91%；灰漠土、草甸土和潮土是主要的耕地土壤类型。主要农作物包括棉花、小麦和玉米，种植面积比例达45.17%、22.62%和16.23%，其中，棉花产量占全国总产量的15.75%。

该区是典型的干旱绿洲灌溉农业区，水资源短缺，生态环境脆弱。存在的主要问题：一是超载开发耕地，破坏农业生态系统。近年来灌溉面积的持续扩大，水资源开发利用过度，地下水超采严重，地下水水位持续下降，坎儿井不断消亡。二是土地沙漠化和盐碱化制约农业可持续发展。该区是我国主要的风沙源区和加强源区之一，戈壁、沙漠、盐碱地广布，强度以上等级土地沙化面积比重达41.45%，土地盐碱化面积比重达6.47%。三是土壤贫瘠。耕地土壤类型包括草甸土、潮土、灰漠土、灰棕漠土等，土层较薄，重用轻养、用养失调，生产力水平较低。

（2）V_2伊犁河流域区

伊犁河流域区位于新疆最西部，行政区划上包括伊宁市和伊宁、霍城、察布查尔、巩留、新源、尼勒克、特克斯、昭苏等地。土地面积约5.80万km²，2015年人口约202.67万人，人口密度34.94人/km²。该区是新疆主要的粮油和畜牧业基地。土地利用以草地为主，面积为3.3万km²，比重高达57.2%，耕地面积0.83万km²，占分区面积的15.3%。旱地为基本的耕地类型，面积比重达99.50%；耕地主要分布在伊犁河、巩乃斯河和特克斯河河谷平原等平原地区，比重达94.70%，少量分布在丘陵地区。灰钙土、栗钙土、黑钙土和草甸土是主要的耕地土壤类型。小麦和玉米是主要的种植作物，比例分别达39.7%和28.5%。

该区是新疆生态环境较好的地区之一，分布有新疆最湿润的谷地，水、土、气等自然条件组合搭配优越。存在的主要问题：一是地势起伏较大，可用耕地资源有限。全区山地面积比重达47.64%，平原面积比重仅为21.93%，耕地集中分布在有限的河谷平原地区。二是局部地区土地荒漠化严重。近年来耕地快速扩张，新垦区具有坡度相对较大、土层薄、质地偏沙、土壤肥力低的特征，易引起水土流失、土地沙化和土地盐碱化。

(3) V_3额尔齐斯—乌伦古河流域区

额尔齐斯—乌伦古河流域区位于新疆北部，包括额尔齐斯流域和乌伦古河流域。土地面积约12.75万km²，2015年人口约159.62万人，人口密度约12.52人/km²。该区生态环境脆弱，农业开发程度较低。未利用地面积最大，比重高达49.89%；耕地面积为0.91万km²，比重仅为5.49%。耕地类型皆为旱地，分布于平原和丘陵地区的耕地面积比重分别为92.88%和7.12%；棕钙土、栗钙土和草甸土是主要的耕地土壤类型。玉米种植面积最大，比例高达47.89%；小麦次之，种植面积比重达34.78%。

该区光热资源丰富，气候极端干旱，植被稀少，以畜牧业为主，种植业比重小。存在的主要问题：一是土地沙化严重。对额尔齐斯河和乌伦古河沿岸进行无限制的土地开发，使荒漠化加剧，土地沙化面积比重达54.64%，且以强度以上等级为主，占分区面积的47.67%，是中国第二大沙漠古尔班通古特沙漠的主要分布区。二是水肥协调能力差，耕地生产力低。多数灌区是从山前平原和河谷平原区天然草场发展起来的，坡度大，土层薄，透水性强，灌水比较困难。单一使用化肥，缺乏有机肥特别是缺乏绿肥养地，再加上农作物连作重茬，部分地区农田土壤结构变劣，养分下降，肥力降低。

(4) V_4塔里木河流域区

塔里木河流域区为新疆天山以南的部分。土地面积约108.63万km²，2015年人口约1 047.41万人，人口密度约9.64人/km²。该区是我国最大的棉区和重要的瓜果产地。土地利用以包括裸岩、沙漠戈壁和盐碱地等的未利用地为主，面积69.53万km²，比重高达64.01%；耕地面积3.37万km²，比重为3.1%，围绕塔里木盆地边缘，近河流、水源地带分布。旱地和水田的面积比重分别为97.90%和2.10%；耕地基本分布在平原地区，面积比重为99.59%，仅有少数分布于丘陵地区；盐土、潮土和灌淤土是主要的耕地土壤类型。棉花种植面积最大，比例达38.44%，产量占全国总产量的32.43%；水果种植面积排第二位，比例也达到26.62%。

该区地域辽阔，土地、光、热资源丰富，干燥多风，日温差较大，降水稀少，蒸发强烈，农业生态环境脆弱。存在的主要问题：一是农业开发利用过度。全区农业生产完全依赖于水源灌溉，灌溉面积持续无序扩张，挤占生态用水，导致河流断流、下游天然绿洲衰退、生态问题频发。二是土地荒漠化严重威胁农业生产。多年来由于水资源的不

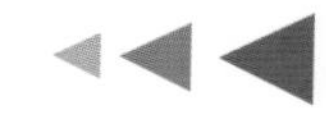

合理开发利用，源流和灌区过量引水，使地下水位升高，造成土壤次生盐渍化面积不断增加，有6.14%的土地受土地盐碱化威胁；世界第二大沙漠——塔克拉玛干沙漠分布于该区，下游水量减少，使地下水位大幅度下降，荒漠化面积又不断扩大，强度以上等级土地沙化面积比重达到52.07%。

（5）V_5东疆地区

东疆地区主要指新疆哈密地区，东与甘肃省酒泉市相邻，南与巴音郭楞蒙古自治州相连，西与吐鲁番、昌吉回族自治州毗邻，北与蒙古国接壤。土地面积约21.97万km^2，2015年人口约123.13万人，人口密度约5.60人/km^2。该区是新疆连接内地的交通要道，主要发展特色农业。土地利用中未利用地面积最大，为18.35万km^2，比重高达83.56%，包括裸岩、沙漠戈壁和盐碱地；耕地面积0.22万km^2，比重仅为0.98%，皆为旱地，且分布在平原地区，棕漠土、盐土和灌漠土是主要的耕地土壤类型。水果种植面积最大，比例达43.08%；棉花种植面积排第二位，比例也高达34.68%；小麦种植面积列第三位，比例达12.15%。

该区属于温带大陆性干旱气候，干燥少雨，日照充足，多风沙，生态环境脆弱，农业不发达。存在的主要问题：一是土地沙化剧烈，严重制约农业生产。该区大部分被戈壁、沙漠所覆盖，地表沙源丰富，在盛行大风的地区常造成风沙危害，导致耕地风蚀和沙害。强度以上等级土地沙化面积比重高达75.41%，且剧烈等级土地沙化面积占全区面积的43.59%，可供农业生产的土地资源极为有限。二是土壤贫瘠，耕地生产力低。土体结构差，土壤含盐量高，平均土壤有机质含量不足1%，有效氮、磷含量水平较低，土壤养分处于中下等水平，宜农土地少。

（6）V_6阿拉善—额济纳高原区

阿拉善—额济纳高原区位于中国内蒙古自治区西部阿拉善盟，是内蒙古高原的一部分。土地面积约24.81万km^2，2015年人口约23.83万人，人口密度约0.96人/km^2。该区生态环境极端脆弱，是中国沙尘暴的重要发源地之一。土地利用以未利用地为主，面积达18.40万km^2，比重高达83.60%，包括盐碱地、沙漠戈壁和裸岩；耕地面积0.04万km^2，比重仅为0.14%，皆为旱地，且基本分布在平原地区，棕钙土和风沙土是主要的耕地土壤类型。玉米种植面积最大，比例达68.18%；油料种植面积排第二位，比例为22.63%。

该区是典型的温带大陆性气候，干旱少雨，蒸发量大，日照充足，风大沙多，以畜牧业为主，种植业发展极为有限。存在的主要问题：一是沙漠化危害严重，农业生态环

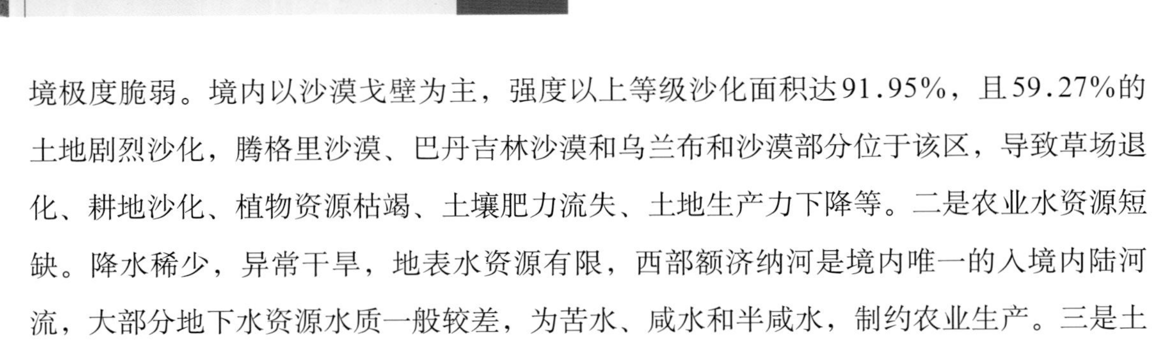

境极度脆弱。境内以沙漠戈壁为主，强度以上等级沙化面积达91.95%，且59.27%的土地剧烈沙化，腾格里沙漠、巴丹吉林沙漠和乌兰布和沙漠部分位于该区，导致草场退化、耕地沙化、植物资源枯竭、土壤肥力流失、土地生产力下降等。二是农业水资源短缺。降水稀少，异常干旱，地表水资源有限，西部额济纳河是境内唯一的入境内陆河流，大部分地下水资源水质一般较差，为苦水、咸水和半咸水，制约农业生产。三是土壤养分贫瘠。土壤有机质含量低，仅为0.75%，土壤肥力极差，土地生产力很低。

（7）V_7河西走廊区

河西走廊区是中国内地通往西域的要道，为甘肃省西北部的堆积平原丘陵地区。土地面积约22.74万km^2，2015年人口约495.09万人，人口密度约21.77人/km^2。该区是西北地区最主要的商品粮生产基地和经济作物集中产地。土地利用以未利用地为主，面积14.81万km^2，比重高达65.14%，包括盐碱地、沙漠戈壁和裸岩；耕地面积1.58万km^2，占分区面积的6.94%。耕地皆为旱地类型；主要分布在山前平原地区，面积比例达到89.82%，并有约10%左右分布于丘陵地区；灌漠土、栗钙土和灰钙土是主要的耕地土壤类型。农作物种植结构多样性较高，玉米、蔬菜和小麦分列前三位，比例分别为27.53%、21.79%和16.36%。

该区属大陆性干旱气候，气候干燥、冷热变化剧烈，光照充足，土地资源丰富，山前农业资源条件较好，灌溉农业发达。存在的主要问题：一是土地次生盐碱化和沙漠化严重威胁农业生产。强度以上等级土地沙化面积达67.51%，腾格里沙漠、巴丹吉林沙漠和库木塔格沙漠部分位于该区。绿洲农业完全依赖灌溉，水利设施不配套、灌溉制度不合理，导致土地次生盐碱化，土地盐碱化面积比重为7.51%。二是农业开发利用过度。随着中游人口增长、灌溉面积扩大及工农业经济持续发展，引用河水量不断增加，水资源开发利用率高达123.15%，导致石羊河、黑河和疏勒河下游严重干涸，威胁农业可持续发展。

（8）V_8银川平原区

银川平原区位于宁夏回族自治区中部黄河两岸，北起石嘴山，南止黄土高原，东到鄂尔多斯高原，西接贺兰山。土地面积约1.83万km^2，2015年人口约407.64万人，人口密度约222.75人/km^2。该区是西北地区重要的商品粮生产基地和特色农业基地。土地利用中耕地面积0.57万km^2，占分区面积的31.08%；耕地以水田为主，面积比重达81.00%，旱地面积比重为19.00%；平原地貌是耕地的主要分布区，面积比重超过

95.00%；灌淤土、灰钙土和盐土是耕地土壤的主要类型。玉米和水果是主要的种植作物，面积比例分别达33.45%和18.90%。

该区地势平坦，土层深厚，引水方便，光、热、水、土等农业自然资源配合良好，为发展农业提供了极其有利的条件。存在的主要问题：一是土地荒漠化威胁农业可持续发展。西、北、东三面被腾格里沙漠、乌兰布和沙漠、毛乌素沙漠包围，土地沙化比重达57.36%；引黄河水灌溉导致地下水位上升，而当地气候干旱蒸发旺盛，同时，受滥垦过牧、大灌大排等不合理开发活动的影响，造成土地盐碱化。二是农业水资源严重短缺，开发过度但效率低。该区降水稀少，蒸发旺盛，农业用水主要来源于黄河引水，水资源开发利用率高达412.70%；银川和石嘴山深层地下水超采严重，对黄河水的使用方式是大引大排，利用效率不高。

6. Ⅵ长江中下游干流平原丘陵区

长江中下游干流平原丘陵区位于淮河以南，鄂西山地以东，包括上海、江苏南部、浙江东北部、安徽中部、江西北部、河南西南部、湖北东部、湖南东北部，土地面积约37.56万km^2，占国土面积的3.91%，2015年人口约2.23亿人，人口密度约594.22人/km^2。江淮地区和长江中游平原区是核心保护和发展的优质农区。耕地面积20.90万km^2，占全国耕地总面积的11.61%，人均耕地1.41亩；水田和旱地面积比重分别为68.60%和31.40%；水稻土、潮土、黄褐土和红壤是主要的耕地土壤类型。该区是我国传统的商品粮、棉、油和淡水养殖产品的生产基地，农业集约化程度和综合发展水平高，农林牧渔各产业生产在全国均有举足轻重的地位，水稻、油料、棉花、小麦和蔬菜产量各占全国总产量的31.60%、24.67%、17.63%、15.75%和15.07%。

该区属亚热带季风气候区，光、水、热条件件好，河川径流丰富，开发利用条件好，人多地少，农业生产水平高。年降水量800～1 500mm，无霜期为210～280d，≥10℃积温4 500～6 000℃，大部分地区农作物一年两熟至三熟。存在的主要问题：一是农田和湿地景观破碎化严重。该区是我国历史上围湖造田最严重的地区，湖泊被围垦或被人为切断与长江的水文联系，水生生物洄游通道被阻隔，天然渔业资源系统几近崩溃。二是耕地资源不断减少。工业化、城镇化与农业生产争地矛盾日渐突出，导致大量土地要素流出粮食生产领域。三是双季稻种植面积持续下降。农民工工资上涨导致农村劳动力大量流向非农产业，农业生产劳动成本增加，加之单季粳稻的收益要高于双季稻，推动双季稻种植转为单季稻种植。四是局部土壤重金属污染严重。该区工业化快速发展，星罗棋布的产业集群是重金属污染的主要来源，土壤重金属污染超标比重达到19.67%。

（1）VI_1 长三角地区

长三角地区位于长江三角洲，行政区划包括上海，江苏南京、镇江、常州、无锡和苏州及浙江湖州、嘉兴、杭州、绍兴、宁波和舟山等地。土地面积约5.15万km^2，2015年人口约7 885.44万人，人口密度约1 531.15人/km^2。该区是我国经济最发达、城镇集聚程度最高的城市化地区，是江淮流域的重要粮食生产基地。土地利用以耕地面积最大，为2.57万km^2，占分区面积的49.79%，但人口稠密，人均耕地仅0.49亩；耕地类型以水田为主，面积比重高达89.90%，旱地面积比重仅为10.10%；约95%的耕地分布在平原地区，丘陵地区的耕地面积比重为4.99%；水稻土、潮土和红壤是主要的耕地土壤类型。农作物类型多样，水稻、蔬菜和小麦是主要的种植作物，面积比例分别达34.99%、28.09%和19.39%。

该区精耕细作，历来是我国重要的农产品商品生产基地，近阶段虽然农业生产的地位有所变化，但依然是农业发达地区。存在的主要问题：一是工业化、城镇化挤占耕地资源。工业化、城镇化与粮食生产相互争地的矛盾日渐突出，导致土地要素大量流出农业生产领域，耕地被大量蚕食。二是土壤重金属污染问题突出。在城镇化和工业化进程中，“三废”大量排放，导致该区重金属污染超标比重达到29.56%，主要分布在上海、杭州和嘉兴周边。

（2）VI_2 江淮地区

江淮地区位于中国江苏省、安徽省的淮河以南、长江以北（下游）一带，主要由长江、淮河冲积而成。土地面积约9.93万km^2，2015年人口约5 289.34万人，人口密度约532.66人/km^2。该区是我国著名的水稻、优势中筋麦和弱筋麦主产区。土地利用以耕地为主，面积6.84万km^2，比例高达68.89%；水田和旱地面积比重分别为79.20%和20.80%；耕地集中分布在平原地区，面积比重达98.27%，少量分布在丘陵和山地地区；水稻土、潮土和黄褐土是主要的耕地土壤类型。种植模式以稻麦两熟为主，水稻种植面积比例达37.90%；小麦种植面积次之，比例为25.02%；蔬菜和油料面积分别列第三、四位，比例分别为15.78%和10.04%。该区水稻产量占全国总产量的10.37%，小麦、蔬菜、油料和棉花在全国总产量中占比相对较高，分别为7.41%、5.27%、5.47%和4.95%。

该区水、热资源丰富，光照充足，地势低洼，水网交织，湖泊众多，农业综合发展水平高，淡水渔业发达。存在的主要问题：一是土壤重金属污染威胁农业可持续发展。工业、生活排污和矿山开采等污染环境，导致土壤重金属的轻度、中度、重度污染面积比重分别为9.80%、3.09%和5.20%，主要分布在该区北部盐城、扬州和东南部巢湖、安庆等市。二是农业气象灾害风险高。该区地处南北气候过渡带，地形复杂、地势低洼、气候多变，夏季丘岗、河湖平原的旱涝，春季低温阴雨和秋季低温冷害频繁交替发生，皆是农业生产的潜在威胁。

（3）VI_3长江中游平原区

长江中游平原区由湖南省的洞庭湖平原、江西省鄱阳湖平原和湖北省江汉平原组成。土地面积约13.90万km²，2015年人口约6 435.11万人，人口密度约462.96人/km²。该区是我国重要的粮、油、棉生产基地，在农业生产中有举足轻重的地位。土地利用以耕地为主，面积达7.37万km²，占分区面积的52.94%；水田和旱地面积比重分别为72.10%和27.90%；平原是耕地分布的主要地貌类型，面积比重达80.79%，同时，分布于丘陵和山地地貌的耕地面积比重分别为18.02%和1.19%；耕地主要土壤类型是水稻土、红壤和潮土。水稻、油料、蔬菜和棉花是主要的种植作物，面积比例分布达47.37%、20.58%、11.45%和5.59%，其中，水稻、棉花和油料产量占全国总产量的14.48%、11.32%和10.93%。

该区地势低平，光、温、水、热、土资源俱佳。存在的主要问题：一是土壤重金属污染问题突出。土壤重金属的轻度、中度、重度污染面积比重分别为21.79%、5.64%和0.79%，尤其是洞庭湖和鄱阳湖湖区周边污染最严重。二是农田和湿地景观破碎化严重。该区是我国历史上围湖造田最严重地区，湖泊被围垦或被人为切断与长江的水文联系，水生生物洄游通道被阻隔，天然渔业资源系统几近崩溃。

（4）VI_4豫皖鄂平原丘陵区

豫皖鄂平原丘陵区是指位于河南、安徽和湖北三省相接的平原丘陵区域。土地面积约8.58万km²，2015年人口约2 709.07万人，人口密度约315.74人/km²。该区是我国商品粮、油、棉、烟、药基地之一。土地利用以耕地为主，面积达4.13万km²，比重达47.96%；耕地类型以旱地为主，面积比重达68.70%，水田面积比重仅有31.30%；分布于平原地区的耕地面积比重为67.87%，另有29.17%和2.95%的耕地分布于丘陵和山地地貌；黄褐土、水稻土和漂灰土是主要的耕地土壤类型。农作物种植结构多样性较高，小麦种植面积最大，比例达29.49%；水稻、油料、玉米和蔬菜种植面积分别列第二至五位，比例分别为18.93%、18.22%、12.35%和11.42%。油料和小麦产量占全国总产量比重较大，分别为7.26%和5.1%。

该区四周群山拱卫，气候温和，降水充沛，盆地区地势低平，土壤肥沃，农耕历史悠久。存在的主要问题：一是局部地形限制明显。盆地周边低山丘陵为伏牛山和桐柏山余脉所组成，山地和丘陵面积比重分别为36.68%和21.06%，有三分之一的耕地分布于山地丘陵地区，局部地形较为陡峭，土层较薄，耕性差。二是水土流失降低土地生产力。乱砍滥伐林木和不合理的毁林开荒、陡坡垦殖等，造成该区56.69%面积的水土流失，使土层变薄，土质劣化，土壤结构被破坏，土地质量降低、生产能力下降。

7. Ⅶ江南丘陵山区

江南丘陵山区指洞庭湖平原和鄱阳湖平原以南，南岭以北，雪峰山以东，武夷山以西的低山丘陵地区，土地面积约35.81万km^2，占国土面积的3.73%，2015年人口约0.97亿人，人口密度约270.71人/km^2。耕地面积8.88万km^2，占全国的4.93%，人均耕地仅1.38亩；水田和旱地面积比重分别为71.70%和28.30%；耕地在平原、丘陵和山地等地貌皆有分布，面积分布比例为36.40%、39.70%和23.80%，立体农业发达；红壤、水稻土和紫色土是主要的耕地土壤类型。该区域是我国重要的水稻产区，水稻产量占全国总产量的18.29%；同时也是重要的亚热带水果、粮食和蔬菜生产基地和柑橘、油茶、茶叶的主要产区。

该区以中低山为骨架，以红壤丘陵为主，丘陵之间分布有许多盆地，属中亚热带季风气候，其光、热、水资源丰富，四季分明，年降水量1 200～2 000mm，无霜期280d以上，≥10℃积温5 000～6 500℃，生物资源多样，低丘盆地农作物一般一年两熟或三熟，山区作物一年一熟或两熟，具有农业垂直空间结构。存在的主要问题：一是土壤重金属污染问题突出，威胁农业生产。该区有13.38%的土壤重金属超标，且有3.09%面积为重度污染，因采矿而引发的土壤重金属污染是该区面临的主要生态环境问题之一。重金属污染不仅造成水、土环境污染，还威胁着食品生产的安全。二是土壤酸性较强、生产力较低。地带性红壤和黄壤表现为富铝化、富铁化作用强，土壤呈酸性，透水性能低，通气条件差，肥力低。三是地形限制明显，易发生水土流失。山地和丘陵等地貌比重大，分别为66.03%和17.28%，大量耕地分布于丘陵和山地地貌。多

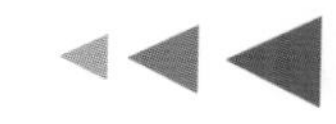

年来，该区土壤侵蚀治理虽成果显著，但仍有55.03%的土地受土壤水蚀威胁，还存在坡耕地、坡地茶果林、稀疏林地等多种顽固型和新增型的水土流失，制约农业可持续发展。

（1）$Ⅶ_1$赣江流域中上游区

赣江流域中上游区为江西省广阔的丘陵山区。土地面积约17.65万km^2，2015年人口约4 167.26万人，人口密度约236.11人/km^2。该区是我国重要的水稻产区和油、果、菜生产基地。土地利用以林地为主，面积达11.71万km^2，占分区面积的66.29%；耕地面积次之，为4.24万km^2，比重为24.03%。水田和旱地面积比重分别为74.20%和25.80%；约一半的耕地位于平原地区，分布于丘陵和山地的耕地面积比例分别为26.28%和23.13%；红壤、水稻土和石灰土是主要的耕地土壤类型。水稻种植面积最大，比例达53.05%，产量占全国总产量的8.41%；蔬菜和油料种植面积分别列第二、三位，比例分别为15.59%和12.57%。

该区属于亚热带湿润季风气候，热量丰富，降水充足，三面环山，适宜多种亚热带果木生长。存在的主要问题：一是土壤污染问题突出。采矿而引发的土壤重金属污染，包括赣南钨矿、稀土开发区，赣西北铜金矿，萍乡—丰城煤、铁、盐开发区，景德镇煤矿、瓷土矿和赣东北铜及多金属开发区，区域轻、中、重度污染面积比重分别为5.55%、0.71%和0.95%。二是地形限制农业生产。东倚武夷山脉，西傍罗霄山脉，五岭、九连山盘亘南疆，地形以低山、丘陵为主，比重分别为68.11%和15.95%，可用农业用地资源有限。三是土壤水蚀仍威胁农业生产。人工林地林种结构不合理，拦蓄泥沙效果差，油桐、油茶林地水土流失严重，全区发生侵蚀面积达53.06%，威胁农业生产。四是土壤酸化。以红壤、黄壤为主，酸性强，且施肥、大气干湿沉降和灌溉输入到农田的氮素导致土壤pH降低，强酸性土壤比重增加。

（2）$Ⅶ_2$湘江流域中上游区

湘江流域中上游区为湖南省的丘陵山区。土地面积约18.16万km^2，2015年人口约5 526.78万人，人口密度约304.34人/km^2。该区是我国重要的水稻、油料、水果和蔬菜生产基地。土地利用以林地为主，面积达12.29万km^2，占分区面积的67.66%；耕地面积次之，为4.65万km^2，比重为25.55%。水田和旱地面积比重分别为69.30%和30.70%；耕地主要分布在丘陵地区，面积比重为52.15%，平原和丘陵地区耕地面积比例分别为23.47%和24.34%；耕地土壤主要类型为红壤、水稻土和紫色土。水稻、蔬菜和油料是主要的种植作物，种植面积比例分别为48.7%、16.34%和14.31%，其中，水稻产量占全国总产量的9.90%。

该区地貌以山地、丘陵为主，光、热、水资源丰富，资源禀赋优良，适合农业发展。存在的主要问题：一是地形限制明显。三面环山，山地、丘陵面积比重分别为64.01%和18.57%。地形起伏，田高水低，田土零散，引灌不便，无法进行大规模集中耕作。二是土壤重金属污染严重。轻、中、重度土壤污染面积比重分别为9.79%、4.81%和5.18%，特别是郴州柿竹园矿区、衡阳水口山铅锌矿区和株洲清水塘冶炼区的土壤重金属污染非常严重。三是土地侵蚀威胁农业生产。水土流失较赣江流域中上游区严重，土壤水蚀面积达56.96%，并有15.02%的土地石漠化，导致土壤土层变薄，养分逐步减少，水源涵养能力变差。四是土壤酸化。以红壤、黄壤为主，红壤酸性强，pH达4.5～6.0，山地黄壤也是酸性或强酸性。

8．Ⅷ东南区

东南区包括浙江东南部、福建、广东、广西大部、海南和台湾，土地面积约65.35万km^2，占国土面积的6.81%，2015年人口约2.54亿人，人口密度约389.41人/km^2。耕地面积14.38万km^2，占全国耕地总面积的7.99%，人均耕地面积仅0.85亩；水田和旱地面积比重分别为59.20%和40.80%；耕地主要分布在平原地区，面积比重为64.80%，分布在丘陵和山地的耕地面积比重分别为24.00%和11.00%；水稻土、红壤和赤红壤是主要的耕地土壤类型。该区属于农业生产多宜地区，是我国最主要的适宜发展热带作物的地区和重要的水稻生产基地、最重要的蔗糖生产区。糖料、水果、水稻和蔬菜产量占全国产量的78.47%、25.38%、16.57%和12.45%。

该区陆域总体是平地少、山地多，以东南沿海山地、丘陵为主。大部分属南亚热带，少部分属北亚热带和赤道热带，大部分地区长夏无冬，秋春相连，年降水量1 500～2 000mm，降水丰沛，无霜期300～365d，≥10℃积温6 500～8 000℃，雨热同期，农作物一年两熟或一年三熟。存在的主要问题：一是争地矛盾突出，耕地被大量蚕食。工业化、城镇化的快速发展大量占用优质耕地，耕地面积持续下降，粮食缺口扩大。二是土壤污染危害日益加剧。土壤重金属超标比例超过5.00%，主要分布在工业化、城镇化发达地区及其周边，尤其是珠三角地区土壤重金属超标达到28.00%。三是局部地形限制明显，制约农业生产。山地和丘陵面积比重分别为64.13%和11.06%，平原集中在沿海地区，可用耕地资源有限。

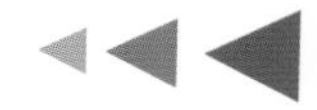

（1）Ⅷ1浙闽粤沿海平原丘陵区

浙闽粤沿海平原丘陵区为浙江、福建和广东的沿海平原丘陵地区。土地面积约9.04万km^2，2015年人口约6 533.54万人，人口密度约722.74人/km^2。该区是我国重要的亚热带水果基地。土地利用以林地为主，面积达5.15万km^2，占分区面积的57.05%；耕地面积次之，为2.09万km^2，比重为23.20%。耕地类型以水田为主，面积比重为70.30%，旱地面积比重为29.70%；平原是耕地的主要分布地貌，面积比重为70.82%，分布于丘陵和山地的耕地面积比重分别为16.32%和12.86%；水稻土、红壤和赤红壤是主要的耕地土壤类型。水果种植面积最大，比例达45.59%，产量占全国总产量的4.53%；蔬菜和水稻种植面积分别列第二、三位，比例分别为20.69%和19.41%。

该区属于中亚热带季风气候，降水充沛，雨热同期。存在的主要问题：一是城镇化、工业化导致耕地资源减少。工业园区建设和房地产开发占用大量耕地，对土地资源的高强度开发，已人为地改变了区域土地覆被的格局，与农业资源分布不协调。二是土壤污染危害日益加剧。土壤重金属污染比重达6.14%，台州、温州和漳州等地污染较为严重。三是局部地形限制明显。低山丘陵区地形复杂崎岖，山地面积比重达65.95%，平原面积比重仅为22.71%，集中在沿海地区。

（2）Ⅷ2珠三角地区

珠三角地区位于珠江三角洲，行政区划包括广州、深圳、东莞、惠州、珠海、佛山、中山、江门、香港及澳门。土地面积约3.95万km^2，2015年人口约5 434.90万人，人口密度约1 375.92人/km^2。该区是全国最大的城市群之一，农业生产地位下降，从传统的农业基地转变为制造业中心。土地利用以林地面积最大，达1.95万km^2，占分区面积的49.51%；耕地排第二，面积为0.90万km^2，比重为22.71%，人均耕地仅0.25亩。水田和旱地面积比重分别为72.50%和27.50%；耕地集中分布在平原地区，面积比重达到84.40%，分布于丘陵和山地的面积比重分别为13.09%和2.17%；水稻土、赤红壤和潮土是主要的耕地土壤类型。农作物类型主要包括蔬菜、水稻和水果，比例分别为39.81%、30.29%和15.82%。

该区四周是丘陵、山地和岛屿，中部是平原，雨热同期，土壤肥沃，河道纵横，立体农业发达。存在的主要问题：一是耕地持续减少，日益短缺。工业化和城市化发达，农业比较效益偏低，导致耕地过度流失。二是土壤重金属污染严重。土壤重金属超标面积比重达28.00%，其中，广州白云区、佛山、南海、新会等地区污染情况比较严重，超标率超过50.00%。

(3) Ⅷ$_3$粤西桂南丘陵区

粤西桂南丘陵区包括广西大部和广东少部，行政区划包括广西的白色、南宁、钦州、北海、崇左、贵港、来宾和柳州及广东的湛江和茂名等。土地面积约14.04万km^2，2015年人口约2 842.05万人，人口密度约202.43人/km^2。该区是全国糖料作物的最重要产区。土地利用以林地为主，面积达8.06万km^2，占分区面积的57.47%；耕地面积次之，为4.31万km^2，比重为30.70%。水田和旱地面积的比重分别为40.60%和59.40%；耕地主要分布在平原和丘陵地区，面积比重分别为61.36%和32.36%，并有超过6.00%面积分布在山地地区；赤红壤、水稻土和石灰土是主要的耕地土壤类型。主要种植作物包括水稻、糖料、蔬菜和水果，种植面积比例分别为26.72%、23.5%、15.61%和14.04%。糖料产量占全国总产量的71.55%，水果和水稻也具有重要地位，占全国产量分别为5.95%和4.58%。

该区属亚热带季风气候，气温较高，光照充足，降水充沛，无霜期长，适合甘蔗生产。存在的主要问题：一是地形条件限制明显。该区多低山丘陵，山地和丘陵面积比例分别为47.21%和20.03%，有限的平原和丘陵盆地为主要农耕区。二是重金属污染威胁农业生产。采矿区和工业区及周边重金属含量高，超标样点主要分布在武宣县、大化瑶族自治县、河池市和大新县。三是耕地灌溉不足。农田水利设施不足，农田有效灌溉率仅为30.30%。干旱是影响甘蔗生产的主要限制因子。春、秋两季干旱，尤其是严重秋旱对蔗糖业生产影响最为明显。

(4) Ⅷ$_4$海南岛区

海南岛区土地面积约3.34万km^2，2015年人口约911.00万人，人口密度约272.75人/km^2。该区是我国重要的冬季瓜菜和热带水果、天然橡胶生产基地。土地利用以林地为主，面积达2.13万km^2，占分区面积的63.87%；耕地面积次之，为0.94万km^2，比重为28.10%。耕地以旱地为主，面积比重达68.60%，水田面积比重为31.40%；丘陵地区是耕地主要分布的地貌类型，面积比重达58.88%，平原地区的耕地面积比重为33.95%，并有部分坡耕地；砖红壤、赤红壤和水稻土是主要的耕地土壤类型。水稻种植面积最大，比例达34.79%；蔬菜和水果种植面积分别列第二、三位，比例分别达27.68%和17.52%。

该区光温充足，光合潜力大，物种资源丰富，植期长，一年四季都能进行农业生

产。存在的主要问题：一是地形起伏，制约农业发展。台地、山地和丘陵面积比重达87.16%，全区四周低平，中间高耸，以山地为主，耕地多分布在狭小的沿海平原及丘陵地区。二是局部土壤重金属污染严重。土壤重金属污染超标面积比例达到15.41%，如五指山地区的镉超标，海口、临高和洋浦一带的铬超标，东方、三亚、琼中周边的砷超标等。

(5) Ⅷ$_5$台湾岛区

台湾岛区土地面积约3.56万km^2，2015年人口约2 349.21万人，人口密度659.89人/km^2。该区是我国著名的产稻区。土地利用以林地为主，面积达2.44万km^2，占分区面积的68.83%；耕地面积次之，为0.65万km^2，比重为18.21%，人均耕地仅0.42亩。水田是主要的耕地类型，面积比重为90.90%，旱地面积比重仅为9.10%；耕地集中分布在平原地区，面积比重为80.47%，丘陵和山地地区的耕地面积比重分别为14.47%和5.01%；水稻土、红壤和赤红壤是主要的耕地土壤类型。粮食生产以稻米为主，经济作物以甘蔗为主，茶叶、热带水果、香茅等是传统出口产品。

该区属亚热带—热带的过渡区，夏季长且潮湿，冬季较短且温暖，降水丰沛、气候湿润，完成了由传统农业向现代农业的转变。存在的主要问题：一是地形限制明显。山地和丘陵占全岛面积的2/3，有限的平原地区主要分布在沿海周边，影响区域农业发展和耕地扩张。二是土壤酸性，质地黏重。丘陵、台地和山麓地带多分布红壤，由于降水多，土壤受淋溶作用强烈，土质黏重，盐基已基本淋失，肥力不高。三是农田污染、退化严重。该区土壤污染以铜、镍、锌、锰、砷等较为严重。养殖渔业的发展，大量抽取地下水，造成地层下陷、海水倒灌、土壤碱化等问题。

(6) Ⅷ$_6$粤桂沿海丘陵区

粤桂沿海丘陵区位于两广交界地带，行政区划包括广东的湛江、茂名、阳江和云浮及广西的贵港、梧州和玉林等地。土地面积约4.59万km^2，2015年人口约2 076.09万人，人口密度约452.31人/km^2。该区是我国重要的用材林区之一。土地利用以林地为主，面积达3.25万km^2，占分区面积的70.97%；耕地面积次之，为1.00万km^2，比重为21.66%。水田和旱地的面积比重分别为62.80%和37.20%；耕地主要分布在平原地区，面积比重达68.93%，丘陵和山地地貌的耕地面积比重分别为19.87%和11.20%；赤红壤、水稻土和红壤是主要的耕地土壤类型。农作物种植以水稻和水果为主，种植面积比例分别为36.02%和29.76%；蔬菜种植面积列第三位，比例为17.12%。

该区热量丰富，夏长冬短，降水充沛，台风频繁。存在的主要问题：一是地形起伏，限制农业生产。全区地形复杂崎岖，以山地丘陵为主，面积占四分之三，平原面积比重仅为13.71%，平地少，耕地资源分布受限。二是土壤贫瘠，生产力低。土壤分布以花岗岩发育形成的砖红壤和赤红壤为主，质地黏重，供肥性能较差，土地生产力较低。

(7) Ⅷ_7浙—闽丘陵山区

浙—闽丘陵山区位于浙江和福建西部。土地面积约12.96万km^2，2015年人口约2 296.85万人，人口密度约177.23人/km^2。该区是我国南方主要用材林和经济林区之一。土地利用以林地为主，面积达9.18万km^2，占分区面积的70.81%；耕地排第二位，面积为2.06万km^2，比重为15.9%。耕地类型以水田为主，面积比重达73.30%，旱地面积比重为26.70%；耕地在各地貌类型皆有分布，平原、丘陵和山地的面积比重分别为47.34%、21.77%和31.079%；主要耕地土壤类型包括红壤、水稻土和紫色土。水稻、蔬菜和水果是主要的种植作物，种植面积比例分别为36.79%、24.51%和15.91%。

该区四季分明，降水丰沛，地势由内陆山区向沿海地区倾斜。存在的主要问题：一是地形限制明显，可用土地资源极为有限。山地和丘陵面积比重分别90.98%和4.11%，平原和山间盆地狭小而分散，山间多盆地，如金衢盆地、新嵊盆地、建瓯盆地、三明盆地等，是耕地集中分布区。二是土壤侵蚀威胁农业生产。土壤水蚀面积比重达40.42%，另外，部分地区崩岗侵蚀剧烈，局部存在花岗岩和红黏土侵蚀劣地，使土层变薄、土地生产力下降。

(8) Ⅷ_8粤北桂北丘陵山区

粤北桂北丘陵山区位于南岭山区，行政区划包括广西北部和广东北部。土地面积约13.87万km^2，2015年人口约3 004.31万人，人口密度约216.60人/km^2。该区是我国重要的亚热带水果产区。土地利用以林地为主，面积达10.24万km^2，占分区面积的73.77%；耕地面积次之，为2.43万km^2，比重为17.53%。水田和旱地面积比重分别为66.80%和3.20%；耕地主要分布在平原地区，面积比重为79.38%，丘陵和山地的耕地面积比重分别为11.12%和9.50%；红壤、水稻土和赤红壤是主要的耕地土壤类型。水稻、蔬菜和水果是主要的农作物类型，种植面积分别为38.46%、22.25%和19.72%，其中，水果产量占全国总产量的5.24%。

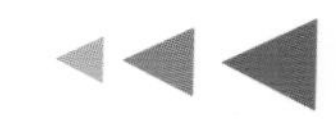

该区属亚热带季风气候，气温较高，光照充足，水资源丰富，多为丘陵分布，适宜热带水果种植发展。存在的主要问题：一是地形限制明显，坡耕地易发生水土流失。山地和丘陵面积比重分别为77.68%和11.37%，坡地土壤瘠薄等致使其水分调控能力差，容易发生干旱、洪涝、水土流失及石漠化。二是耕地灌溉不足。多为孤山独包，兴修大型水利工程困难，水利设施落后，农田有效灌溉率仅为43.30%。三是土壤酸性较低、肥力较低。以石灰（岩）土、燥红土、砖红壤、赤红壤为主，耕地土壤熟化度低，供肥性能较差。

9. Ⅸ西南区

西南区主要由四川盆地、秦巴山区、云贵高原、黔西岩溶区等几大地理单元构成，行政范围涉及8个省（直辖市），包括四川、重庆和贵州的全部，云南的大部，甘肃和陕西的南部，湖北的东部以及河南的西缘部分，土地面积约133.37万km^2，占国土面积的13.89%，2015年人口约2.20亿人，人口密度约164.94人/km^2。耕地面积为31.51万km^2，占全国耕地总面积的17.51%，四川盆地区和滇南丘陵山区是重要的农业生产区；耕地以旱地为主，面积比重为68.70%，另有31.30%的水田；耕地主要分布在丘陵和山地地区，面积比重分别为56.70%和33.40%，平原地区耕地比例仅为8.90%，另有1.00%的耕地位于25°以上坡耕地；紫色土、黄壤和水稻土是主要的耕地土壤类型。该区是中国自然条件和农业资源最为复杂多样的地区，主要作物包括玉米、水稻、蔬菜、油料和桑茶果，生猪商品生产优势明显，林特产品丰富多样。

该区年降水量1 000～1 500mm，水资源丰富，但受山区地貌和喀斯特岩溶发育的影响，开发利用难度大。以温暖、湿润的亚热带山地气候为主，光热资源垂直差异显著，平坝、盆地区的无霜期超过300d，≥10℃积温一般为4 000～6 000℃，农作物一年两熟或三熟，高原、山区夏温不足，形成了高低差异明显的“立体农业”。基本农业特点是林地多，耕地少，坡耕地多，大部分区域农业经营较粗放，生产力水平低。存在的主要问题：一是山高、坡陡、平坝少，地形限制非常显著。该区山脉纵横交错，山地面积比重高达80.95%，平原面积比重仅为4.07%，可供农业生产的土地资源少，导致农业只能向丘陵和山地开发。二是土壤障碍明显。以紫色土、黄壤、石灰（岩）土为主，主要障碍因素是土层薄、砾石含量多，保水保墒能力差。三是土地退化突出，地质灾害频发，威胁农业生产。土壤水蚀严重，面积比例为68.09%；同时，作为我国石漠化分布最主要区域，有12.56%的国土发生石漠化，生态系统脆弱，人类不合理的扰动极易引起石漠化，加剧耕地质量下降；地震、滑坡和泥石流等地质灾害频繁发生，是农业生产的潜在威胁。五是土壤重金属污染问题突出。土壤重金属污染面积比重为11.43%，以中低污染等级为主，主要分布在四川盆地区、黔桂岩溶丘陵山区和长江上游山区。

(1) IX_1 秦岭、伏牛、川东山区

秦岭、伏牛、川东山区包括空间相连的秦岭山、伏牛山和川东山区域。土地面积约29.03万km²，2015年人口约3 365.52万人，人口密度约115.93人/km²。该区特色农业丰富，是全国最大的天麻、杜仲产区和重要的蚕桑、食用菌生产基地。土地利用以林地为主，面积达14.64万km²，占分区面积的50.44%；耕地面积为5.98万km²，比重仅为20.64%。耕地类型以旱地为主，面积比重为72.20%，水田面积比重为27.80%；耕地主要分布在山地地区，面积比重为60.63%，并有接近5.00%的25°以上的坡耕地，分布于丘陵和平原地区的耕地面积比重分别为21.55%和13.15%；漂灰土、黄壤和紫色土是主要的耕地土壤类型。薯类、玉米和蔬菜是主要的种植作物，种植面积比例分别为21.36%、19.86%和15.4%，其中，薯类的产量占全国总产量的8.93%。

该区雨热同季，四季分明，生物资源丰富，山脉纵横交错。存在的主要问题：一是低温和地形限制明显。全区山地面积比重高达92.49%，农区主要分布在狭小盆地和低山丘陵区，包括以汉中盆地、安康盆地、商丹盆地等地及周边地区。二是耕地灌溉不足。水资源开发利用率仅18.58%，农田水利设施建设滞后，农田有效灌溉率为27.18%，缺水明显。三是土壤瘠薄，生产力低。高山区以棕色石灰土、红色石灰土、黄色石灰土等石灰（岩）土及性质恶劣的水稻土为主，土层薄，养分低。四是土壤水蚀严重，威胁农业生产。水土流失以水蚀为主，侵蚀面积占全区面积的79.21%，且强度等级以上侵蚀面积比重达到19.22%，加剧了土壤及其养分流失，降低了土地生产力，部分地区甚至出现弃耕现象。

(2) IX_2 四川盆地区

四川盆地区包括四川省中东部和重庆市大部、南部延伸到云南和贵州，由青藏高原、大巴山、巫山、大娄山、云贵高原环绕而成。土地面积约18.10万km²，2015年人口约9 101.74万人，人口密度约502.86人/km²。该区是我国重要的粮、油、肉、果、渔产综合农业生产基地。土地利用以耕地为主，面积达11.81万km²，占分区面积的65.23%；水田和旱地的面积比例分别为39.60%和60.40%；耕地集中分布在丘陵地貌区，面积比重达到87.97%，平原和山地的耕地面积比重分别为8.37%和3.63%；

主要耕地土壤类型包括紫色土、水稻土和黄壤。农作物类型多样，水稻、蔬菜、油料、薯类、玉米和小麦的种植面积比重分别为23.19%、16.01%、13.25%、12.86%、12.72%和10.54%。薯类、水稻、油料、大豆、蔬菜和水果产量分别占全国总产量的15.21%、9.29%、9.27%、6.54%、6.49%和5.32%。

该区热量和降水充沛，地势相对平缓，农业开发历史悠久，精耕细作。存在的主要问题：一是人地矛盾突出，耕地资源日益减少。快速的城镇化和工业化进程，导致优质耕地被大量占用。二是土壤水蚀威胁农业生产。该区土壤侵蚀面积高达84.33%，虽以轻度等级为主，但是紫色土通透性好，土壤抗侵蚀力极弱，易发生水土流失。三是重金属污染严重。低、中、重度的土壤重金属污染等级面积比重分别达42.12%、19.73%和5.68%，主要分布在西部的绵阳、成都、雅安和南部的合川、宜宾。

（3）$Ⅸ_3$黔桂岩溶丘陵山区

黔桂岩溶丘陵山区位于贵州省中南部和广西壮族自治区中西部。土地面积约19.49万km^2，2015年人口约3 613.35万人，人口密度约185.40人/km^2。该区以烤烟、油菜、蔬菜、中药材等特色农业为主。土地利用以林地为主，面积达11.56万km^2，占分区面积的59.29%；耕地面积次之，为4.79万km^2，比重为24.58%。水田和旱地面积比重分别为32.50%和67.50%；耕地集中分布在山地地区，面积比重为93.00%，丘陵和平原地区的面积比例分别为4.12%和2.45%，并有少量大于25°的坡耕地；黄壤、石灰土和水稻土是主要的耕地土壤类型。农作物类型多样，蔬菜、薯类、小麦、水稻和油料是主要的种植作物，种植面积比例分别为19.88%、18.21%、17.05%、15.91%和13.16%。

该区热量丰富，降水充沛，生物资源丰富，立体农业显著。存在的主要问题：一是山高、坡陡、平坝少，耕地地块破碎。以喀斯特山地丘陵地貌为主，山地面积比重高达78.69%，几乎没有平原支撑，农田土块小，不利于大规模机械化生产。二是土地石漠化和水土流失严重制约农业生产。石漠化土地面积比例达32.12%，水土流失面积达66.99%，人类不合理的扰动极易引起石漠化和水土流失，导致土壤流失、耕地破坏。三是土壤重金属污染影响农业可持续发展。该区宽敞资源丰富，不合理地开采煤、磷和汞，造成土壤重金属污染，主要污染物为隔和汞，超过5.00%的土壤重金属超标。

（4）$Ⅸ_4$云南高原区

云南高原区主要包括云南省中部和东部。土地面积约10.90万km^2，2015年人口约2 104.61万人，人口密度约193.08人/km^2。该区是云南省的核心农业产区。土地利用以林地为主，面积达5.28万km^2，占分区面积的48.47%；耕地面积为2.39万km^2，比重为21.92%。耕地以旱地为主，面积比重为68.80%，水田面积比例为31.20%；山地和丘陵地貌是耕地的主要分布区，面积比例分别为47.32%和36.12%，并有3.00%左右的大于25°坡耕地，平原地区的耕地比重仅为13.55%；红壤、紫色土和水稻土是主要的耕地土壤类型。玉米、蔬菜和薯类是主要的农作物类型，种植面积比例分别为28.1%、22.6%和14.29%。

该区光热资源丰富，干湿季分明，雨热同季。存在的主要问题：一是地形限制明显。全区山地面积比重高达63.60%，限制耕地的开发和分布，可供农业生产的土地资源有限。二是土壤水蚀严重威胁农业生产。该区地形起伏，植被覆盖较低，易发生土壤侵蚀，水土流失面积比例高达79.62%，并有超过15.00%的土地发生石漠化，皆容易导致土壤土层变薄、蓄水能力减弱、生产力下降。

(5) IX_5滇南丘陵山区

滇南丘陵山区包括云南南部的德宏、保山、临沧、思茅、西双版纳、文山和红河等，与缅甸、越南等多个国家接壤。土地面积约16.46万km^2，2015年人口约1 542.28万人，人口密度约93.70人/km^2。该区是我国第二大的糖料基地和重要的热带作物基地。土地利用以林地为主，面积达10.10万km^2，占分区面积的61.33%；耕地面积为2.93万km^2，比重为17.85%。旱地和水田面积比重分别为68.80%和31.20%；耕地主要分布在山地地貌，面积比重高达78.98%，丘陵和平原地区的耕地面积比重皆仅为10%左右；赤红壤、红壤和水稻土是主要的耕地土壤类型。玉米、水稻和糖料的主要农作物类型，种植面积比例分别为29.54%、16.09%和13.35%，其中，糖料产量占全国总产量的13.05%。

该区属热带季风气候，气候温和，作物可全年生长，适宜种植热带作物，特色农产品丰富。存在的主要问题：一是山多、平地少，耕地资源短缺。地形复杂崎岖，海拔落差大，山地面积比重高达81.11%，可供农业生产的有效土地资源少。二是土壤水蚀严重威胁农业生产。土壤侵蚀面积比重为66.72%，以轻度侵蚀等级为主，容易导致水土资源和土地生产能力破坏和损失。三是土壤贫瘠、生产力低。砖红壤和红壤等土壤呈酸性，质地黏重，富铝化作用较强，盐基成分大量流失，供肥性能较差。

(6) IX_6长江上游山区

长江上游山区主要包括长江上游的金沙江段流域，位于四川、云南和贵州相接区域。

土地面积约12.86万km²，2015年人口约2 007.13万人，人口密度约156.08人/km²。该区是长江重要的水源涵养区和水土保持区。土地利用以林地为主，面积达6.81万km²，占分区面积的52.97%；耕地面积为3.11万km²，比重为21.96%。耕地主要是旱地，面积比重为82.40%，水田面积比重为17.60%；山地是耕地分布的主要地貌类型，面积比重为66.55%，丘陵和平原地区的耕地面积比重分别为21.28%和11.89%，有少量大于25°的坡耕地；黄壤、紫色土和漂灰土是主要的耕地土壤类型。薯类、玉米和蔬菜是主要的种植作物，面积比例分别为26.60%、25.48%和14.92%，其中，薯类产量占全国总产量的5.99%。

该区光、热资源丰富，雨量丰沛，河流众多。存在的主要问题：一是山多、山高、坡陡，低温和地形限制明显。该区山地面积比重高达92.92%，山脉纵横交错，供农业有效生产的土地资源短缺。二是土壤侵蚀和石漠化严重威胁农业生产。土壤水蚀面积比重高达85.42%，且约20%为强度等级，并有16.48%的土地发生石漠化。过度垦殖山地、坡耕地比重大，严重土地退化造成耕地质量退化、产量下降。

（7）IX_7甘孜—阿坝高原区

甘孜—阿坝高原区位于川西和滇北山区。土地面积约26.53万km²，2015年人口约262.84万人，人口密度约9.91人/km²。该区农业资源环境条件差，农业不发达。土地利用以草地为主，面积达14.43万km²，占分区面积的54.4%；耕地面积为0.50万km²，仅占1.89%。耕地类型基本为旱地，面积比重超过95%，水田面积比例为4.50%；分布于山地、丘陵和平原的耕地面积比例分别为33.83%、30.26%和21.86%，大于25°的坡耕地高达14.04%；褐土、棕壤和灰漠土是主要的耕地土壤类型。玉米、薯类和蔬菜是主要的作物类型，种植面积比例分别为25.23%、25.06%和16.35%。

该区气候寒冷，年均温度在7℃以下，土壤温度过低，地貌与气候是影响农业生产地域分异最基本的自然要素。存在的主要问题：一是地形和低温限制明显。山高、谷深、坡陡、岩石破碎，该区山地面积比重高达92.54%，低温冻害限制耕地开发和分布，供农业生产的有效土地资源短缺。二是滑坡、泥石流等地质灾害威胁农业生产。该区滑坡、泥石流广布，集中沿断裂带、河流和交通线分布，对农业生产威胁极大。

10. X青藏高原区

青藏高原区地处中国自西向东三级地貌台阶的最上一级台阶，南起喜马拉雅山脉，西部为帕米尔高原和喀喇昆仑山脉，东部以玉龙雪山、大雪山、夹金山、邛崃山及岷山的南麓或东麓为界，东及东北部与秦岭山脉西段和黄土高原相衔接，土地面积约196.59万km^2，占国土面积的20.48%，面积为十大分区中最大。2015年人口约908.21万人，人口密度仅4.62人/km^2，人口密度最低。该区地处严寒地区，降水稀少，气候极端干旱，形成了以高寒荒漠、草甸和草原为主的自然景观以及适应低温和低氧环境能力强、高产性能突出的高寒农牧业。耕地极少，仅为1.41万km^2，占全国的0.78%；旱地和水田面积比重分别85.50%和14.50%；耕地主要分布在平原和山地地区，面积比重为62.40%和28.20%；红壤、栗钙土和棕冷钙土是主要的耕地土壤类型。农作物类型多样，玉米、水稻和油料是主要的农作物类型，种植面积比例分别为29.09%、17.54%和15.02%。

该区大部分地带海拔在4 000m以上，属高寒荒漠类型，自然环境异常严酷，热量普遍不足，大部分地区年均温低于0℃，霜期长；≥10℃积温在东部、南部较高，可达1 000~2 000℃，南部海拔3 000m以下河谷可种植耐寒作物。该区处于大江河的上游，湖泊星罗棋布，水资源异常丰富，但水矿化度高，多不适宜人畜饮用。存在的主要问题：一是高寒条件严重制约农业生产。气温低成为制约该区农牧业的主导因素，大部分地区植被生长季短，土地生产力较低，宜农耕地资源少，生态系统抗干扰能力、恢复能力较差。二是土地荒漠化威胁农业生产。土地沙化分布范围广，强度以上土地沙化面积达到29.72%；草地退化加重，生物多样性呈下降趋势；土壤侵蚀类型多样，冻融侵蚀广泛分布，还有大面积风蚀分布在青藏高原东部高山峡谷交错区，高原中部至西北部，皆不利于农业生产。

(1) X_1柴达木盆地区

柴达木盆地区位于青海省西北部、青藏高原东北部。土地面积约32.59万km^2，2015年人口约75.85万人，人口密度约2.33人/km^2。该区农业类型为盆地绿洲农业。土地利用以未利用地为主，面积18.72万km^2，比重高达57.41%，以沙漠戈壁为主，柴达木盆地沙漠分布于该区；耕地面积为0.16万km^2，比重仅为0.55%，耕地皆为旱地，集中分布于东部和东南部绿洲的平原地带，仅有少量分布在丘陵地区；栗钙土、棕钙土和灰棕漠土是主要的耕地土壤类型。油料种植面积最大，比例达58.4%；小麦种植面积排第二位，比例为31.82%。

该区为高寒干旱小气候，降水稀少，蒸发强度大，水资源极端不足。存在的主要问题：一是风蚀沙化威胁农业生产。土地沙化面积比例达47.40%，且有26.09%面积为

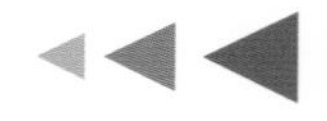

剧烈等级，风蚀吹蚀耕地表土、掩埋或吞没耕地，造成作物减产、甚至弃耕。二是土壤盐渍化制约耕地生产力。土地盐碱化面积达13.82%，主要分布于柴达木盆地的东部，随着地势的降低，地下水位上升，土壤盐分中氯化物含量升高，土壤的盐渍化程度逐渐加重，使农作物低产或不能生长。

（2）X_2三江源及周边地区

三江源及周边地区位于青海省南部，是长江、黄河和澜沧江—湄公河的源头汇水区。土地面积约37.02万km^2，2015年人口约118.82万人，人口密度约3.21人/km^2。该区是我国面积最大的自然保护区，是我国乃至亚洲的重要水源地，主要发展畜牧业，种植业不发达。土地利用以草地为主，面积达25.1万km^2，占分区面积的67.71%；耕地面积为0.19万km^2，仅占分区面积的0.45%。耕地类型皆为旱地，主要分布在平原地区，并有部分坡耕地；栗钙土、黑毡土和黑钙土是主要的耕地土壤类型。主要种植高寒耐旱品种作物，油料种植面积最大，比例达66.36%；小麦种植面积排第二位，比例为20.11%。

该区具有独特而典型的高寒生态系统，寒冷、干旱、多风，农业生态环境脆弱。存在的主要问题：一是土地退化严重制约农业生产。土地沙化、盐碱化和土壤侵蚀在该区皆有分布，尤其是强度以上土地沙化面积比例达16.16%，导致可利用土地资源少。二是农业防灾抗灾能力弱。冰雹、霜冻、干旱、洪涝、沙尘暴、雪灾等灾害次数有增无减，给农业发展造成损失。

（3）X_3藏北高原区

藏北高原区是青藏高原的核心，位于西藏中北部。土地面积约75.53万km^2，2015年人口约61.36万人，人口密度约0.81人/km^2。该区是西藏主要牧区。土地利用以草地为主，面积达到62.33万km^2，占分区面积的82.45%；耕地面积仅有0.01万km^2，皆为旱地；仅有少量的水果种植和生产。

该区辐射强、日照短，气候干燥、空气稀薄，冰川作用及冰冻风化作用强烈，资源限制多，人类活动罕至，农业自然资源条件严酷，无农林利用高价值。存在的主要问题：一是耕地生产能力低。高寒环境不利于植被生长，以高山草原土、高山草甸草原土、高山荒漠草原土、高山漠土为主，土层较薄、土壤贫瘠，严重制约农业生产。二是土地荒漠化严重。由于超载过牧，草地退化、土壤沙化持续发生，强度等级以上土地沙化面积比例达42.24%，不利于农业生产。

（4） X_4藏南一江两河区

藏南一江两河区指西藏自治区的雅鲁藏布江、拉萨河、年楚河的中部流域地区，位于青藏高原的南部。土地面积约31.75万km^2，2015年人口约171.75万人，人口密度约5.41人/km^2。该区是西藏的主要农业生产区域。土地利用以草地为主，面积达16.1万km^2，占分区面积的50.72%；耕地面积为0.35万km^2，比重为1.09%。旱地是耕地的主要类型，面积比重达95%，仅有少量水田；耕地主要分布在平原地区，并有部分坡耕地；棕冷钙土、冷钙土和黑毡土是主要的耕地土壤类型。水果和蔬菜是主要的作物类型，种植面积比例分别为49.21%和31.05%。

该区已耕垦的主要为河谷地区，地势平缓、热量条件较优，有灌溉水源，但农业基础设施差，农业生态环境脆弱。存在的主要问题：一是土地荒漠化扩大。水土流失日趋加剧，沙漠化面积日趋扩大，草地退化加重，皆导致耕地质量下降。二是土壤污染加剧。工业生产废气、废物、废渣等有害物质的排放没有经过处理，农作物使用农药、化肥逐年增加，棚膜使用量逐年加大，造成土壤资源恶化。三是土壤生产力低。土壤发育具有“幼年性”，土层薄，土壤质地偏砂，水分极易下渗漏失，土壤肥力不高。

（5） X_5横断山区

横断山区位于四川、云南两省的西部和西藏的东部，大雪山、云岭、怒山等南北向的山脉平行排列，横断东西交通。土地面积约19.65万km^2，2015年人口约480.43万人，人口密度约24.45人/km^2。该区是我国重要的林区，农业不发达。土地利用以草地和林地为主，耕地面积为0.71万km^2，比重仅有3.58%。水田和旱地的面积比重分别为26.50%和73.50%；耕地主要分布在山地地区，面积比例为75.79%，并有超过11%的大于25°的坡耕地；红壤、水稻土和紫色土是主要的耕地土壤类型。农作物种植以玉米和水稻为主，种植面积比例分别为32.83%和19.84%。

该区垂直分带明显，从低海拔的热带气候到高山的亚寒带气候，水热条件垂直变化显著。存在的主要问题：一是地形起伏，陡坡地面积广。93.56%的面积为山地，全区有一半的土地坡度超过25°，强烈限制了宜农土地数量及生产潜力。二是高海拔地区低温限制，无农林利用高价值。该区高寒土地广泛分布，寒冬风化强烈，只生长稀疏荒漠植物与地衣之类等低等植物，仅有可供放牧的亚高山灌丛、草甸或沼泽。三是土壤侵蚀制约农业生产。以土壤水蚀为主，面积比例达53.18%，风力侵蚀、冻融侵蚀也广泛分布，皆是农业生产的重大威胁。

三、农业重点区域发展方向及建议措施

根据分区耕地利用情况和县农产品生产数据（2014年），针对25个承担着主要农产品供给保障功能的农业重点区域进行分析（图5-2）。25个农业重点区域的耕地总面积为116.25万km^2，占全国的64.60%，农产品产量占全国总产量比重分别为：水稻81.81%，小麦91.42%，玉米78.07%，大豆61.23%，薯类56.63%，油料81.29%，棉花96.27%，糖料94.07%，蔬菜77.93%，水果66.33%。具体各农作物主产区如表5-2所示，其中，根据全国和分区人均占有量比较，具有全国性地位的农业重点区域包括：三江平原区（粮、豆）、松嫩平原区（粮、豆）、西辽河流域区（粮）、华北平原区（粮、棉）、黄淮平原区（粮、油、棉）、天山北坡区（棉）、塔里木河流域区（棉）、江淮地区（粮）、长江中游平原区（粮、油）、豫皖鄂平原丘陵区（油）、赣江流域中上游区（粮）、湘江流域中上游区（粮）、粤西桂南丘陵区（糖）、滇南丘陵山区（糖）。

表5-2　中国农业重点区域

农作物	分区
水稻	长江中游平原区、江淮地区、湘江流域中上游区、四川盆地区、赣江流域中上游区、黄淮平原区、粤西桂南丘陵区、三江平原
小麦	黄淮平原区、华北平原区、山东丘陵区、江淮地区、豫皖鄂平原丘陵区
玉米	松嫩平原区、华北平原区、西辽河流域区、黄淮平原区、呼包河套区
大豆	黄淮平原区、松嫩平原区、四川盆地区、三江平原区、江淮地区
薯类	四川盆地区、西辽河流域区、浙闽粤沿海平原丘陵区、黄淮平原区
油料	黄淮平原区、长江中游平原区、四川盆地区、山东丘陵区、豫皖鄂平原丘陵区、华北平原区、江淮地区
棉花	塔里木河流域区、华北平原区、天山北坡区、长江中游平原区、黄淮平原区、江淮地区
糖料	粤西桂南丘陵区、滇南丘陵山区
蔬菜	黄淮平原区、华北平原区、四川盆地区、山东丘陵区、江淮地区
水果	山东丘陵区、汾渭谷地区、华北平原区、粤西桂南丘陵区、四川盆地区

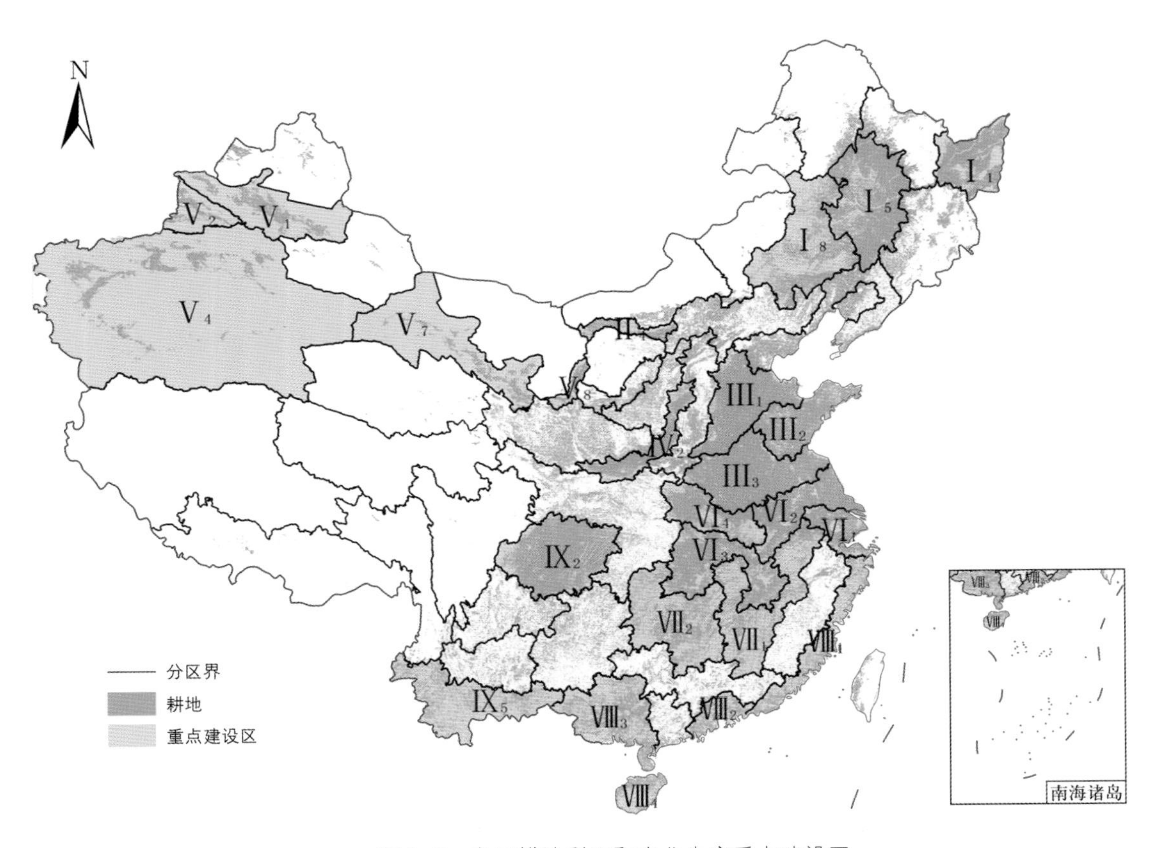

图 5-2　中国耕地利用和农业生产重点建设区

I_1三江平原区主要方向是重点发展优质水稻和高油大豆，适当减少玉米种植面积，建设我国重点商品粮基地，创立以农业为主、工业配套的模式。主要措施：一是开展以治水、改土为中心的基本农田建设，综合治理洪、涝、旱灾害，提高土地生产力。二是治理风蚀、水蚀和局部沙化，完善现有防护林体系，加大退耕还林、还草和还沼力度。三是以防涝为主，涝旱兼治，平衡山区与平原区之间的水资源需求，加强三大江沿岸引提水工程的建设。

I_5松嫩平原区主要方向是重点建设我国玉米带基地，巩固松嫩平原商品粮基地的地位，发展农牧结合、草田轮作的生态农业。主要措施：一是实施黑土肥力保持工程，改顺坡种植为斜坡、等高种植，开展针对漫川漫岗型坡耕地水土流失的小流域综合治理，实施草田轮作、农牧结合提高土壤肥力。二是实施土地“三化”（盐碱化、沙漠化、草原退化）综合治理，注重生物措施与工程措施相结合，自然修复与人工治理相结合。三是改进耕作制度和技术，改长坡种植为短坡种植，同时，推广深松免耕、少耕和地面覆盖技术，建立抗旱保墒的耕作制度。

I_8西辽河流域区主要方向是巩固粮食生产基地地位，以农载牧，以畜定草，推进农牧业协调发展。主要措施：一是推广节水农业技术，提高农业用水效率，推广深松纳雨、顶凌保水、秸秆覆盖等旱作农业技术，提高土壤蓄水保墒能力。二是利用现有耕地，积极发展人工种草和草田轮作，发展粮食—饲料—经济作物的三元结构种植模式，培肥土壤、生产优质草料，形成稳定的农业系统。

II_4呼包河套区主要方向是巩固粮食生产地位，发展水资源高效利用与水盐综合调控的农业模式。主要措施：一是综合防治土壤盐渍化，建立农田林网，改善农田生态环境，实现以井排为主，井渠双灌，井沟结合，降低地下水位。二是发展节水型农业，从以需定供转变为以供定需，抓好田间节水工程措施建设；调整优化品种结构，调减耗水量大的作物，扩种耗水量小的作物。

III_1华北平原区主要方向是发展水肥一体化等高效节水灌溉，适当减少小麦生产，建设农牧结合的可持续发展农业。主要措施：一是推广喷灌、微灌和管道输水灌溉等高效节水技术，实行灌溉定额制度；逐步推广调亏灌溉模式，降低灌溉定额。二是推广“三三制”种植结构，农牧结合，增加以苜蓿、玉米青贮为主的饲料比重，发展草食牲畜养殖业。三是严控地下水超采，地下水超采区退耕冬小麦，发展专用强筋小麦，冬小麦布局适当南移。

III_2山东丘陵区主要方向是构建“两水”（水产和水果）生产基地，合理推进粮经饲统筹和农牧渔结合等农业结构调整。主要措施：一是深度开发、发挥水产和水果的生产、加工优势。加快“海上粮仓”建设，发展水产健康养殖，修复海洋生态；强化质量品牌引领，推广果树现代集约栽培模式及配套技术，提高水果产业质量。二是推进农业结构调整，稳定冬小麦面积，巩固蔬菜和油料的生产地位，扩大饲草作物和特色经济林果的种植面积。

III_3黄淮平原区主要方向是巩固并提高我国小麦生产基地地位，发展稻—麦轮作和以夏大豆为主的农业生产体系。主要措施：一是大力推广喷灌、微灌、滴灌为主的高效节水技术，推广农艺节水措施，减少水分的无效消耗。二是优化调整种植业结构，巩固并进一步建设淮北平原小麦生产基地，发展稻—麦轮作和夏大豆。三是防治土壤重金属污染，重点区域包括金属矿区、工业区、污水灌溉区和大中城市周边。

IV_2汾渭谷地区主要方向是巩固和提高粮棉油生产，推广旱作农业技术和保护性耕作技术，发展农林混作生态农业。主要措施：一是结合节水灌溉工程和河道生态治理工程，强化节水灌溉基础设施建设，完善农田灌排体系，防治土壤盐渍化。二是推广农林复合经营，发展林粮、林果、林草、林药等复合农业，建设具有特色的经济林基地和人工饲（草）料基地。

V_1天山北坡区主要方向是统筹调优种养结构，打造天山北坡现代农业示范区。主要措施：一是由以棉为主转向实行草、棉、粮、饲的综合性改造，实行草田轮作；发展以苜蓿为主导的牧草种植，种植面积比例占农作物播面的20%～30%。二是以保护旱地环境和提高种植业生产能力为主攻方向，发展旱作节水农业和设施农业，培育特色农牧产业。

V_2伊犁河流域区主要方向是建立绿色经济复合型农业，重点推动畜牧业可持续发展。主要措施：一是构建粮经饲统筹、种养加一体的农业结构，加快畜牧业内部畜禽结构调整。既为发展畜牧业提供优质饲料，又提高土壤肥力，控制土壤次生盐渍化、沙化。二是加强草原保护与建设，分类实施禁牧、休牧、轮牧及草畜平衡措施，利用河谷滩地、湖盆洼地、沙丘间低地建立人工草地与饲料地，实行半放牧、半舍饲。

V_4塔里木河流域区主要方向是建设高效集约的现代植棉业基地，加快棉花规模化生产、集约化经营。主要措施：一是优化主产棉区种植结构、保持棉花稳定适度的生产规模，构建棉花规模化、标准化、机械化、信息化的现代生产与管理体系，积极推行棉、粮、草、果生态型种植结构。二是推广高效节水、膜下滴灌水肥一体化技术，合理使用抗旱剂、保水剂等，以发展节水农业为中心开展绿洲生态农业建设。三是退耕还水。对于水源保障差，土壤沙化、盐渍化严重地区，坚决实施退耕还水工程，降低农业用水比重。

V_7河西走廊区主要方向是建立河西商品粮基地，农牧业并举，以农为主，发展节水特色农业。主要措施：一是优化农业结构，适当压缩夏粮，扩大秋粮作物的比例，实行小麦、玉米和牧草轮作。二是厉行节水，以水定地，流域、渠系科学用水，按照作物生长季节定时、定量供水。三是综合防治荒漠化，保护和建设农田林网，在牧区扩大人工草场建设，种植耐盐作物，进行牧草轮作、水旱轮作，改造盐碱地，防止荒漠化。

V_8银川平原区主要方向是调整绿洲农业产业结构，推行乔、灌、草配套的灌区内部草田轮作制度。主要措施：一是控制并减少黄河水用水，加强地表水与地下水联合调配，改进田间灌溉技术，合理开发地下水资源，高效节约灌溉用水。二是通过深翻土地

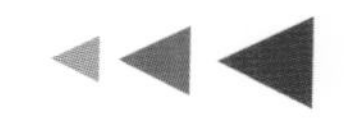

措施，既减缓水分蒸发、降低土壤积盐强度，又增加土壤入渗能力，减少潜水的无效蒸发，控制地下水水位，综合防治土壤盐渍化和土地沙化。

$Ⅵ_1$长三角地区主要方向是稳定粮食生产基地，建设都市农业、资本和技术密集型现代农业。主要措施：一是严格保护耕地，严控建设用地占用优质、成片的耕地，强化城乡土地整理，防止农业过度衰退。二是科技兴粮，配套和完善各项基础设施，实行集约规模化经营和智能机械化操作，提高劳动生产率，增强耕地持续增产的能力。

$Ⅵ_2$江淮地区主要方向是以粮、棉、油为重点，巩固和提高稻米为主的粮食生产基地地位，促进农村商品经济全面发展。主要措施：一是发展以糯、粳米为主的优质稻，增加稻麦两熟耕作制面积，积极发展油菜，适度发展棉花。二是因地制宜，加强水土治理和山丘、水面、滩涂资源开发，根据不同土壤障碍类型采取不同措施改土培肥，提高农田生产力，以加强农田水利基本建设为核心，建设高标准农田。

$Ⅵ_3$长江中游平原区主要方向是稳定双季稻面积，切实保护优质耕地，巩固商品粮生产基地地位。主要措施：一是积极保护耕地，建设永久基本农田保护区，稳定和提高以洞庭湖平原与鄱阳湖平原为主的双季稻种植面积，鼓励农户利用冬闲田种植油菜、绿肥。二是推进现代农业发展，提高耕地资源利用效率，转变农业生产方式，推广农业机械化、自动化、智能化和标准化生产。三是调整产业结构，严控矿产开发污染农田和污水灌溉，实施土壤污染的修复与防治。

$Ⅵ_4$豫皖鄂平原丘陵区主要方向是巩固粮油生产地位，发展特色农产品产业，建设复合立体农业模式。主要措施：一是发展低山丘陵农业机械化发展，因地制宜，充分利用山体的光热水肥资源，推进农林果综合发展，综合开发立体型生态农业。二是因地制宜修筑梯田，通过挖填客土、挖高填低增加土体厚度，综合进行山顶林草防治、山腰经济林带整治、山脚坡改梯治理的水土保持，通过植被恢复、外源养分输入、水土保持等措施改良土壤理化性状，提升土壤肥力。

$Ⅶ_1$赣江流域中上游区和$Ⅶ_2$湘江流域中上游区主要方向是稳定双季稻面积，巩固并提高其在我国水稻生产基地中的地位，推进丘陵山地农林牧综合发展。主要措施：一是加强沟谷盆地基础农田建设，严控过度施肥，控制农业面源污染，推广保护性耕作，配合施用碱性土壤改良剂，治理酸化土壤，缓解区域土壤酸化。二是严格保护耕地，提高用地效率，严控建设用地占用耕地，防止正在快速城市化的长株潭区过度占用耕地。三是控制矿区污染，加强矿区及其周边的土壤重金属污染修复。四是继续加大水土保持治理力度，推进林分改造，合理配置水土保持措施和农业开发的梯层结构，发展南方低山丘陵区水土保持型生态经济产业。五是丘陵山区推进农林果综合发展和农业机械化发展，发展立体型生态农业，实现农业综合开发。

$Ⅷ_1$浙闽粤沿海平原丘陵区主要方向是建设技术和劳动密集型的外向农业生产基地。主要措施：一是发挥沿海区位和技术优势，推进农业生产全程标准化，强化水土治理和环境监测，注重优质品种培育，增强花卉、蔬菜、盆栽和水果等特色产业优势和国际竞争力。二是加强农业国际合作，完善农业生产、经营、流通等服务体系，拓展外向型农业广度和深度，推进农业智能化、高效化和精准化，大力发展现代农业。

$Ⅷ_2$珠三角地区主要方向是建设都市农业和立体生态农业，打造现代农业示范基地。主要措施：一是稳定现有耕地面积，提高农业水土资源利用效率，改造传统基塘农业模式，发展现代都市农业和立体生态农业。二是调整产业结构，实施土壤污染的修复与防治，加大持久性有机物、危险废物、危险化学品污染防治力度，开展场地、土壤、水体等污染治理与修复试点示范。

$Ⅷ_3$粤西桂南丘陵区主要方向是稳定甘蔗优势产区，大力发展制糖工业，实现制糖业循环利用。主要措施：一是因地制宜，大力推广和发展机械化，形成以大型、高效、自动化企业为龙头的产业化经营模式，提高产业的整体效益。二是加强水利建设，建设高标准节水抗旱基本蔗田，推广水肥一体化的滴灌技术模式，提高水肥利用率。三是加强蔗糖生产规模化，加大蔗糖产业各项节本增效技术的研发与推广力度，提高综合利用水平，推荐“公司＋农户”或扶植种蔗专业大户方式，扩大蔗糖的种植规模。

$Ⅷ_4$海南岛区主要方向是巩固和发展特色高效的热带农业基地。主要措施：一是充分发挥热带农业资源，发展特色高效热带作物和水果，推动橡胶等特色农产品的规模化和产业化发展。二是建设综合防灾减灾工程，加强和完善沿海防护林体系，保护、修葺和建设水利工程设施，提高对台风、洪涝和干旱等灾害的抵御能力。

$Ⅸ_2$四川盆地区主要方向是建设以生猪、油菜、水稻、柑橘、蚕桑为主的全国性农业综合商品基地。主要措施：一是保护耕地，采取严厉措施保护成都平原耕地，严禁城镇建设用地尤其是中小城市的粗放型扩展；兴水改土，建设稳产高产基本农田，积极发展粮食生产。二是启动农田土壤重金属污染治理工程，停止污染严重区的农产品生产活动，退耕或休耕治理，建设种养结合型的生态农业循环模式。

$Ⅸ_5$滇南丘陵山区主要方向是建设高原粮仓，巩固蔗糖生产基地地位，发展山地牧

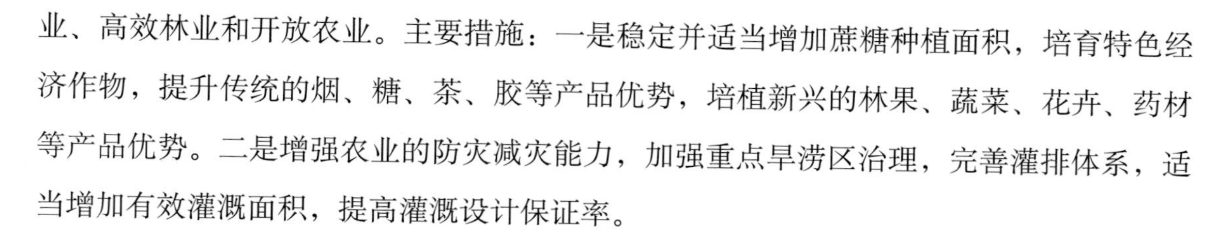

业、高效林业和开放农业。主要措施：一是稳定并适当增加蔗糖种植面积，培育特色经济作物，提升传统的烟、糖、茶、胶等产品优势，培植新兴的林果、蔬菜、花卉、药材等产品优势。二是增强农业的防灾减灾能力，加强重点旱涝区治理，完善灌排体系，适当增加有效灌溉面积，提高灌溉设计保证率。

（执笔人：许尔琪）

参考文献

蔡美芳，李开明，谢丹平，等，2014．我国耕地土壤重金属污染现状与防治对策研究［J］．环境科学与技术，37（120）：223－230．

曹云者，柳晓娟，谢云峰，等，2012．我国主要地区表层土壤中多环芳烃组成及含量特征分析［J］．环境科学学报，32（1）：197－203．

曹志洪，2008．中国土壤质量［M］．北京：科学出版社．

陈昌玲，张全景，吕晓，等，2016．江苏省耕地占补过程的时空特征及驱动机理［J］．经济地理，36（4）：155－163．

陈能场，2016．“新农补”有助解救土壤危局［J］．植物医生（12）：11－12．

陈能场，郑煜基，2017．从“镉米第一案”看土壤污染鉴定［J］．中国经济报告（2）：54－56．

陈怡平，骆世明，李凤民，等，2015．对延安黄土沟壑区农业可持续发展的建议［J］．地球环境学报，6（5）：265－269．

陈印军，王晋臣，肖碧林，等，2011．我国耕地质量变化态势分析［J］．中国农业资源与区划，32（2）：1－5．

陈印军，易小燕，方琳娜，等，2016．中国耕地资源与粮食增产潜力分析［J］．中国农业科学，49（6）：1117－1131．

程旭，杨海娟，2017．城市扩张对大城市周边基本农田的影响：以西安市长安区为例［J］．中国农业资源与区划，38（8）：25－34．

丛源，陈岳龙，杨忠芳，等，2008．北京平原区元素的大气干湿沉降通量［J］．地质通报（2）：257－264．

崔德杰，张玉龙，2004．土壤重金属污染现状与修复技术研究进展［J］．土壤通报（3）：366－370．

董合干，刘彤，李勇冠，等，2013．新疆棉田地膜残留对棉花产量及土壤理化性质的影响［J］．农业工程学报，29（8）：91－99．

董合干，王栋，王迎涛，等，2013．新疆石河子地区棉田地膜残留的时空分布特征［J］．干旱区资源与环境，27（9）：182－186．

樊霆，叶文玲，陈海燕，等，2013．农田土壤重金属污染状况及修复技术研究［J］．生态环境学报，22（10）：1727－1736．

谷庆宝，张倩，卢军，等，2018．我国土壤污染防治的重点与难点［J］．环境保护（1）：14－18．

郭修平，郭庆海，2016．“土十条”与土壤污染治理［J］．生态经济（2）：10–13．

洪舒蔓，郝晋珉，周宁，等，2014．黄淮海平原耕地变化及对粮食生产格局变化的影响［J］．农业工程学报，30（21）：268–277．

黄晶，高菊生，张杨珠，等，2013．长期不同施肥下水稻产量及土壤有机质和氮素养分的变化特征［J］．应用生态学报（7）：1889–1894．

黄迎春，杨伯钢，张飞舟，等，2016．基于同类城市建设目标的北京市土地利用结构优化［J］．农业工程学报，32（4）：217–227．

贾赵恒，罗瑶，沈友刚，等，2017．大冶龙角山矿区农田土壤重金属形态分布及其来源［J］．农业环境科学学报，36（2）：264–271．

蒋彬，张慧萍，2002．水稻精米中铅镉砷含量基因型差异的研究［J］．云南师范大学学报：自然科学版（3）：37–40．

金继运，2005．我国肥料资源利用中存在的问题及对策建议［J］．中国农技推广（11）：4–6．

李炳元，李钜章，1994．中国1∶400万地貌图［M］．北京：科学出版社．

李春芳，王菲，曹文涛，等，2017．龙口市污水灌溉区农田重金属来源、空间分布及污染评价［J］．环境科学，38（3）：18–27．

李佳，林斯杰，汪安宁，等，2017．德国农用地土壤污染触发值和行动值制定经验及启示［J］．环境保护（23）：74–76．

李江遐，张军，黄伏森，等，2016．铜矿区土壤重金属污染与耐性植物累积特征［J］．土壤通报，47（3）：719–724．

李明洋，马少辉，2014．我国残膜回收机研究现状及建议［J］．农机化研究，36（6）：242–245．

李山泉，杨金玲，阮心玲，等，2014．南京市大气沉降中重金属特征及对土壤环境的影响［J］．中国环境科学，34（1）：22–29．

李升发，李秀彬，2016．耕地撂荒研究进展与展望［J］．地理学报，71（3）：370–389．

李升发，李秀彬，辛良杰，等，2017．中国山区耕地撂荒程度及空间分布：基于全国山区抽样调查结果［J］．资源科学，39（10）：1801–1811．

李仙岳，史海滨，吕烨，等，2013．土壤中不同残膜量对滴灌入渗的影响及不确定性分析［J］．农业工程学报，29（8）：84–90．

李秀彬，2009．对加速城镇化时期土地利用变化核心学术问题的认识［J］．中国人口·资源与环境，19（5）：1–5．

李忠芳，徐明岗，张会民，等，2009．长期施肥下中国主要粮食作物产量的变化［J］．中国农业科学，42（7）：2407–2414．

廖林仙，邵孝侯，钟华，2006．污水灌溉对土壤环境的影响及其防治对策［J］．江苏农业科学（3）：

188－190.

林诚，王飞，李清华，等，2009. 不同施肥制度对黄泥田土壤酶活性及养分的影响［J］. 中国土壤与肥料（6）：24－27.

林坚，杨有强，苗春蕾，2008. 中国城镇存量用地资源空间分异特征探析［J］. 中国土地科学，22（1）：10－15.

林年丰，汤洁，2005. 松嫩平原环境演变与土地盐碱化、荒漠化的成因分析［J］. 第四纪研究，25（4）：474－483.

林忠辉，陈同斌，2000. 磷肥杂质对土壤生态环境的影响［J］. 生态农业研究（2）：49－52.

刘爱琳，匡文慧，张弛，2017. 1990—2015年中国工矿用地扩张及其对粮食安全的潜在影响［J］. 地理科学进展，36（5）：618－625.

刘福荣，李林燕，2008. 宁夏银北灌区耕地土壤盐渍化现状及治理对策［J］. 宁夏农林科技（2）：63－64.

刘纪远，匡文慧，张增祥，等，2014. 20世纪80年代末以来中国土地利用变化的基本特征与空间格局［J］. 地理学报，69（1）：3－14.

刘建国，李彦斌，张伟，等，2010. 绿洲棉田长期连作下残膜分布及对棉花生长的影响［J］. 农业环境科学学报，29（2）：246－250.

刘敏，黄占斌，杨玉姣，2008. 可生物降解地膜的研究进展与发展趋势［J］. 中国农学通报，24（9）：439－443.

刘胜洪，张雅君，杨妙贤，等，2014. 稀土尾矿区土壤重金属污染与优势植物累积特征［J］. 生态环境学报，23（6）：42－45.

刘晓燕，金继运，任天志，等，2010. 中国有机肥料养分资源潜力和环境风险分析［J］. 应用生态学报，21（8）：2092－2098.

刘彦随，严镔，王艳飞，2016. 新时期中国城乡发展的主要问题与转型对策［J］. 经济地理，36（7）：1－8.

刘燕，董耀，2014. 后退耕时代农户退耕还林意愿影响因素［J］. 经济地理，34（2）：131－138.

刘玉明，赵洪兰，刘青青，2016. 中国化肥投入区域差异及环境风险分析研究［J］. 化工管理（36）：174.

骆永明，滕应，2018. 我国土壤污染的区域差异与分区治理修复策略［J］. 中国科学院院刊，33（2）：145－152.

满卫东，王宗明，刘明月，等，2016. 1990—2013年东北地区耕地时空变化遥感分析［J］. 农业工程学报，32（7）：1－10.

裴亮，2010. 污水灌溉对土壤质量的影响研究进展［J］. 水利水电技术，41（10）：61－64.

彭本利，李爱年，2018. 我国土壤污染防治立法回溯及前瞻［J］. 环境保护（1）：19－25.
亓沛沛，冉圣宏，张凯，2012. 不同灌溉方式和作物类型对西北干旱区耕地土壤盐渍化的影响［J］. 农业环境科学学报（4）：780－785.
邱建军，王立刚，李虎，等，2009. 农田土壤有机碳含量对作物产量影响的模拟研究［J］. 中国农业科学，42（1）：154－161.
邱孟龙，李芳柏，王琦，等，2015. 工业发达城市区域耕地土壤重金属时空变异与来源变化［J］. 农业工程学报，31（2）：298－305.
全国农业区划委员会中国综合农业区划编写组，1981. 中国综合农业区划［M］. 北京：农业出版社.
石全红，王宏，陈阜，等，2010. 中国中低产田时空分布特征及增产潜力分析［J］. 中国农学通报，26（19）：369－373.
石玉林，2006. 中国土地资源图集［M］. 北京：中国大地出版社.
孙娜，商和平，茹淑华，等，2017. 连续施用污泥堆肥土壤剖面中重金属积累迁移特征及对小麦吸收重金属的影响［J］. 环境科学，38（2）：815－824.
谭永忠，韩春丽，吴次芳，等，2013. 国外剥离表土种植利用模式及对中国的启示［J］. 农业工程学报（23）：194－201.
汤奇峰，杨忠芳，张本仁，等，2007. 成都经济区农业生态系统土壤镉通量研究［J］. 地质通报（7）：869－877.
唐仕华，刘银环，康发云，等，2016. 永靖县废旧地膜残留对农作物产量影响的试验初报［J］. 农业科技与信息（28）：98.
田长彦，买文选，赵振勇，2016. 新疆干旱区盐碱地生态治理关键技术研究［J］. 生态学报，36（22）：7064－7068.
汪军，杨杉，陈刚才，等，2016. 我国设施农业农膜使用的环境问题刍议［J］. 土壤，48（5）：863－867.
王昌全，代天飞，李冰，等，2007. 稻麦轮作下水稻土重金属形态特征及其生物有效性［J］. 生态学报（3）：889－897.
王介勇，刘彦随，2009. 1990年至2005年中国粮食产量重心演进格局及其驱动机制［J］. 资源科学，31（7）：1188－1194.
王频，1998. 残膜污染治理的对策和措施［J］. 农业工程学报，14（3）：185－188.
王琼瑶，李森，周玲，等，2016. 猪粪—秸秆还田对土壤、作物重金属铜锌积累及环境容量影响研究［J］. 农业环境科学学报，35（9）：64－72.
王绍明，2000. 不同施肥方式下紫色水稻土土壤肥力变化规律研究［J］. 生态与农村环境学报，16

(3)：23-26.

王卫，李秀彬，2002. 中国耕地有机质含量变化对土地生产力影响的定量研究［J］. 地理科学，22(1)：24-28.

王序俭，周亚立，曹肆林，等，2010. 新疆兵团棉田地膜残留现状、危害及防治对策研究［C］//国际农业工程大会资料选. 上海：国际农业工程大会工作部.

王璇，于宏旭，熊惠磊，等，2017. 南方某典型矿冶污染场地健康风险评价及修复建议［J］. 环境工程学报，11(6)：3823-3831.

王志超，李仙岳，史海滨，等，2015. 农膜残留对土壤水动力参数及土壤结构的影响［J］. 农业机械学报，46(5)：101-106.

尉海东，伦志磊，郭峰，2008. 残留农膜对土壤性状的影响［J］. 生态环境，17(5)：53-56.

文星，李明德，涂先德，等，2013. 湖南省耕地土壤的酸化问题及其改良对策［J］. 湖南农业科学(1)：56-60.

夏庆兵，2016. 邻苯二甲酸（2-乙基己）酯对土壤微生物群落多样性的影响［D］. 泰安：山东农业大学.

肖军，赵景波，2005. 农田塑料地膜污染及防治［J］. 四川环境，24(1)：102-105.

肖明，杨文君，张泽，等，2014. 柴达木农田土壤Cd的积累影响及风险预测［J］. 植物营养与肥料学报，20(5)：1271-1279.

辛术贞，李花粉，苏德纯，2011. 我国污灌污水中重金属含量特征及年代变化规律［J］. 农业环境科学学报，30(11)：2271-2278.

徐建明，孟俊，刘杏梅，等，2018. 我国农田土壤重金属污染防治与粮食安全保障［J］. 中国科学院院刊(2)：153-159.

徐明岗，卢昌艾，张文菊，等，2016. 我国耕地质量状况与提升对策［J］. 中国农业资源与区划，37(7)：8-14.

徐明岗，张文菊，黄绍敏，等，2015. 中国土壤肥力演变［M］. 2版. 北京：中国农业科学技术出版社.

许艳，濮励杰，张润森，等，2017. 江苏沿海滩涂围垦耕地质量演变趋势分析［J］. 地理学报，72(11)：2032-2046.

闫慧敏，刘纪远，黄河清，等，2012. 城市化和退耕还林草对中国耕地生产力的影响［J］. 地理学报，67(5)：579-588.

严昌荣，刘恩科，舒帆，等，2014. 我国地膜覆盖和残留污染特点与防控技术［J］. 农业资源与环境学报(2)：95-102.

杨艳丽，史学正，于东升，等，2008. 区域尺度土壤养分空间变异及其影响因素研究［J］. 地理科

学，28（6）：788-792.

佚名，2016．土壤污染防治行动计划［J］．中国环保产业（6）：5-11.

于立红，王鹏，于立河，等，2013．地膜中重金属对土壤—大豆系统污染的试验研究［J］．水土保持通报，33（3）：86-90.

郧文聚，张蕾娜，陈桂珅，等，2008．基于农用地分等的耕地占补平衡项目评价研究［J］．中国土地科学，22（10）：60-65.

曾希柏，苏世鸣，吴翠霞，等，2014．农田土壤中砷的来源及调控研究与展望［J］．中国农业科技导报（2）：85-91.

张保民，王兰芝，1996．残膜污染土壤对小麦生长发育的影响［J］．河南农业科学（2）：9-10.

张灿强，王莉，华春林，等，2016．中国主要粮食生产的化肥削减潜力及其碳减排效应［J］．资源科学（4）：790-797.

张春燕，2018．德国如何制定农用地土壤污染管控标准？［N］．中国环境报，02-23.

张凤荣，2001．土壤地理学［M］．北京：中国农业出版社.

张凤荣，2008．基本农田保护压力巨大［J］．中国国土资源报（7）.

张凤荣，2014．最严格的耕保制度不能松［J］．国土资源（2）：10-12.

张凤荣，周建，徐艳，2015．黑土区剥离建设占用耕地表土用于农村居民点复垦的技术经济分析［J］．土壤通报（5）：1034-1039.

张丽敏，2016．我国须全力推进土壤污染防治立法［N］．中国经济时报，11-11.

张维理，冀宏杰，H Kolbe，等，2004．中国农业面源污染形势估计及控制对策Ⅱ：欧美国家农业面源污染状况及控制［J］．中国农业科学，37（7）：1018-1025.

张维理，武淑霞，冀宏杰，等，2004．中国农业面源污染形势估计及控制对策Ⅰ：21世纪初期中国农业面源污染的形势估计［J］．中国农业科学（7）：1008-1017.

张信宝，金钊，2015．延安治沟造地是黄土高原淤地坝建设的继承与发展［J］．地球环境学报，6（4）：261-264.

赵铁铭，李亚松，2015．集约化种植区地下水水质劣化的影响因素［J］．安徽农业科学，43（17）：115-116.

赵岩，陈学庚，温浩军，等，2017．农田残膜污染治理技术研究现状与展望［J］．农业机械学报，48（6）：1-14.

中国地质调查局，2015．中国耕地地球化学调查报告（2015年）［Z］.

朱齐超，2017．区域尺度中国土壤酸化定量研究及模型分析［D］．北京：中国农业大学.

朱奇宏，黄道友，刘守龙，等，2005．红壤丘陵区农作物秸秆综合利用现状与展望［J］．生态学杂志（12）：1482-1486.

朱兆良，金继运，2013．保障我国粮食安全的肥料问题 [J]．植物营养与肥料学报（2）：259-273．

Bell M A，1993．Organic matter，soil properties，and wheat production in the high valley of Mexico [J]．*Soil Science*，156(2)：86-93．

Bingham F，Page A，Strong J，1980．Yield and cadmium content of rice grain in relation to addition rates of cadmium，copper，nickel，and zinc with sewage sludge and liming [J]．*Soil Science*，130(1)：32-38．

Blanchet G，Gavazov K，Bragazza L，et al，2016．Responses of soil properties and crop yields to different inorganic and organic amendments in a Swiss conventional farming system [J]．*Agriculture Ecosystems & Environment*，230：116-126．

Brock C，Flieβbach A，Oberholzer H-R，et al，2011．Relation between soil organic matter and yield levels of nonlegume crops in organic and conventional farming systems [J]．*Journal of Plant Nutrition and Soil Science*，174(4)：568-575．

Chen N C，Zheng Y J，He X F，et al，2017．Analysis of the report on the national general survey of soil contamination [J]．*Journal of Agro-Environment Science*，36(9)：1689-1692．

Deng X，Huang J，Rozelle S，et al，2006．Cultivated land conversion and potential agricultural productivity in China [J]．*Land Use Policy*，23(4)：372-384．

Deng X，Huang J，Rozelle S，et al，2015．Impact of urbanization on cultivated land changes in China [J]．*Land Use Policy*，45(45)：1-7．

Dère C，Lamy I，Jaulin A，et al，2007．Long-term fate of exogenous metals in a sandy luvisol subjected to intensive irrigation with raw wastewater [J]．*Environmental Pollution*，145(1)：31-40．

Dinda S，2004．Environmental Kuznets curve hypothesis：A survey [J]．*Ecological Economics*，49(4)：431-455．

Du X，Zhang X，Jin X，2018．Assessing the effectiveness of land consolidation for improving agricultural productivity in China [J]．*Land Use Policy*，70：360-367．

Facchinelli A，Sacchi E，Mallen L，2001．Multivariate statistical and GIS-based approach to identify heavy metal sources in soils [J]．*Environmental Pollution*，114(3)：313-324．

Guo J H，Liu X J，Zhang Y，et al，2010．Significant acidification in major Chinese croplands[J]．*Science*，327(5968)：1008-1010．

He B，Yun Z J，Shi J B，et al，2013．Research progress of heavy metal pollution in China：Sources，analytical methods，status，and toxicity [J]．*Chinese Science Bulletin*，

58(2): 134–140.

Ji X H, Liu S H, Juan H, et al, 2017. Effect of silicon fertilizers on cadmium in rice (Oryza sativa) tissue at tillering stage [J]. *Environmental Science and Pollution Research*, 24(11): 10740–10748.

Kang L, Zhang H Q, 2014. Comprehensive research on the state of agricultural drought in five main grain producing areas in China [J]. *Chinese Journal of Eco-Agriculture*, 22(8): 928–937.

Kang S, Hao X, Du T, et al, 2017. Improving agricultural water productivity to ensure food security in China under changing environment: From research to practice [J]. *Agricultural Water Management*, 179: 5–17.

Klaassen C D, Liu J, Diwan B A, 2009. Metallothionein protection of cadmium toxicity [J]. *Toxicology and Applied Pharmacology*, 238(3): 215–220.

Kong X B, 2014. China must protect high-quality arable land. [J]. *Nature*, 506(7486): 7.

Lepp N W, 1981. Effect of heavy metal pollution on plants[Z]. *Springer Netherlands*(S1): 111–143.

Li J, Liu Z, He C, et al, 2017. Water shortages raised a legitimate concern over the sustainable development of the drylands of northern China: Evidence from the water stress index [J]. *Science of The Total Environment*, 590–591: 739–750.

Liu J, Xu X, Zhuang D, et al, 2005. Impacts of LUCC processes on potential land productivity in China in the 1990s [J]. *Science China Earth Sciences*, 48(8): 1259–1269.

Liu X M, Song Q J, Tang Y, et al, 2013. Human health risk assessment of heavy metals in soil-vegetable system: A multi-medium analysis [J]. *Science of the Total Environment*, 463–464: 530–540.

Lu Q, Xu B, Liang F, et al, 2013. Influences of the Grain-for-Green project on grain security in southern China [J]. *Ecological Indicators*, 34(11): 616–622.

Luo P, Han X, Wang Y, et al, 2015. Influence of long-term fertilization on soil microbial biomass, dehydrogenase activity, and bacterial and fungal community structure in a brown soil of Northeast China[J]. *Annals of Microbiology*, 65(1): 533–542.

Ma L, Wang L, Tang J, et al, 2017. Arsenic speciation and heavy metal distribution in polished rice grown in Guangdong Province, Southern China [J]. *Food Chemistry*, 233: 110–116.

Niu L, Yang F, Xu C, et al, 2013. Status of metal accumulation in farmland soils across

China: From distribution to risk assessment [J]. *Environmental Pollution*, 176: 55–62.

Noordwijk M V, Cadisch G, Ong C K, et al, 2004. Below-ground interactions in tropical agroecosystems: Concepts and models with multiple plant components [J]. *Cabi Publishing*, 12(1): 881–891.

Ortega-Larrocea M P, Siebe C, Becard G, et al, 2001. Impact of a century of wastewater irrigation on the abundance of arbuscular mycorrhizal spores in the soil of the Mezquital Valley of Mexico [J]. *Applied Soil Ecology*, 16(2): 149–157.

Quiroga A, Funaro D, Noellemeyer E, et al, 2006. Barley yield response to soil organic matter and texture in the Pampas of Argentina [J]. *Soil & Tillage Research*, 90(1–2): 63–68.

Rahman M A, Rahman M M, Reichman S M, et al, 2014. Heavy metals in Australian grown and imported rice and vegetables on sale in Australia: Health hazard [J]. *Ecotoxicology and Environmental Safety*, 100(1): 53–60.

Shangguan W, Dai Y, Liu B, et al, 2013. A China data set of soil properties for land surface modeling [J]. *Journal of Advances in Modeling Earth Systems*, 5(2): 212–224.

Shao D W, Zhan Y, Zhou W J, et al, 2016. Current status and temporal trend of heavy metals in farmland soil of the Yangtze River Delta Region: Field survey and meta-analysis [J]. *Environmental Pollution*, 219: 329–336.

Silva J V, Reidsma P, Laborte A G, et al, 2016. Explaining rice yields and yield gaps in Central Luzon, Philippines: An application of stochastic frontier analysis and crop modelling [J]. *European Journal of Agronomy*, 82: 223–241.

Song W, Deng X, 2017. Land-use/land-cover change and ecosystem service provision in China [J]. *Science of The Total Environment*, 576: 705–719.

Song W, Pijanowski B C, 2014. The effects of China' s cultivated land balance program on potential land productivity at a national scale [J]. *Applied Geography*, 46(46): 158–170.

Stales C A, Peterson D R, Parkerton T F, et al, 1997. The environmental fate of phthalate esters: A literature review[J]. *Chemosphere*, 35(4): 667–749.

Tesfahunegn G B, 2016. Soil quality indicators response to land use and soil management systems in Northern Ethiopia's catchment [J]. *Land Degradation & Development*, 27(2): 438–448.

The Ministry of Environmental Protection, 2014. The Ministry of Land and Resources report on the national soil contamination survey [EB/OL]. (04–17) [2018–11–20]. http: //www. zhb. gov. cn/gkml/hbb/qt/201404/t20140417_270670. html.

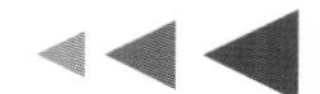

Tran Ba L, Van K L, Van Elsacker S, et al, 2016. Effect of cropping system on physical properties of clay soil under intensive rice cultivation [J]. *Land Degradation & Development*, 27(4): 973–982.

Wang C, Yang Z F, Zhong C, et al, 2016. Temporal-spatial variation and source apportionment of soil heavy metals in the representative river-alluviation depositional system [J]. *Environmental Pollution*, 216: 18–26.

Xiao Y, Wu X Z, Wang L, et al, 2017. Optimal farmland conversion in China under double restraints of economic growth and resource protection [J]. *Journal of Cleaner Production*, 142: 524–537.

Yan H M, Liu J Y, Huang H Q, et al, 2009. Assessing the consequence of land use change on agricultural productivity in China [J]. *Global & Planetary Change*, 67(1): 13–19.

Yu Q, Hu Q, van Vliet J, et al, 2018. GlobeLand 30 shows little cropland area loss but greater fragmentation in China [J]. *International Journal of Applied Earth Observation and Geoinformation*, 66: 37–45.

Zhao Y N, He X H, Huang X C, et al, 2016. Increasing soil organic matter enhances inherent soil productivity while offsetting fertilization effect under a rice cropping system [J]. *Sustainability*, 8(9).

Zhou C C, Liu G J, Fang T, et al, 2014. Partitioning and transformation behavior of toxic elements during circulated fluidized bed combustion of coal gangue [J]. *Fuel*, 135: 1–8.